安装工程清单计量与计价

ANZHUANG
GONGCHENG QINGDAN
JILIANG YU JIJIA

主　编　王兴吉　　王丽梅
副主编　常　澄　　孙　舒
　　　　王晓强　　刘　燕
　　　　卢敏健
主　审　何　俊

U0362656

华中科技大学出版社
http://press.hust.edu.cn
中国·武汉

内 容 简 介

　　本书是依据我国现行相关行业的规程规范,结合职业院校学生的实际能力和就业特点,根据教学大纲以及培养技术应用型人才的总目标来组织编写的。本书充分总结教学与实践经验,对基本理论的讲授以应用为目的,教学内容以必需、够用为原则,突出实训、实践教学,紧跟时代和行业发展步伐,力求体现高职高专教育注重职业能力培养的特点。

　　本书共分 5 个学习情境,内容包括安装工程招标工程量清单与投标报价书编制,给排水、采暖、燃气工程工程量计量与计价,电气设备安装工程工程量计量与计价,通风、空调工程工程量计量与计价以及消防工程工程量计量与计价。

　　为了方便教学,本书还配有电子课件等教学资源包,任课教师可以发邮件至 husttujian@163.com 索取。

　　本书图文并茂、深入浅出、简繁得当,不仅可作为高职高专院校土建类工程造价、电气工程、暖通和消防等专业的教材使用,还可作为工程技术人员以及参加成人教育、函授教育、网络教育、自学考试等人员的参考用书。

图书在版编目(CIP)数据

安装工程清单计量与计价/王兴吉,王丽梅主编.—武汉:华中科技大学出版社,2015.6(2025.2 重印)
国家示范性高等职业教育土建类"十二五"规划教材
ISBN 978-7-5680-0983-6

Ⅰ.①安…　Ⅱ.①王…　②王…　Ⅲ.①建筑安装-工程造价-高等职业教育-教材　Ⅳ.①TU723.3

中国版本图书馆 CIP 数据核字(2015)第 139933 号

安装工程清单计量与计价

王兴吉　王丽梅　主编

策划编辑:康　序
责任编辑:王　莹
封面设计:原色设计
责任校对:李　琴
责任监印:朱　玢
出版发行:华中科技大学出版社(中国·武汉)　　　电话:(027)81321913
　　　　　武汉市东湖新技术开发区华工科技园　　　邮编:430223
录　　排:武汉正风天下文化发展有限公司
印　　刷:武汉邮科印务有限公司
开　　本:787mm×1092mm　1/16
印　　张:19.5
字　　数:499 千字
版　　次:2025 年 2 月第 1 版第 6 次印刷
定　　价:58.00 元

前言

━━━━━ ● ● ●

　　安装工程计量与计价是一门实践性很强的课程,其教学特点是知识面广而不深,需要多次练习,学员才能知道怎样运用和记住所学知识。传统理论教学因任务不明,往往变得枯燥无味,学员上课时不愿听也得听,下课后因无任务、无压力,学员也懒于温习知识,导致一段时间后,知识积累到一时不能完全掌握而使学员失去学习热情和兴趣。而传统实践教学往往集中于一二周内进行,导致教员布置的任务和实践时间不可能涵盖所学知识而草草收场。为此,本书打破了传统的理论教学教材与实践教学教材的编写惯例,将两者合二为一,即理实一体。本书的理论教学是针对任务涉及的知识而进行讲解,甚至少讲知识而让学员在课后预习或温习知识;同时将任务进行"条、块"分割,使各任务间相对独立而又有机地形成整体,让学员无意间具有将大项目分解成小任务的能力而不会出现漏项现象。本书的实践教学可以在课堂进行也可在课后完成,使学员既有学习压力也可获得知识。

　　本书是依据《建设工程工程量清单计价规范》(GB 50500—2013)、《江苏省建设工程费用定额》(2014年)、《江苏省安装工程计价定额》(2014年)的内容而编写,分为5个学习情境:安装工程招标工程量清单与投标报价书编制,给排水、采暖、燃气工程工程量计量与计价,电气设备安装工程工程量计量与计价,通风、空调工程工程量计量与计价以及消防工程工程量计量与计价。每一情境下的各子项目按照情境描述、情境任务分析、知识、任务示范操作、学员工作任务作业单和情境学习小结编制内容。学员工作任务作业单基本上包含4个任务,第1个任务练习计价定额的运用,其他任务练习工程的计量等。

　　本书适用于工程造价专业,也适用于电气工程专业、暖通专业和消防专业等。由于篇幅有限,工料机费用的确定,工程控制价的编制,10 kV以下配电房设备、架空线路和电缆的计量与计价,水泵房设备的计量与计价,空调制冷机房设备的计量与计价,工程进度款及结算等内容未纳入。选用本书作为教材时,若需要学习上述内容,可向本书编者索要电子文档。

　　本书由南京工业职业技术学院王兴吉、苏州工业园区职业技术学院王丽梅担任主编,由泰州职业技术学院常澄和孙舒、鄂州职业大学王晓强、重庆工程职业技术学院刘燕、重庆能源职业学院卢敏健担任副主编,由安徽水利水电职业技术学院何俊教授担任主审。本书情境1由王丽梅编写,情境2中子项目2.1至子项目2.3由常澄编写,情境2中子项目2.4至子项目2.6由孙舒编写,情境3由王兴吉编写,情境4中子项目4.1和子项目4.2由王晓强编写,情境4中子项目4.3和情境5中子项目5.1由刘燕编写,情境5中子项目5.2由卢敏健编写。最后由王兴吉审核并统稿。为了方便教学,本书还配有电子课件等教学资源包,相关教师和学生可以登录"我们爱读书"网(www.ibook4us.com)免费注册下载,或者发邮件至 husttujian@163.com 免费索取。

　　由于编者水平有限,加之时间仓促,书中难免有疏忽之处,将在实践中不断加以改进和完善,对书中不足之处也恳请读者给予批评指正。

编　者
2017年5月

目录

●　○　○　○

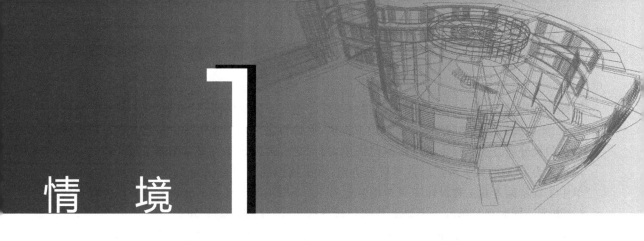

情境 1

安装工程招标工程量清单与投标报价书的编制

【正常情境】

　　学生学业完成之后所从事的工作一般是为发包方服务,或是为承包方服务。

　　假定是为发包方服务,学生所负责的工程项目若已完成前期全部报批等手续(包含施工图纸设计工作),现要寻找建设施工单位,那么招标和合同谈判工作是不可避免的。招标工作中,最基础的工作是按照工程项目划分发包的范围以及编制发包工程的招标工程量清单。

　　假定是为承包方服务,学生作为承包方欲承揽项目工程,必须随时准备按照招标文件的要求编制投标文件。编制投标文件时最基础的工作是综合单价的确定、项目措施费的计算以及投标报价书的编制。

【异常情境】

　　建设单位的造价人员可能遇到施工企业在投标时通过"串标"和"围标"哄抬施工成本的情况。

　　施工单位的造价人员在编制投标报价文件时,可能面临公司没有编制自己的公司定额,也没有公司的材料指导价,导致各种费用的定价无法确定的情况。

【情境任务分析】

　　编制招标工程量清单、确定综合单价、计算项目措施费以及编制投标报价书。

予项目 1.1 招标工程量清单的编制

任务 1　情境描述

　　南京某工程项目包含一个面积为 1 000 m² 的地下 1 层,现对地下 1 层的电气照明工程进行招标,由南京钟山某造价事务所编制招标文件。地下 1 层电气照明工程的施工图纸由电施01~电施04组成。焊接钢管 SC32 由建设方提供,单价暂定为 4 200 元/t。地下 1 层进户防盗门及电磁门锁分部分项工程也纳入招标范围中,招标之后再发包给专业安装施工公司,此项工程费用暂定为 12 000 元。经建设方项目部决定,本次招标的暂列金额为 13 000 元,其中:工程量清单中工程量偏差和工程设计变更费用暂定为 10 000 元;政策性调整和材料价格风险费用暂定为 3 000 元。同时项目部办公会议上某部门领导提出,本工程需要装卸车用零工 10 工日,借用脚手架 50 根为时 15 d,借用 21 kV·A 的交流电焊机 5 台班。其他工程量经计算如下:墙上嵌入式照明配电箱 HXR-I-07,550 mm×600 mm×180 mm,2 台;单联暗装开关 MK/KDll P001,120 套;单相暗装插座 VK/C00031,140 套;焊接钢管 SC32 砖混结构暗敷设 26 m;刚性阻燃管 PVC-U16 砖混结构暗敷设 1 300 m;BV2.5 照明线路,4200 m;BV16 配线,104 m;BV10 配线,26 m;PVC-U 接线盒、灯头盒,490 个;单管链吊式荧光灯 YG2-1,1×40 W,200 套。

任务 2 情境任务分析

招标文件除了要编制招标公告和施工合同外,还要编制包含施工内容的工程量清单。针对上述情境,编制招标工程量清单。

任务 3 清单表的组成

招标文件中工程量清单及其计价表由封面、填表须知、总说明、分部分项工程量清单、措施项目清单、其他项目清单组成。

1. 封面

封面与扉页的格式见图 1.1.1 和图 1.1.2。

2. 填表须知

填表须知主要包括下列内容。

(1)工程量清单及其计价表格式中所要求签字、盖章的地方,必须由规定的单位和人员签字、盖章。

(2)工程量清单及其计价表格式中的任何内容不得随意删除或涂改。

(3)工程量清单及其计价表格式中列明的所有需要填报的单价和合价,投标人均应填报,未填报的单价和合价,视为此项费用已包含在工程量清单的其他单价和合价中。

(4)明确金额的表示币种。

3. 总说明

总说明(见图 1.1.3)应按下列内容填写。

(1)工程概况包括建设规模、工程特征、计划工期、施工现场实际情况、交通运输情况、自然地理条件、环境保护要求等。

(2)工程招标和分包范围。

（3）工程量清单编制依据。

（4）工程质量、材料、施工等的特殊要求。

（5）招标人自行采购材料的名称、规格型号、数量等。

（6）其他项目清单中属招标人部分的(包括预留金、材料购置费等)金额数量。

（7）其他需说明的问题。

4．分部分项工程量清单

分部分项工程量清单应包括项目编码、项目名称、计量单位和工程数量四个部分，其格式详见表 1.1.1，其具体要求如下。

（1）项目编码按照计量规则的规定，编制具体项目编码，即在计量规则中要求的 9 位全国统一编码之后，增加 3 位具体项目编码。这 3 位具体项目编码由招标人针对各工程项目具体编制，并应自 001 起顺序编制。

（2）项目名称按照计量规则的项目名称，结合项目特征中的描述，根据不同特征组合确定该具体项目名称。项目名称应表达详细、准确。计量规则中的项目名称如有缺陷，招标人可作补充，并报当地工程造价管理机构(省级)备案。

（3）计量单位按照计量规则中的相应计量单位确定。

（4）工程数量按照计量规则中的工程量计算规则计算，其精确度应符合下列规定：

以"t"为单位的，应保留 3 位小数，第 4 位小数四舍五入；

以"m^3"、"m^2"、"m"为单位的，应保留 2 位小数，第 3 位小数四舍五入；

以"个"、"项"等为单位的，应取整数。

5．措施项目清单

措施项目清单应根据拟建工程的具体情况编制，项目名称由招标人提供，投标人可按工程实际作补充，其格式参见表 1.1.2。

6．其他项目清单

其他项目清单的内容包括除分部分项工程量清单和措施项目清单中的项目以外，为完成工程施工可能发生的费用项目。一般情况下，其他项目清单可按以下内容列项：(1)暂列金额；(2)暂估价，包括材料暂估价、专业工程暂估价；(3)计日工；(4)总承包服务费。由于各工程建设项目的标准、复杂程度、工期、工程内容以及发包人对工程管理的要求等的不同，所以其他项目清单列项的内容也各不相同。

其他项目清单与计价汇总表(见表 1.1.3)，同时还附有暂列金额明细表(见表 1.1.4)、材料暂估单价表(见表 1.1.5)、专业工程暂估价表(见表 1.1.6)、计日工表(见表 1.1.7)、总承包服务费计价表(见表 1.1.8)和规费、税金项目清单与计价表(见表 1.1.9)。

任务 **4** 知识——项目编码与名称释义

1．项目编码

根据《建设工程工程量清单计价规范》(GB 50500—2013)规定，工程量清单项目的设置和计算规则是按主要专业划分的。即按房屋建筑与装饰工程、仿古建筑工程、通用安装工程、市政工程和园林绿化工程等专业进行划分。

项目编码以5级编码进行设置,用12位阿拉伯数字表示,第1、2、3、4级编码应按相关规范中的规定进行统一编制,第5级编码应由工程量清单编制人根据各分项工程清单项目的具体内容与特征分别进行编码。各级编码的具体含义如下。

(1) 第1级编码表示工程分类码(设置2位数),如房屋建筑与装饰工程为01、仿古建筑工程为02、通用安装工程为03、市政工程为04、园林绿化工程为05;

(2) 第2级编码表示专业工程顺序码(设置2位数);

(3) 第3级编码表示分部工程顺序码(设置2位数);

(4) 第4级编码表示分项工程顺序码(设置3位数);

(5) 第5级编码表示清单项目顺序码。

[例]试列出 03-04-08-004-××× 项目编码含义。

解:03:第1级为工程分类码,03表示通用安装工程;

04:第2级为专业工程顺序码,04表示电气设备安装工程;

08:第3级为分部工程顺序码,08表示电缆安装工程;

004:第4级为分项工程顺序码,004表示电缆槽盒安装工程;

×××:第5级为清单项目顺序码(由工程量清单编制人编制,从001开始)。

2. 暂列金额

暂列金额是指招标人在工程量清单中暂定并包括在合同价款中的一笔款项,用于施工合同签订时尚未确定或者不可预见的所需材料、设备、服务的采购,施工中可能发生的工程变更、合同约定调整因素出现时的工程价款调整,以及发生的索赔、现场签证确认等的费用。

在投标人编制投标报价或招标人编制招标最高限价时,均应按招标人在其他项目清单中列出的暂列金额填写,不得调整。在工程竣工结算时,暂列金额应减去工程价款调整与索赔、现场签证的计算金额,如有余额,其归发包人所有。

3. 暂估价

暂估价是指从工程招标阶段至签订合同协议过程中,招标人在招标文件的工程量清单中提供的用于支付必然要发生,但暂时又不能确定价格的材料单价以及需要另行发包的专业工程的金额,即在工程招标阶段预测必然要发生,只是因为标准不明确,或某项工程需要由专业工程承包人完成而暂时无法确定的价格或金额。采用暂估价的价格形式,既与国家发改委、财政部、原建设部等九部委第56号令发布的施工合同通用条款中的相关规定一致,又可对施工招标阶段中一些无法确定的材料、设备或专业工程分包价格提供具有可操作性的解决办法。

暂估价如果属于材料、设备价格,招标人应根据省、市工程造价管理机构发布的工程造价信息或参照市场价格确定其单价,并应反映当期市场价格的实际水平。投标人编制投标报价或招标人编制招标最高限价时,均应按材料、设备的暂估单价计入分部分项工程量清单项目综合单价中,且不得随意调整。

在施工过程中,发包人与承包人可以通过招标或协商确定材料、设备的实际采购价格。当材料、设备的实际采购单价与发包人提供的材料、设备暂估单价不同时,应在工程结算时将其全部差额以差价方式调整总造价,并由发包人承担全部差价风险。

暂估价如果属于专业工程价格时,则应以"项"为计量单位,应区分不同专业,按有关计价依据估算,且其价格为综合暂估价,并包括除规费、税金以外的管理费和利润等。在投标人编制投标报价或招标人编制招标最高限价时,均应按招标人在其他项目清单中列出的专业工程暂估价的金额填写,不得调整。

4. 计日工

计日工是指在施工过程中,完成发包人提出的施工图纸以外的零星项目或工作,按合同中约定的综合单价计价的工时。也就是说,计日工是为了解决现场发生的零星工作的计价而列出的项目,是以完成某零星工作所需耗费的人工工日、材料数量和机械台班等进行的计量,并按"计日工"表中填报的适用项目的单价进行计价的工时。其费用由发、承包双方在合同中约定。

5. 总承包服务费

总承包服务费是指总承包人为配合、协调发包人进行的工程分包,对于发包人自行采购的设备和材料等进行保管以及施工现场管理、竣工资料汇总整理等服务所需的各项费用,即指在法律、法规允许的条件下,招标人(发包人)进行专业工程发包、自行采购材料和设备时要求总承包人为其所发包的专业工程提供协调和配合服务;对于招标人自行采购的材料、设备提供验收、保管或采购咨询等服务;对于施工现场施行统一管理和协调工作;对于竣工资料进行统一汇总和整理等工作,由招标人向总承包人支付的费用。

招标人仅要求对分包的专业工程进行总承包管理和协调时,总承包服务费按分包的专业工程估算造价的1%计算;招标人要求对分包的专业工程进行总承包管理和协调,并同时要求提供配合服务时,根据招标文件中列出的配合服务内容和提出的要求,总承包服务费按分包的专业工程估算造价的2%～3%计算。

任务 5　任务示范操作

招标工程量清单由封面(见图1.1.1)、扉页(见图1.1.2)、总说明(见图1.1.3)、分部分项工程量清单与计价表(见表1.1.1)、措施项目清单与计价表(见表1.1.2)、其他项目清单计价汇总表(见表1.1.3)、暂列金额明细表(见表1.1.4)、材料暂估单价表(见表1.1.5)、专业工程暂估价表(见表1.1.6)、计日工表(见表1.1.7)、总承包服务费计价表(见表1.1.8)、规费、税金项目清单与计价表(见表1.1.9)组成。以上表格都以A4幅面打印成书面文件。

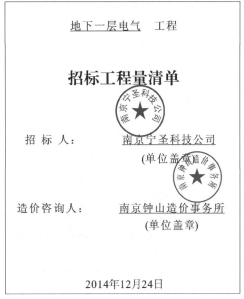

图 1.1.1　封面

<table>
<tr><td colspan="2" align="center">地下一层电气 工程
招标工程量清单</td><td colspan="2" align="center">江苏省工程咨询单位执业专业章</td></tr>
</table>

地下一层电气 工程

招标工程量清单

江苏省工程咨询单位执业专业章		
单位	南京钟山造价事务所	
级别	乙级	证号	1302044

招标人： 南京宁圣科技公司　　　　造价咨询人： 南京钟山造价事务所

　　　　　　(单位盖章)　　　　　　　　　　　　　(单位资质专用章)

法定代表人　　　　　　　　　　　　法定代表人
或其授权人： 章朗宏　　　　　　　或其授权人： 梅 鑫

　　　　　　(签字或盖章)　　　　　　　　　　　(签字或盖章)

全国建设工程造价员		全国建设工程造价师
田 亮　安装 114102000		曹 爱平　安装 124103098
南京钟山造价事务所		南京钟山造价事务所
有效期至 2018 年 1 月 10 日		有效期至 2017 年 10 月 18 日

编 制 人：　　　　　　　　　　　审 核 人：

　　　　(造价人员签字盖专用章)　　　　　(造价工程师签字盖专用章)

编制时间：2014年12月12日　　　　　审核时间：2014年12月24日

图 1.1.2　扉页

总 说 明

工程名称：电气照明工程　　　　　　　　　　　　　　　　第 1 页共 10 页

　　1. 工程概况

　　本办公楼为框剪结构,地下一层,建筑面积为 1 000 m²,计划工期为 60 d,施工地点在南京宁圣科技公司办公楼地下一层,开工日期为 2015 年 5 月 1 日。

　　2. 工程招标范围

　　本办公楼招标范围为地下一层电气照明施工图范围内的电气照明安装工程。

　　3. 工程量清单编制依据

　　(1) 本住宅楼电气照明施工图(电施 01～电施 04)。

　　(2)《建设工程工程量清单计价规范》(GB 50500—2013);《通用安装工程工程量清单计算规范》(GB 50856—2013);《江苏省建设工程费用定额》(2014 年)。

　　4. 其他需要说明的问题

　　(1) 招标人供应焊接钢管 SC32,单价暂定 4 200 元/t。由承包人对招标人供应的焊接钢管进行验收、保存和使用发放。由招标人供应的焊接钢管的价款,招标人按发生的金额支付给承包人,再由承包人支付给供应商。

　　(2) 进户防盗门及电磁门锁进行专业发包定做安装,承包人应配合专业工程承包人完成以下工作。

　　① 按专业工程承包人的要求提供施工工作面和电源,并对施工现场进行统一管理,对工程竣工资料进行统一汇总管理。

　　② 配合专业工程承包人进行通电运行试验,并承担相应费用。

图 1.1.3　总说明

表 1.1.1 分部分项工程量清单与计价表

工程名称:电气照明工程　　　　　　标段:　　　　　　第 2 页 共 10 页

序号	项目编码	项目名称	项目特征	计量单位	工程量	综合单价	合价	其中暂估价
			电气设备安装工程					
01	030404017001	配电箱	照明配电箱 HXR-I-07,550 mm×600 mm×180 mm,墙上嵌入式; 工程内容:①箱体安装;②端子板为外部接线,2.5 mm²,42 个;压铜接线端子,16 mm²,10 个	台	2			
02	030404034001	照明开关	单联暗装开关 MK/KDll P001; 工程内容:①安装;②焊压端子	套	120			
03	030404035001	插座	单相暗装插座 VK/C00031; 工程内容:①安装;②焊压端子	套	140			
04	030411001001	电气配管	焊接钢管 SC32,砖混结构暗敷设; 工程内容:①刨沟槽;②电线管路敷设;③防腐油漆;④接地	m	26			
05	030411001002	电气配管	刚性阻燃管 PVC-U16,砖混结构暗敷设; 工程内容:①刨沟槽;②电线管路敷设	m	1 300			
06	030411004001	电气配线	照明线路 BV2.5,管内穿线敷设; 工程内容:①配线;②管内穿线	m	4 200			
07	030411004002	电气配线	照明线路 BV16,管内穿线敷设; 工程内容:①配线;②管内穿线	m	104			
08	030411004003	电气配线	照明线路 BV10,管内穿线敷设; 工程内容:①配线;②管内穿线	m	26			
09	030411006001	接线盒	PVC-U 接线盒、灯头盒; 工程内容:①刨沟槽;②暗装接线盒、灯头盒(共 230 个),暗装开关盒、插座盒(共 260 个)	个	490			
10	030412005001	荧光灯	单管链吊式荧光灯 YG2-1,1×40 W; 工程内容:安装	套	200			
			本页小计					
			合　计					

表 1.1.2 措施项目清单与计价表

工程名称:电气照明工程　　　　　　　　　　标段:　　　　　　　　　　第 3 页 共 10 页

序号	项目编码	项目名称	计算基础	费率/ (%)	金额/ 元	调整费率/ (%)	调整后金额/ 元	备注
1	031302001001	安全文明施工						
2	031302002001	夜间施工增加						
3	031302005001	冬雨季施工增加						
4	031302004001	二次搬运						
5	031301017001	脚手架搭拆						
合　　计								

编制人(造价人员):　　　　　　　　　　　　　　　复核人(造价工程师):

> 全国建设工程造价师
> 曹爱平　安装124103098
> 南京钟山造价事务所
> 有效期至2017年10月18日

表 1.1.3 其他项目清单计价汇总表

工程名称:电气照明工程　　　　　　　　　　标段:　　　　　　　　　　第 4 页 共 10 页

序号	项目名称	金额/元	结算金额/元	备注
1	暂列金额	13 000.00		明细见表1.1.7
2	暂估价	12 000.00		
2.1	材料(工程设备)暂估价/结算价	—		
2.2	专业工程暂估价/结算价	12 000.00		
3	计日工			
4	总承包费			
5	其他:可暂估的零星工程量,为老办公楼改造暗装单管链吊式 YG2-11×40 W,20 套			
	合计			

表 1.1.4 暂列金额明细表

工程名称:电气照明工程　　　　　　　　　　标段:　　　　　　　　　　第 5 页 共 10 页

序号	项目名称	计量单位	暂定金额/元	备注
1	工程量清单中工程量偏差和工程设计变更	项	10 000.00	
2	政策性调整和材料价格风险	项	3 000.00	
	合计		13 000.00	

表 1.1.5 材料暂估单价表

工程名称:电气照明工程　　　　　　标段:　　　　　　　　第 6 页 共 10 页

序号	材料(工程设备)名称、规格、型号	计量单位	数量		暂估/元		确认/元		备注
			暂估	确认	单价	合价	单价	合价	
1	焊接钢管	t			4 300.00				
	合价								

表 1.1.6 专业工程暂估价表

工程名称:电气照明工程　　　　　　标段:　　　　　　　　第 7 页 共 10 页

序号	工程名称	工程内容	暂估金额/元	结算金额/元	差额±/元	备注
01	防盗门禁	安装及调试	12 000.00			
	合价		12 000.00			

表 1.1.7 计日工表

工程名称:电气照明工程　　　　　　标段:　　　　　　　　第 8 页 共 10 页

编号	项目名称	单位	暂定数量	实际数量	综合单价/元	合价/元	
						暂定	实际
一	人　工						
1	装卸车用零工	工日	10				
	人 工 小 计						
二	材　料						
1	借用脚手架,15 天	根	50				
	材 料 小 计						
三	施工机械						
1	借用交流电焊机 21 kV·A	台班	5				
	施 工 机 械 小 计						
	总　　　计						

全国建设工程造价师
曹爱平 安装124103098
南京钟山造价事务所
有效期至2017年10月18日

表 1.1.8 总承包服务费计价表

工程名称:电气照明工程　　　　　　标段:　　　　　　　　第 9 页 共 10 页

序号	项目名称	项目价值/元	服务内容	费率/(%)	金额/元
1	发包人分包专业工程	12 000.00	①按专业工程承包人要求提供施工作业面,并对施工现场进行统一管理,对竣工资料进行统一整理汇总; ②为专业工程承包人提供施工工作电源,并承担电费; ③配合专业工程承包人进行防盗门禁系统安装及调试工作		
	合　计				

表 1.1.9　规费、税金项目清单与计价表

工程名称:电气照明工程　　　　　　　标段:　　　　　　　第 10 页 共 10 页

序号	项目名称	计算基础	计算基数	费率/(%)	金额/元
1	规费				
1.1	社会保障费				
(1)	养老保险费				
(2)	失业保险费				
(3)	医疗保险费				
(4)	工伤保险费				
(5)	生育保险费				
1.2	住房公积金				
1.3	工程排污费				
2	税金				
	合　　计				

编制人(造价人员):　　　　　　　　　　　复核人(造价工程师):

任务 6　工作任务作业单

1. 工作任务作业单(一)

南京工业职业技术学院商业集团商业楼给排水工程:本工程为 2 层砖混结构,建于仙林校区;施工范围为室内给排水安装,施工图为水施 01～水施 03,施工时间为 50 d。工程发包方式为包工包料。施工图设计变更暂列 1 000 元(其中人工费为 200 元)。施工工程量经计算见表 1.1.10。另有维修任务,所需人工材料等见表 1.1.11。编制其招标工程量清单(见图 1.1.1～图 1.1.3 及表 1.1.1～表 1.1.9)。

表 1.1.10　施工工程量表

序号	施工内容	单位	数量	序号	施工内容	单位	数量
01	镀锌钢管 DN15	m	1.7	11	排水管 PVC-U50	m	10.12
02	镀锌钢管 DN20	m	14.1	12	管道支架制作、安装	kg	10.17
03	镀锌钢管 DN25	m	0.4	13	支架二道刷防锈漆、银粉漆	kg	8.74
04	镀锌钢管 DN32	m	9.1	14	支架除锈、二道刷沥青	kg	1.43
05	镀锌钢管 DN40	m	5.55	15	截止阀 DN32	个	2
06	钢套管 DN70	个	2	16	截止阀 DN40	个	1
07	钢套管 DN50	个	1	17	截止阀 DN20	个	2
08	暗装管道二道刷沥青	m²	0.64	18	洗手盆	组	2
09	暗装管道二道刷银粉漆	m²	2.75	19	大便器	套	2
10	排水管 PVC-U110	m	17.12	20	地漏	个	2

表 1.1.11　零星工程量表

序号	内容	单位	数量	序号	内容	单位	数量
01	综合工日	工日	1.74	07	麻皮(白麻)	kg	0.01
02	钢锯条300 mm	根	3.79	08	白三通15 mm	个	10.17
03	厚漆	kg	0.14	09	白弯头15 mm	个	8.74
04	工程用水	m³	0.05	10	白管箍15 mm	个	1.43
05	机械油	kg	0.23	11	管子切断机φ60	个	2
06	破布	kg	0.1	12	管子切断套丝机φ159	个	1

2. 工作任务作业单(二)

南京工业职业技术学院商业集团商业楼电气照明工程:本工程为2层砖混结构,建于仙林校区;施工范围为室内电气照明安装,施工图为电施01~电施06,施工时间为50 d。工程发包方式为包工不包料。施工工程量经计算见表1.1.12。编制其招标工程量清单(见图1.1.1~图1.1.3及表1.1.1~表1.1.9)。

表 1.1.12　施工工程量表

序号	施工内容	单位	数量	序号	施工内容	单位	数量
01	照明配电箱 HXR-1-07,600 mm×400 mm×180 mm	台	1	10	水晶吸顶花灯 T001113×15,φ600,H430	套	1
02	单联单控暗装开关,F81/1D,250 V,10 A	套	5	11	链吊荧光灯 YG2-1,1×40W	套	8
03	双联单控暗装开关 F82/1D,250 V,10 A	套	6	12	焊接钢管 SC50 混凝土暗配	m	6.3
04	单相二、三孔暗装插座,F81/10US,250 V,10 A	套	13	13	焊接钢管 SC20 混凝土暗配	m	82.8
05	单相二、三孔防溅暗装插座,F81/10US,250 V,10 A	套	3	14	焊接钢管 SC15 混凝土暗配	m	85.4
06	半球吸顶灯φ260,JXP3-1,1×40W	套	4	15	配线,BV2.5	m	201.7
07	吊扇φ1 200,吊装	套	1	16	配线,BV4.0	m	236.4
08	普通吸顶灯磁座灯头,1×40 W	套	3	17	镀锌扁钢-30 mm×4 mm,接地极,SC50,2.5 m	项	1
09	镜前灯,壁装 BKT-B01-220Y1,2×20 W	套	2	18	接地装置调整实验	系统	1

任务 **7** 情境学习小结

本学习情境学习了招标工程量清单的组成及其编制的基本知识。

【知识目标】

了解招标工程量清单的组成,以及项目编码、暂列金额、暂估价、计日工和总承包服务费的含义。

【能力目标】

能正确填写招标工程量清单,掌握项目编码的编制方法,以及暂列金额、暂估价、计日工和总承包服务费的计算方法。

子项目 1.2 分部分项工程量清单计价

任务 1 情境描述

某施工单位领导得知招标公告发布情况后,立即从建设方发布公告的网站下载了工程招标文件,经研究后,决定成立投标小组编制投标文件并投标(续子项目 1.1 中的情境描述和表 1.1.1)。

任务 2 情境任务分析

由于情境描述中未给出材料的价格,因此首先要针对上述任务咨询其材料价格;其次要确定每一工程量清单项目综合单价;最后计算分部分项工程的费用。

任务 3 知识——工程量清单计价模式下费用的组成

根据《建设工程工程量清单计价规范》(GB 50500—2013)的规定:采用工程量清单计价时,建筑安装工程造价由分部分项工程费、措施项目费、其他项目费、规费和税金组成(见图 1.2.1)。

1. 人工单价的组成内容

人工单价是指使用一个建筑安装工人一个工作日时在预算中应计入的全部人工费用,它基本反映了建筑安装工人的工资水平和一个工人在一个工作日中可以得到的报酬。建筑安装工人工资的形式一般采用计时工资和计件工资两种。

根据现行规定,人工单价的组成内容主要包括如下几方面。

(1) 工资(总额)。工资(总额)是指企业直接支付给生产工人的劳动报酬的总额,包括基本工资、奖金、津贴、补贴和其他工资。

(2) 职工福利费。职工福利费是指企业按国家规定计提的生产工人的职工福利基金。

(3) 劳动保护费。劳动保护费是指企业按国家规定为生产工人配备的用于购买在施工过程中所需的劳动保护用品、保健用品、防暑降温用品等的费用。

(4) 工会经费。工会经费是指企业按《中华人民共和国工会法》规定计提的生产工人的工会经费。

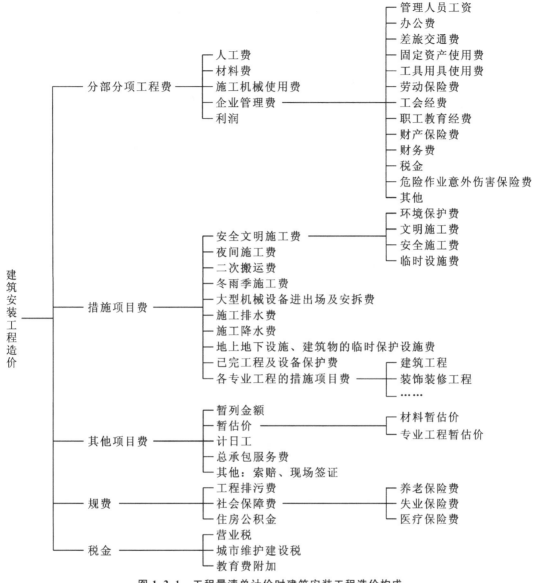

图 1.2.1　工程量清单计价时建筑安装工程造价构成

（5）职工教育经费。职工教育经费是指企业按国家规定计提的用于生产工人的教育事业的经费。

（6）社会保险费。社会保险费是根据各地社会保险有关法规和条例，按规定缴纳的基本养老保险费、基本医疗保险费、失业保险费、工伤保险费和生育保险费，包括企业和个人共同承担的费用。

（7）危险作业意外伤害保险费。危险作业意外伤害保险费是指根据《中华人民共和国建筑法》中有关保险的规定，由企业为从事危险作业的建筑施工人员支付的意外伤害保险费。

（8）住房公积金。住房公积金是指企业根据《住房公积金条例》，按规定为员工缴纳的住房公积金，包括企业和个人共同承担的费用。

（9）其他。人工单价中不包括管理人员（管理人员一般包括项目经理、施工队长、工程师、技术员、财会人员、预算人员、机械师等）、辅助服务人员（辅助服务人员一般包括生活管理员、炊事员、医务员、翻译员、小车司机和后勤人员等)、现场保安等的开支费用。

2. 材料费的构成

材料费是指材料(包括构件、成品及半成品等)从其来源地(或交货地点、供应者仓库提货地点)到达施工工地仓库后出库的综合平均价格。材料费一般由材料原价(或供应价格)、材料运杂费、运输损耗费、采购及保管费组成,上述四项构成材料基价,但在计价时,材料费中还应包括单独列项计算的检验试验费。

$$材料费 = \sum(材料消耗量 \times 材料基价) + 检验试验费$$

3. 施工机械台班单价的组成

施工机械台班单价由第一类费用、第二类费用和第三类费用组成。第一类费用,亦称不变费用,是指属于分摊性质的费用,包括折旧费、大修理费、经常修理费和机械安拆费。第二类费用,亦称可变费用,是指属于支出性质的费用,包括燃料动力费、人工费等。第三类费用,指施工机械按照国家规定和有关部门规定应缴纳的牌照税、车船使用税、养路费、年检费以及公路、桥梁、隧道、船闸通行费等。

施工机械台班单价为

台班单价=台班折旧费+台班大修理费+台班经常修理费+台班安拆费及场外运费

　　　　+台班人工费+台班燃料动力费+台班其他费用

施工机械台班应按 8 h 工作制计算。

折旧费是指施工机械在规定的使用期限内,陆续收回其原值及购置资金的时间价值。

大修理费是指施工机械按规定的大修理间隔,台班进行必要的大修理以恢复其正常功能所需的费用。

经常修理费是指施工机械除大修理以外的各级保养和临时故障排除所需的费用,包括为保障机械正常运转所需替换与随机配备工具附具的摊销和维护费用,机械运转及日常保养所需润滑与擦拭的材料费用及机械停滞期间的维护和保养费用等。

安拆费是指施工机械在现场进行安装与拆卸时所需的人工、材料、机械和试运转费用以及机械辅助设施的折旧、搭设、拆除等费用;场外运费是指施工机械整体或分体自停放地点运至施工现场或由一施工地点运至另一施工地点的运输、装卸、辅助材料及架线等费用。

人工费是指机上司机(司炉)和其他操作人员的工作日人工费及上述人员在施工机械规定的年工作台班以外的人工费。

燃料动力费是指施工机械在运转作业中所耗用的固体燃料(煤、木柴)、液体燃料(汽油、柴油)及水、电等费用。

其他费用是指施工机械按照国家和有关部门规定应缴纳的养路费、车船使用税、保险费及年检费用等。

任务 4　知识——综合单价与分部分项工程计价

1. 清单工程量

清单工程量是根据《建设工程工程量清单计价规范》(GB 50500—2013)的规定所计算的工

程量。清单工程量作为统一各投标人工程报价的口径,对其进行计算是十分重要的,也是十分必要的。清单工程量是形成工程实体的净工程量,除了图纸,基本上不考虑其他因素。但《通用安装工程工程量计算规范》(GB 50856—2013)一改《建设工程工程量清单计价规范》(GB 50500—2013)的计算方法,其计算方法基本上和定额工程量的计算方法一致,个别之处还存在差异。安装工程工程量计算的具体方法详见后续情境中的内容。

2. 定额工程量

定额工程量也称计价工程量或报价工程量,它是计算工程投标报价的重要数据。定额工程量是投标人根据拟建工程的施工图、施工方案、清单工程量和所采用的定额及相对应的工程量计算规则计算出的,是用于确定综合单价的重要数据。但是,投标人不能根据清单工程量直接进行报价,这是因为施工方案不同,其实际发生的工程量是不同的。

由于定额工程量是根据所采用的定额和相对应的工程量计算规则进行计算的,所以承包商一旦确定了采用何种定额,就应完全按其定额所划分的项目内容和工程量计算规则计算工程量。定额工程量的计算内容一般要多于清单工程量计算内容,因为定额工程量不但要计算每个清单项目的主项工程量,还要计算各清单项目所包含的附项工程量。

3. 未计价材料

预算定额内未注明单价的材料均为主材(主要材料),或称为未计价材料,主材是指构成工程实体的材料,其在工程中用量很大而且一般来讲价格很高。

在定额项目表下方的材料表中,有些数字是用"( )"括起来的,其对应的材料均为主材,括号内的材料数量是该项工程的消耗量,但其价值未计入基价。有的未计价材料是在附注中注明的,此时应按设计用量加损耗量按地区预算价计算其价格。

定额中的材料消耗量,包括直接消耗在安装工作内容中的主要材料、辅助材料和临时材料等,并计入了材料从工地仓库、现场集中堆放地点或现场加工地点运到操作或安装地点的运输损耗、施工操作损耗、施工现场堆放损耗。材料费的计算公式为

定额材料费＝计价材料费＋未计价材料费

未计价材料数量＝工程量×某项未计价材料定额消耗量

未计价材料费＝工程量×未计价材料定额消耗量×材料单价

这里需要注意的是,以前的定额是量价合一的,所以有定额基价的说法,也有未计价材料的说法,现在的消耗量定额沿袭了旧定额的思路,去掉了价格这一项,材料消耗量的表示方法还是主材有括号。有些材料如配电箱、电缆,既没有括号也没有在附注中说明,但根据材料和设备的划分原则,这些也属于主材,应记入材料费。

4. 综合单价

综合单价是指完成一个规定计量单位的分部分项工程量清单项目或措施清单项目所需的人工费、材料费、施工机械使用费、企业管理费与利润,以及一定范围内的风险费用的总和,即

综合单价＝人工费＋材料费＋机械使用费＋管理费＋利润 ＋承包商承担的风险

综合单价的项目是工程量清单项目,而不是预算定额的定额项目。工程量清单项目一般是以一个"综合实体"来划分的,包括多项定额项目的工作内容,而现行定额项目的划分是以施工工序进行设置的,工作内容基本上是单一的。

综合单价的编制依据包括如下几个方面。

(1) 工程量清单,它是表现拟建工程的分部分项工程项目、措施项目、其他项目名称和相应数量的明细清单。

(2) 工程定额,它是指消耗量定额或企业定额,消耗量定额是在编制标底时确定综合单价的依据。

(3) 预算定额单价(或单位估价表)。

(4) 计价规范,分部分项工程费的综合单价所涉及的范围应符合《建设工程工程量清单计价规范》(GB 50500—2013)(以下简称《计价规范》)中的项目特征及工程内容中的相关规定。

(5) 招标文件,综合单价包括的内容应满足招标文件的要求,如工程招标发包的方式、甲方供应材料的方式、甲方预留金等。

(6) 施工图纸及图纸答疑。

(7) 施工组织设计,它是计算设备吊装等施工技术措施费的重要资料。

计算综合单价必须解决的问题如下。

(1) 拟组价项目的内容。将《计价规范》规定的内容与相同定额项目的内容做比较,以确定拟组价项目采用何种定额项目来组合单价,即清单项目如何组价。如“避雷引下线”项目,《计价规范》规定此项目包括避雷引下线和断卡子制作、安装两项内容,而定额中分别列有避雷引下线和断卡子制作、安装,所以根据避雷引下线和断卡子制作、安装两定额项目组合该综合单价。

(2)《计价规范》与定额中的工程量计算方法是否相同。在组合单价时要了解清楚项目具体包括的内容,各部分内容是直接套用定额组价,还是需要重新计算工程量组价,即实际施工的工程量与清单中的工程量是否一致;对于能直接组价的内容,用下文讲述的“直接套用定额组价”的方法进行组价;对于不能直接套用定额组价的项目,用下文讲述的“重新计算工程量”的方法进行组价。

5. 综合单价的计算方法

综合单价的组价方法有:直接套用预算定额组价、复合组价、重新计算工程量组价和重新计算工程量复合组价。

1) 直接套用预算定额组价

当清单工程量与计价工程量相等且清单项目的工程内容(或计价规范规定的内容)与预算基价工程项目的内容相同时,综合单价直接套预算基价组价(一个分项清单项目工程的单价仅由一个定额计价项目组合而成)。

2) 复合组价

当工程量清单项目的单位、工程量计算规则与预算基价子目相同,但两者工程内容不同时,综合单价采用复合组价——对清单项目的各组成子目计算出合价,并对各合价进行汇总后计算出该清单项目的综合单价。这种方法适用于清单工程量与计价工程量不一定相等的情况。

3) 重新计算工程量组价

当清单工程量与计价工程量不等且工程量清单给出的分项工程项目的单位与预算定额工程项目的单位不同,或工程量计算规则不同时,采用重新计算工程量组价——按预算定额的计算规则计算工程量来组价综合单价。此方法适用于工程量清单项目和预算定额子目的工程内容一致,只是工程量不同的情况。

综合单价的计算过程是先用定额工程量乘以定额消耗量得出工料机消耗量，再乘以对应的工料机单价得出主项和附项直接费，然后再计算出计价工程量清单项目费小计，最后再用该小计除以清单工程量得出综合单价。

4）重新计算工程量复合组价

当清单工程量与计价工程量不等，工程量清单给出的分项工程项目的单位与所用预算基价子目的单位不同，或工程量计算规则不同，并且两者工程内容不同时，综合单价采用重新计算工程量复合组价——根据清单项目工程内容确定预算基价子目的组成，按预算基价的计算规则重新计算主体项目的计价工程量，用各预算基价子目计算出合价并汇总后，折算出该清单项目的综合单价。

6. 分部分项费用计算

分部分项工程量清单计价合计费用：由规定计量单位的综合单价乘以清单工程量，形成分项清单合价，再由分项清单合价汇总形成分部清单合价，然后把所有分部清单合价汇总形成分部分项工程量清单计价合计费用。

任务 5 　知识——定额调整系数与超高费用计算

1. 定额调整系数

根据安装工程定额系数的计算条件及使用方法不同，将定额调整系数分为三类。

第一类为定额子目系数，主要是指定额各章、节规定的，当分项工程内容与定额子目不完全相同（包括施工内容、施工条件等方面）时所需进行的定额调整内容，如各册定额的换算系数（管道间、管道井内的管道阀门、法兰盘、支架的安装，多联插座安装等），计算时，必须相应调整管理费和利润。

第二类为工程系数，主要是指各册定额分章说明中规定的，与工程形态直接相关的系数，如高层建筑增加系数：主体结构为现场浇筑并采用钢模板施工的工程以及内外浇筑的工程，其定额人工乘以系数 1.05；内浇外砌的工程，其定额人工乘以系数 1.03。

第三类为综合系数，是各册说明规定的，与工程本体形态无直接关系的系数。如脚手架搭拆系数、安装与生产同时进行增加系数、有害环境影响增加系数等。

各项系数的关系是：第一类定额子目系数构成第二类工程系数的计算基础；上述两类系数构成第三类综合系数的计算基础；所有系数所得增减部分构成直接费；同级系数之间不互相计取。

2. 超高费计算

超高系数属于第一类定额子目系数。定额中的超高费是指操作物高度超出定额子目的计算范围而需增加的人工费用。安装工程计价表中超高系数主要出现在：操作物高度在 5 m 以上 20 m 以下的电气安装工程，按超高部分人工费以 33% 计算；操作物高度在 6 m 以上的通风空调工程，按超高部分人工费以 15% 计算；操作物高度在 5 m 以上、8 m、12 m、16m 或 20 m 以下的消防工程，按超高部分人工费分别以 10%、15%、20%、25% 计算；操作物高度在 3.6 m 以上、8 m、12 m、16 m 或

20 m 以下的给排水、采暖、燃气工程,按超高部分人工费分别以 10%、15%、20%、25% 计算。

操作物高度是指有楼层的建筑物取楼地面安装物的垂直距离,无楼层的取操作地点(或设计正负零标高处)至操作物的距离。超高费仅计算超高部分的项目,未超高部分不计。计算超高费时,必须也相应地计算其管理费和利润。

任务 6 任务示范操作

1. 公司施工定额确定

假设任务 1 中情境描述中的施工公司刚成立不久,虽然也承揽了几个施工任务,但一直没有建立公司自己的定额,因此这次投标的综合工日单价拟定为 65 元/工日,材料价格查询市场价格报价,机械台班价格与省定额同价,管理费率取 25%、利润率取 10%。人工产量定额及机械台班产量定额同省定额。

2. 分部分项工程费的计算

照明配电箱综合单价分析见表 1.2.1。每台照明配电箱的综合单价为:(1 506.80/2)元/台 = 753.40 元/台。

照明开关的综合单价分析见表 1.2.2。其综合单价为:(117.87/10)元/套 = 11.79 元/套。

插座的综合单价分析见表 1.2.3。其综合单价为:(127.89/10)元/套 = 12.79 元/套。

表 1.2.1 (030404017001)工程量清单综合单价分析表

项目编码	030404017001	项目名称		配电箱	计量单位		台
清单综合单价组成明细							

定额编号	定额名称	定额单位	数量	单价/元				合价/元			
				人工费	材料费	机械费	管理费和利润	人工费	材料费	机械费	管理费和利润
4-265	控制箱安装	台	2	93.6	34.02	40.96	32.76	187.2	68.04	81.92	65.52
4-411	端子板安装	组	5	3.9	1.36	0	1.365	19.5	6.8	0	6.825
4-424	压铜接线端子	10 个	1	22.1	45.16	0	7.735	22.1	45.16	0	7.735
人工单价		小 计						261.48	120	81.92	118.04
65 元/工日		未计价材料费						996.00			
清单项目综合单价								1 506.80			

材料费明细	主要材料名称、规格、型号	单位	数量	单价/元	合价/元	暂估单价/元	暂估合价/元
	照明配电箱	台	2	498	996.00		
	其他材料费			—	120.00	—	
	材料费小计			—	1 116.00	—	

表 1.2.2 （030404034001）工程量清单综合单价分析表

项目编码	030404034001	项目名称	照明开关	计量单位	套

清单综合单价组成明细

定额编号	定额名称	定额单位	数量	单价/元				合价/元			
				人工费	材料费	机械费	管理费和利润	人工费	材料费	机械费	管理费和利润
4-339	照明开关	10套	1	42.25	4.73	0	14.79	42.25	4.73	0	14.79
人工单价		小 计						42.25	4.73	0	14.79
65 元/工日		未计价材料费						56.10			
清单项目综合单价								117.87			

材料费明细	主要材料名称、规格、型号	单位	数量	单价/元	合价/元	暂估单价/元	暂估合价/元
	照明开关	台	10.20	5.50	56.10		
	其他材料费			—	4.73	—	
	材料费小计			—	60.83	—	

表 1.2.3 （030404035001）工程量清单综合单价分析表

项目编码	030404035001	项目名称	插座	计量单位	套

清单综合单价组成明细

定额编号	定额名称	定额单位	数量	单价/元				合价/元			
				人工费	材料费	机械费	管理费和利润	人工费	材料费	机械费	管理费和利润
4-356	插座	10套	1	45.5	10.36	0	15.93	45.5	10.36	0	15.93
人工单价		小 计						45.5	10.36	0	15.93
65 元/工日		未计价材料费						56.10			
清单项目综合单价								127.89			

材料费明细	主要材料名称、规格、型号	单位	数量	单价/元	合价/元	暂估单价/元	暂估合价/元
	插座	台	10.20	5.50	56.10		
	其他材料费			—	10.36	—	
	材料费小计			—	66.46	—	

电气配管的综合单价分析见表 1.2.4。电气配管综合单价为：（2 263.50/100）元/m＝22.64 元/m,其中材料暂估价为 13.13 元/m。

电气配管的综合单价,查《江苏省安装工程计价定额》(2014 年)(下文不再一一说明)中的

4-1230 条目得 481.72 元/100 m;未计价材料费:(106.07×0.8)元/100 m=84.86 元/100 m;合计:(481.72+84.86)元/100 m=566.58 元/100 m,则其综合单价为:5.67 元/m,人工费为:2.79 元/m。

电气配线的综合单价,查 4-1359 条目得 85.46 元/100 m;未计价材料:(116×1.3)元/100 m=150.80 元/100 m;合计:(85.46+150.80)元/100 m=236.26 元/100 m,则其综合单价为:2.36 元/m,人工费为:0.50 元/m。

电气配线的综合单价,查 4-1365 条目得 87.56 元/100 m;未计价材料:(105.00×8.2)元/100 m=861.00 元/100 m;合计:(87.56+861.00)元/100 m=948.56 元/100 m,则其综合单价为:9.49 元/m,人工费为:0.55 元/m。

电气配线的综合单价,查 4-1364 条目得 77.41 元/100 m;未计价材料:(105.00×5.6)元/100 m=588.00 元/100 m;合计:(77.41+588.00)元/100 m=665.41 元/100 m,则其综合单价为:6.65 元/m,人工费为:0.49 元/m。

表 1.2.4 (030411001001)工程量清单综合单价分析表

项目编码	030411001001	项目名称		电气配管		计量单位		100 m
清单综合单价组成明细								
定额编号	定额名称	定额单位	数量	单价/元				合价/元
				人工费	材料费	机械费	管理费和利润	人工费	材料费	机械费	管理费和利润
4-1143	钢管暗配	100 m	1	543.40	190.23	26.68	190.19	543.40	190.23	26.68	190.19
人工单价		小 计						543.40	190.23	26.68	190.19
65 元/工日		未计价材料费						1 313.00			
清单项目综合单价								2 263.50			

材料费明细	主要材料名称、规格、型号	单位	数量	单价/元	合价/元	暂估单价/元	暂估合价/元
	焊接钢管 SC32	m	100	13.13	1 313.00	13.13	1 313.00
	其他材料费			—	190.23	—	0.00
	材料费小计				1 503.23	—	1 313.00

接线盒的综合单价,查 4-1545 条目得 36.26 元/10 个;未计价材料:(10.2×0.6)元/10 个=6.12 元/10 个;合计:(36.26+6.12)元/10 个=42.38 元/10 个,则其综合单价为:4.24 元/个,人工费为:2.21 元/个。

荧光灯的综合单价,查 4-1784 条目得 440.92 元/10 套;未计价材料:(10.1×32)元/10 套=323.20 元/10 套;合计:(440.92+323.20)元/10 套=764.12 元/10 套,则其综合单价为:76.10 元/套,人工费为:11.96 元/套。

3. 分部分项清单计价

分部分项工程清单工程量计价见表 1.2.5。

表 1.2.5 分部分项工程量清单计价

工程名称:电气照明工程　　　　　　　标段:　　　　　　　第 2 页 共 10 页

序号	项目编码	项目名称	项目特征	单位	工程量	综合单价	合价	暂估价	人工费
			电气设备安装工程						
01	030404017001	配电箱	照明配电箱 HXR-I-07,550 mm× 600 mm×180 mm,墙上嵌入式安装; 工程内容:①箱体安装;②端子板为外部接线,2.5 mm²,42 个,压铜接线端子,16 mm²,10 个	台	2	758.4	1 516.80		261.48
02	030404034001	照明开关	单联暗装开关 MK/KDll P001; 工程内容:①安装;②焊压端子	套	120	11.79	1 414.80		507.60
03	030404035001	插座	单相暗装插座 VK/ C00031; 工程内容:①安装;②焊压端子	套	140	12.79	1 790.60		637.00
04	030411001001	电气配管	焊接钢管 SC32,砖混结构暗敷设; 工程内容:①刨沟槽;②电线管路敷设;③防腐油漆;④接地	m	26	22.64	588.64	341.38	141.18
05	030411001002	电气配管	刚性阻燃管 PVC-U16,砖混结构暗敷设; 工程内容:①刨沟槽;②电线管路敷设	m	1 300	5.67	7 371.00		3 627.00
06	030411004001	电气配线	照明线路 BV2.5,管内穿线敷设; 工程内容:①配线;②管内穿线	m	4 200	2.36	9 912.00		2 100.00
07	030411004002	电气配线	照明线路 BV16,管内穿线敷设; 工程内容:①配线;②管内穿线	m	104	9.49	986.96		57.20
08	030411004003	电气配线	照明线路 BV10,管内穿线敷设; 工程内容:①配线;②管内穿线	m	26	6.65	172.90		12.74
09	030411006001	接线盒	PVC-U 接线盒、灯头盒; 工程内容:①刨沟槽;②暗装接线盒、灯头盒(共 230 个),暗装开关盒、插座盒(共 260 个)	个	490	4.24	2 077.60		1 082.90
10	030412005001	荧光灯	单管链吊式荧光灯 YG2-1,1×40 W; 工程内容:安装	套	200	76.49	15 298.00		2 392.00
			本页小计				41 129.30	341.38	10 819.10
			合　计				41 129.30	341.38	10 819.10

任务 7　学员工作任务作业单

1. 学员工作任务作业单（一）

针对本情境的任务,假定本工程为三类工程,材料价格如示范操作价格保持不变,企业投标时其他费用定额遵循企业定额,如综合工日单价为 60 元/工日,机械台班费用按省定额的 90% 计算,管理费率为 25%、利润率为 10%。对表 1.2.5 所示分部分项工程量重新计价,可按示范操作计算综合单价,也可按综合单价分析表分析,将结果分别填入表 1.2.6 和表 1.2.7。

2. 学员工作任务作业单（二）

假定本工程为一类工程,其他费用定额如综合工日单价、机械台班费用、管理费率和利润率选用省定额标准,计算每平方米的综合单价。

3. 学员工作任务作业单（三）

有一工程,其主体结构为现场浇筑并采用钢模板施工,该工程给排水工程定额人工费为 10 000 元。根据定额规定,定额人工费应乘以系数。若是内外浇筑,则其人工费是多少? 若是内浇外砌,则其人工费又是多少?

表 1.2.6　（　　　　　）工程量清单综合单价分析表

项目编码		项目名称			计量单位		
清单综合单价组成明细							
定额编号	定额名称	定额单位	数量	单价/元				合价/元			
				人工费	材料费	机械费	管理费和利润	人工费	材料费	机械费	管理费和利润
人工单价			小　　计								
元/工日			未计价材料费								
清单项目综合单价											
材料费明细	主要材料名称、规格、型号			单位	数量	单价/元	合价/元	暂估单价/元	暂估合价/元
	其他材料费					—		—	
	材料费小计					—		—	

表 1.2.7　分部分项工程量清单计价

序号	项目编码	项目名称	项目特征	单位	工程量	综合单价	合价	其中 暂估价	其中 人工费
			电气设备安装工程						
01	030404 017001	配电箱	照明配电箱 HXR-I-07,550 mm×600 mm×180 mm,墙上嵌入式安装; 工程内容:①箱体安装;②端子板为外部接线,2.5 mm²,42 个,压铜接线端子,16 mm²,10 个	台	2				
02	030404 034001	照明开关	单联暗装开关 MK/KDll P001; 工程内容:①安装;②焊压端子	套	120				
03	030404 035001	插座	单相暗装插座 VK/C00031; 工程内容:①安装;②焊压端子	套	140				
04	030411 001001	电气配管	焊接钢管 SC32,砖混结构暗敷设; 工程内容:①刨沟槽;②电线管路敷设;③防腐油漆;④接地	m	26				
05	030411 001002	电气配管	刚性阻燃管 PVC-U16,砖混结构暗敷设; 工程内容:①刨沟槽;②电线管路敷设	m	1 300				
06	030411 004001	电气配线	照明线路 BV2.5,管内穿线敷设; 工程内容:①配线;②管内穿线	m	4 200				
07	030411 004002	电气配线	照明线路 BV16,管内穿线敷设; 工程内容:①配线;②管内穿线	m	104				
08	030411 004003	电气配线	照明线路 BV10,管内穿线敷设; 工程内容:①配线;②管内穿线	m	26				
09	030411 006001	接线盒	PVC-U 接线盒、灯头盒; 工程内容:①刨沟槽②暗装接线盒、灯头盒(共 230 个);暗装开关盒、插座盒(共 260 个)	个	490				
10	030412 005001	荧光灯	单管链吊式荧光灯 YG2-1,1×40 W; 工程内容:安装	套	200				
			本页小计						
			合　计						

4. 学员工作任务作业单(四)

某排水管道采用国家标准图集设计,长度 200 m,设计采用内径 D＝600 mm 钢筋混凝土管(2 m 一节,单价 122 元/m,人机配合下管),C15 混凝土基础,基础下设 10 cm 厚中粗砂垫层,平接式钢丝网水泥砂浆接口,砖砌圆形(D=1 250 mm)污水检查井 4 座(在管线中间等距离布置,检查井投影面积超出管道基础投影面积的部分为 1 m²/座)。已知:土方需回填至原地面,管道、基础及垫层所占空间体积为 0.67 m³/m,检查井所占空间体积为 8 m³/座。请参照《江苏省市政工程计价定额》(2014 年),计算所列项目的分部分项工程量清单(见表 1.2.8)的综合单价。

表 1.2.8　分部分项工程量清单

D600 钢筋混凝土管道铺设	200	m	200	清单工程量
中粗砂垫层	0.9×0.1×(200−0.95×4)	m²	17.66	计价
D600 管道 120C15 混凝土基础	200−0.95×4	m	196.2	计价
D600 钢筋混凝土管道铺设	200−0.95×4	m	196.2	计价
平接式钢丝网水泥砂浆接口	(40−0.95/2)/2×2+(40−0.95)/2×3	个	95	计价
管道截断	5	根	5	计价

任务 8　情境学习小结

本学习情境介绍了分部分项工程计价的相关知识,以及分部分项工程综合单价、定额人工费调整系数以及超高费的计算方法。

【知识目标】

了解工程造价费用的组成,分项工程计价清单工程量与定额工程量的关系、未计价材料消耗量和分部分项工程综合单价分析知识。

【能力目标】

掌握分部分项工程计价及其综合单价、定额调整系数以及超高费的计算方法。

子项目 1.3　投标报价书的编制

任务 1　情境描述

续子项目 1.1、1.2 中的情境描述以及表 1.1.1 和表 1.2.3。

任务 2　情境任务分析

编制投标文件时,首先确定公司的施工定额(工料机价格,管理费率和利润率等),其次计算措施项目费用,最后确定投标报价并编制投标书。

任务 3　知识——措施项目清单的编制

1. 措施项目的概念

措施项目是指为完成工程项目施工,发生于该工程施工过程中的技术、生活、安全、环境保护等方面的非工程实体项目。

措施项目的含义包括如下几个方面。

(1) 措施项目的发生在施工过程中是可见的,例如,安全文明施工、环保、脚手架等项目。注意,管理费和利润虽属"非工程实体",但不属于措施项目。

(2) 措施项目的具体做法施工图不提供,而由施工单位自定,如脚手架、模板等项目。

(3) 施工图中没有的内容未必就是措施项目,如基础土方,虽然图纸未提供详细数据,但完成该项目的土方挖、填、运的最小量是确定的。此外,土方施工所需的支护、降水等项目的具体方案由施工单位自定,这些项目属于措施项目。

2. 措施项目清单

《通用安装工程工程量计算规范》(GB 50856—2013)将措施项目分为专业措施项目、安全文明施工及其他措施项目、相关问题及说明。

1) 专业措施项目

专业措施项目工程量清单的项目设置、项目特征描述、计量单位及工程量计算规则,应按表1.3.1的规定执行。

表 1.3.1　专业措施项目(编码:031301)

项目编码	项 目 名 称	工作内容及包含范围
031301001	吊装加固	①行车梁加固;②桥式起重机加固机负荷试验;③整体吊装临时加固件,加固设施拆除、清理
031301002	金属抱杆安装、拆除、移位	①安装、拆除;②移位
031301003	平台铺设、拆除	①场地平整;②基础及支墩砌筑;③支架型钢搭设;④铺设;⑤拆除、清理
031301004	顶升、提升装置	安装、拆除
031301005	大型设备专用机具	
031301006	焊接工艺评定	焊接、试验及结果评价
031301007	胎(模)具制作、安装、拆除	制作、安装、拆除
031301008	防护棚制作、安装、拆除	制作、安装、拆除
031301009	特殊地区施工增加	①高原、高寒施工防护;②地震防护
031301010	安装与生产同时进行施工增加	①火灾防护;②噪声防护
031301011	在有害身体健康环境中施工增加	①有害化合物防护;②粉尘防护;③有害气体防护;④高浓度氧气防护

项目编码	项目名称	工作内容及包含范围
031301012	工程系统检测、检验	①起重机、锅炉、高压容器等特种设备安装质量监督检查检测；②由国家或地方检测部门进行的各类检测
031301013	设备、管道施工的安全、防冻和焊接保护	保证工程施工正常进行的防冻和焊接保护
031301014	焦炉烘炉、热态工程	①烘炉安装、拆除、外运；②热态作业劳保消耗
031301015	管道安拆后的充气保护	充气管道安装、拆除
031301016	隧道内施工的通风、供水、供气、供电、照明及通信设施	通风、供水、供气、供电、照明及通信设施安装、拆除
031301017	脚手架	①场内、场外材料搬运；②搭、拆脚手架；③拆除脚手架后材料堆放
031301018	其他措施	为保证工程施工正常进行所发生的费用

2) 安全文明施工及其他措施项目

安全文明施工及其他措施项目，也称通用措施项目，其工程量清单项目的设置、计量单位、工作内容及包含范围，应按表 1.3.2 和表 1.3.3 的规定执行。

表 1.3.2　安全文明施工及其他措施项目(031302)

项目编码	项目名称	工作内容及包含范围
031302001	安全文明施工	①环境保护；②文明施工；③安全施工；④绿色施工(具体内容见表 1.3.3)
031302002	夜间施工增加	①夜间固定照明灯具和临时可移动照明灯具的设置、拆除；②夜间施工时，施工现场交通标志、安全标牌、警示灯等的设置、移动、拆除；③夜间照明设备及照明用电、施工人员夜班补助、夜间施工劳动效率降低等
031302003	非夜间施工照明	为保证工程施工正常进行，在地下室等特殊施工部位进行施工时所采用的照明设备的安拆、维护及照明用电等
031302004	二次搬运	由于施工场地条件限制而发生的材料、成品、半成品等经一次运输不能到达堆放地点，必须进行的二次或多次搬运
031302005	冬雨季施工增加	①冬雨(风)季施工时增加的临时设施(防寒保温、防雨、防风设施)的搭设、拆除；②冬雨(风)季施工时，对砌体、混凝土等采用的特殊加温、保温和养护措施；③冬雨(风)季施工时，施工现场的防滑处理、对影响施工的雨雪的清除；④冬雨(风)季施工时增加的临时设施、施工人员的劳动保护用品、冬雨(风)季施工劳动效率降低等
031302006	已完工程及设备保护	对已完工程及设备采取覆盖、包裹、封闭、隔离等必要保护措施
031302007	高层施工增加	①高层施工引起的人工工效降低以及人工工效降低引起的机械降效；②通信联络设备的使用

注：①本表所列项目应根据工程实际情况计算措施项目费用，需分摊的应合理计算摊销费用；

②施工排水是指为保证工程在正常条件下施工而采取的排水措施；

③施工降水是指为保证工程在正常条件下施工而采取降低地下水位的措施。

表 1.3.3　安全文明施工措施项目内容

序号	内容名称	工作内容及包含范围
1	环境保护	现场施工机械设备降低噪声、防扰民措施； 水泥和其他易飞扬细颗粒建筑材料密闭存放或采取覆盖措施等；工程防扬尘洒水； 土石方、建渣外运车辆防护措施等； 现场污染源的控制、生活垃圾清理外运、场地排水排污措施；其他环境保护措施
2	文明施工	"五牌一图"； 现场围挡的墙面美化(包括内外粉刷、刷白、标语等)、压顶装饰； 现场厕所便槽刷白、贴面砖，水泥砂浆地面或地砖，建筑物内临时便溺设施；其他施工现场临时设施的装饰装修、美化措施；现场生活卫生设施； 符合卫生要求的饮水设备、淋浴、消毒等设施；生活用洁净燃料； 防煤气中毒、防蚊虫叮咬等措施；施工现场操作场地的硬化；现场绿化、治安综合治理； 现场配备医药保健器材、物品；急救人员培训； 现场工人的防暑降温、电风扇、空调等设备及用电；其他文明施工措施
3	安全施工	安全资料、特殊作业专项方案的编制，安全施工标志的购置及安全宣传； "三宝"(安全帽、安全带、安全网)、"四口"(楼梯口、电梯井口、通道口、预留洞口)、"五临边"(阳台围边、楼板围边、屋面围边、槽坑围边、卸料平台两侧)，水平防护架、垂直防护架、外架封闭等防护； 施工安全用电，包括配电箱三级配电、两级保护装置要求、外电防护措施； 起重机、塔吊等起重设备(含井架、门架)及外用电梯的安全防护措施(含警示标志)及卸料平台的临边防护、层间安全门、防护棚等设施；建筑工地起重机械的检验检测；施工机具防护棚及其围栏的安全保护设施；施工安全防护通道； 工人的安全防护用品、用具的购置；消防设施与消防器材的配置；电气保护、安全照明设施；其他安全防护措施
4	绿色施工	建筑垃圾分类收集及回收利用的费用；夜间焊接作业及大型照明灯具的挡光措施费用；施工现场办公区、生活区使用节水器具及节能灯具增加的费用；施工现场基坑降水储存使用、雨水收集系统、冲洗设备用水回收利用设施增加的费用；施工现场生活区厕所、化粪池、厨房隔油池设置及清理费用；有毒、有害、有刺激性气体和强光、噪声环境下施工人员的防护器具；现场危险设备、地段、有毒物品存放地安全标识和防护措施；厕所、卫生设施、排水沟、阴暗潮湿地带定期消毒的费用；保障现场施工人员劳动强度和工作时间符合国家标准《体力劳动强度分级》(GB 3869—1997)的增加费用等。

3)相关问题及说明

工业炉烘炉、设备负荷试运转、联合试运转、生产准备试运转及安装工程设备场外运输应根据招标人提供的设备及安装主要材料堆放点按相关措施编码列项。大型机械设备进出场及安装，应按现行国家标准《房屋建筑与装饰工程工程量计算规范》(GB 50854—2013)的相关项目编码列项。

3. 措施项目的分类

《通用安装工程工程量计算规范》(GB 50856—2013)将措施项目划分为两类：一类是不能计算工程量的项目，如安全文明等，就以"项"计价，称为"总价项目"；另一类是可以计算工程量的项目，如脚手架、降水工程等，就以"量"计价，称为"单价项目"。

4. 江苏省增加的措施项目

江苏省在国家规范的基础上对房屋建筑与装饰工程、仿古建筑工程、通用安装工程等增加了措施项目。通用安装工程增加的措施项目见表1.3.4。

表 1.3.4　增加的措施项目

工程类型	项目编码	项目名称	工作内容及包含范围
通用安装工程	031302008	临时设施	临时设施包括施工所必须搭设的生活和生产用的临时建筑物、构筑物和其他临时设施的费用等,包括施工现场临时宿舍、文化福利及公用事业房屋与构筑物、仓库、办公室、加工厂、工地实验室以及规定范围内的道路、水、电、管线等临时设施和小型临时设施等的搭设、维修、拆除、周转或摊销等费用; 建筑、装饰、安装、修缮、古建园林工程规定范围内是指建筑物沿边起 50 m 内,多幢建筑两幢间隔 50 m 内
通用安装工程	031302009	赶工措施	施工合同约定工期比我省现行工期定额提前,施工企业为缩短工期所发生的费用
通用安装工程	031302010	工程按质论价	施工合同约定质量标准超过国家规定,施工企业完成工程质量达到经有权部门鉴定或评定为优质工程(包括优质结构工程)所必须增加的施工成本费
通用安装工程	031302011	住宅分户验收	按《住宅工程质量分户验收规程》(DGJ32/J 103—2010)的要求对住宅工程进行专门验收(包括蓄水、门窗淋水等)发生的费用,不包含室内空气污染测试费用

任务 4　知识——通用措施项目计价

1. 安全文明施工措施项目计价

《江苏省建设工程费用定额》(2014 年)(简称"省费用定额")规定:安全文明施工措施取费计费的基础为"分部分项工程费+单价措施项目费-工程设备费",安装工程的基本费率和省级标准化建设增加费(率)分别为 1.4% 和 0.3%。对于开展市级建筑安全文明施工标准化示范工地创建活动的地区,市级标准化建设增加费按照省级费率乘以系数 0.7 执行。

标准化建设增加费是施工企业加大投入,强化管理,经发承包双方约定创建省市级建筑安全文明施工标准化示范项目的成本增加费用。

现场安全文明施工措施费为不可竞争费用,必须列入措施项目费中。在编制工程概预算、招标控制价(标底)和投标报价时,建设工程现场安全文明施工措施费基本费应当足额计取,标准化建设增加费应根据招标文件中的创建目标计列:有省市级建筑安全文明施工标准化示范项目创建目标的,标准化建设增加费按规定标准暂列;没有创建目标的,标准化建设增加费不计取。

因建设工程现场安全文明施工管理较差被县级以上建设行政主管部门通报批评的工程或发生一般安全事故的工程,不得计取标准化建设增加费,且基本费只能计取 80%;发生较大及以上安全事故的工程,不得计取标准化建设增加费,且基本费只能计取 60%。

2. 高层施工增加费的计算

高层建筑增加费是指建筑物从第 6 层以上(不含 6 层)或建筑高度在 20 m 以上(不含 20 m)的建筑物的增加费用,主要考虑人工降效。

高层建筑的高度或层数以室外设计正负零至檐口(不包括屋顶水箱间、电梯间、屋顶平台出入口等)高度计算,不包括地下室的高度和层数,半地下室也不计算层数。高层建筑增加费的计取范围有:给排水、采暖、燃气、电气、消防及安全防范、通风空调等工程。建筑物有两个檐口高度,如主楼与裙楼,满足高层建筑增加费条件的主楼要计算其高层建筑增加费,而不满足高层建筑增加费条件的裙楼不计算其高层建筑增加费。

高层建筑增加费是按单位工程(满足高层建筑增加费条件的)全部工程量中的人工费为计算基础,不扣除6层或20 m以下的工程量。其计算步骤如下。

(1)人工费×高层建筑增加费率;

(2)费用拆分:该费用分别乘人工工资和机械费占有的百分比,拆分成人工费和机械费;

(3)在(2)中的人工费基础上,计算相应的管理费和利润;

(4)高层建筑增加费=(2)中人工费+(2)中机械费+(3)中管理费+(3)中利润。

给排水、采暖、燃气工程高层建筑增加费率见表1.3.5,电气工程高层建筑增加费率见表1.3.6,消防工程高层建筑增加费率见表1.3.7,通风空调高层建筑增加费率见表1.3.8。

在计算高层增加费时,应注意下列几点。

(1)计算基础包括6层或20 m以下的全部定额人工费,并且包括各章、节所规定的应按系数调整的子目中人工调整部分的费用;

(2)同一建筑物有部分高度不同时,分别按不同高度计算高层建筑物增加费。

(3)在高层建筑施工中,同时又符合超高施工条件的,可同时计算高层建筑物增加费和超高增加费。超高增加费计算在先,高层增加费计算基础也包括超高增加费。

表1.3.5　给排水、采暖、燃气工程高层建筑增加费率

层　　数	9层以下 (30 m)	12层以下 (40 m)	15层以下 (50 m)	18层以下 (60 m)	21层以下 (70 m)	24层以下 (80 m)	27层以下 (90 m)	30层以下 (100 m)	33层以下 (110 m)
按人工费 /(%)	12	17	22	27	31	35	40	44	48
其人工工资 占比率/(%)	17	18	18	22	26	29	33	36	40
机械费 占比率/(%)	83	82	82	78	74	71	67	64	60
层　　数	36层以下 (120 m)	40层以下 (130 m)	42层以下 (140 m)	45层以下 (150 m)	48层以下 (160 m)	51层以下 (170 m)	54层以下 (180 m)	57层以下 (190 m)	60层以下 (200 m)
按人工费 /(%)	53	58	61	65	68	70	72	73	75
其人工工资 占比率/(%)	42	43	46	48	50	52	56	59	61
机械费 占比率/(%)	58	57	54	52	50	48	44	41	39

表1.3.6　电气工程高层建筑增加费率

层　　数	9层以下 (30 m)	12层以下 (40 m)	15层以下 (50 m)	18层以下 (60 m)	21层以下 (70 m)	24层以下 (80 m)	27层以下 (90 m)	30层以下 (100 m)	33层以下 (110 m)
按人工费 /(%)	6	9	12	15	19	23	26	30	34
其人工工资 占比率/(%)	17	22	33	40	42	43	50	53	56

续表

层 数	9层以下 (30 m)	12层以下 (40 m)	15层以下 (50 m)	18层以下 (60 m)	21层以下 (70 m)	24层以下 (80 m)	27层以下 (90 m)	30层以下 (100 m)	33层以下 (110 m)
机械费 占比率/(%)	83	78	67	60	58	57	50	47	44
层 数	36层以下 (120 m)	40层以下 (130 m)	42层以下 (140 m)	45层以下 (150 m)	48层以下 (160 m)	51层以下 (170 m)	54层以下 (180 m)	57层以下 (190 m)	60层以下 (200 m)
按人工费 /(%)	37	43	43	47	50	54	58	62	65
其人工工资 占比率/(%)	59	58	65	67	68	69	69	70	70
机械费 占比率/(%)	41	42	35	33	32	31	31	30	30

表 1.3.7 消防工程高层建筑增加费率

层 数	9层以下 (30 m)	12层以下 (40 m)	15层以下 (50 m)	18层以下 (60 m)	21层以下 (70 m)	24层以下 (80 m)	27层以下 (90 m)	30层以下 (100 m)	33层以下 (110 m)
按人工费 /(%)	10	15	19	23	27	31	36	40	44
其人工工资 占比率/(%)	10	14	21	21	26	29	31	35	39
机械费 占比率/(%)	90	86	79	79	74	71	69	65	61
层 数	36层以下 (120 m)	40层以下 (130 m)	42层以下 (140 m)	45层以下 (150 m)	48层以下 (160 m)	51层以下 (170 m)	54层以下 (180 m)	57层以下 (190 m)	60层以下 (200 m)
按人工费 /(%)	48	54	56	60	63	65	67	68	70
其人工工资 占比率/(%)	41	43	46	48	51	53	57	60	63
机械费 占比率/(%)	59	57	54	52	49	47	43	40	37

表 1.3.8 通风空调高层建筑增加费率

层 数	9层以下 (30 m)	12层以下 (40 m)	15层以下 (50 m)	18层以下 (60 m)	21层以下 (70 m)	24层以下 (80 m)	27层以下 (90 m)	30层以下 (100 m)	33层以下 (110 m)
按人工费 /(%)	3	5	7	10	12	15	19	22	25
其人工工资 占比率/(%)	33	40	43	40	42	40	42	45	52
机械费 占比率/(%)	67	60	57	60	58	60	58	55	48

续表

层 数	36 层以下 (120 m)	40 层以下 (130 m)	42 层以下 (140 m)	45 层以下 (150 m)	48 层以下 (160 m)	51 层以下 (170 m)	54 层以下 (180 m)	57 层以下 (190 m)	60 层以下 (200 m)
按人工费 /(%)	28	32	36	39	41	44	47	51	54
其人工工资 占比率/(%)	57	59	62	65	68	70	72	73	74
机械费 占比率/(%)	43	41	38	35	32	30	28	27	26

3. 其他总价措施项目费的计取

总价措施项目中部分以费率计算的措施项目,其费率标准见表 1.3.9,其计算基础为:分部分项工程费+单价措施项目费－工程设备费;其他总价措施项目,按项计取,综合单价按实际或可能发生的费用进行计算。

非夜间施工照明是指白天在地下室、无窗厂房、坑道、洞库内施工的工程,可视为非夜间施工照明。这些特殊施工部位的"分部分项工程费+单价措施项目费(如脚手架、二次搬运等)－工程设备费"乘以适宜的费率即得出非夜间施工照明措施费。

夜间施工增加费在工艺要求不间断施工、白天不允许施工以及建设单位要求的工期低于工期定额规定的施工工期70%的情况下,才能列出。工艺要求不间断施工,白天不允许施工的项目直接算出施工的"分部分项工程费+单价措施项目费(如脚手架、二次搬运等)－工程设备费",再乘以适宜的费率得出夜间施工增加费。建设单位要求的工期低于工期定额规定的施工工期70%情况下,夜间施工增加费与赶工措施费一样,难以得到建设单位支持,因为国家与各省没有安装工程工期定额;另外,施工工人们为了多劳多得,会自觉自愿地加班加点,在冬季日照时间短时也会增加照明等措施,提高了施工成本。安装工程在遇到这种情况时,建设单位在编制工程控制价时最好设置预留金,施工单位在投标报价时需列出该项内容,但填写"按实结算"。确实发生因建设方"不合理工期要求"而产生夜间施工时,应由现场建设单位或监理单位代表签证确认。

表 1.3.9   安装工程有关措施计算基础和费率表

项 目 名 称	计 算 基 础	费率/(%)
夜间施工增加	分部分项工程费+单价措施项目费－工程设备费	0~0.1
非夜间施工照明		0.3
冬雨季施工增加		0.05~0.1
已完工程及设备保护		0~0.05
临时设施		0.6~1.5
赶工措施		0.5~2
工程按质论价		1~3
住宅分户验收		0.1

注:在计取非夜间施工照明费时,仅特殊施工部位内施工项目可计取。

原则上凡施工组织设计安排在雨季施工的工程量,不论采取何种雨季施工措施,均应计算雨季施工增加费。当一个建设项目跨越两个以上雨量区时,采用全年均衡施工;根据各类工程的特点和全国雨季施工地区划分表所确定的雨量区及雨季施工期限,可按线路通过的不同雨量区的工程量比例,作为计算雨季施工增加费的计算基础:分部分项工程费+单价措施项目费-工程设备费,再乘以适宜的费率计算该建设项目的雨季施工增加费。在江苏省境内,原则上不列冬季施工增加费。

任务 5 知识——规费、部分专业措施项目计价与投标报价编制格式

1. 规费计价

规费是指有权部门规定必须缴纳的费用,包含工程排污费、社会保险费和住房公积金。社会保险费是企业为职工缴纳的养老保险、医疗保险、失业保险、工伤保险和生育保险等五项社会保障方面的费用。意外伤害保险费属于企业管理费范畴。

工程排污费,在编制招标控制价和投标报价时,其费率可暂取1%计算。具体费用按工程所在地环境保护等部门规定的标准缴纳,按实计取列入。其计算基础同社会保险费及住房公积金的计算基础。社会保险费及住房公积金取费标准见表1.3.10。

表 1.3.10 社会保险费及住房公积金取费标准表

工程类别	计 算 基 础	社会保险费率/(%)	公积金费率/(%)
安装工程	分部分项工程费+措施项目费+其他措施项目费-工程设备费	2.2	0.38

2. 部分专业措施项目计价

1) 脚手架项目计价

脚手架搭拆费属竞争性费用。安装工程各册定额在测算脚手架搭拆费率时,均已考虑各专业工程交叉作业,相互利用脚手架、简易架等因素。因此,不论工程实际是否搭拆或搭拆数量多少,均按定额规定搭拆费率计算脚手架搭拆费用,具体计算步骤见表1.3.11,具体费率见表1.3.12。

表 1.3.11 脚手架搭拆费用计算步骤

序号	项目编码	项 目 名 称	计 算 基 础	费率/(%)	金额/元
1	031301017001	脚手架搭拆费	1.1+1.3+1.4		
1.1		脚手架定额使用费	分部分项工程费中的人工费	见表1.3.12	
1.2		脚手架使用定额人工费	1.1	见表1.3.12	
1.3		脚手架使用管理费	1.2	企业或省定额管理费率	
1.4		脚手架使用费利润	1.2	企业或省定额利润率	

表 1.3.12　安装工程部分专业脚手架定额使用费和人工费率

序号	专业名称	脚手架定额使用费率/(%)	脚手架定额使用费中人工工资占比率/(%)
1	消防工程	5	25
2	给排水、采暖、燃气工程	5	25
3	电气设备安装工程	4	25
4	通风空调工程	3	25

注:在参考文献[3]和江苏省以往的定额解释中,脚手架措施费计算都没有计算其企业管理费和利润。根据《计价规范》第5.2.4条规定,脚手架搭拆费属于综合单价计价方式,因此,编者认为实际计算中可以计算其企业管理费和利润。同时其他总价措施费计算除了依据《江苏省建设工程费用定额》(2014年)给定的取费标准外,本书中的措施费计算都视作综合单价计价。读者在实际工作中,可以不计算其企业管理费和利润,作为让利手段之一。

2)安装与生产同时进行的施工增加项目计价

安装与生产同时进行增加费,是指改扩建工程在生产车间或装置内施工,因生产操作或生产条件限制(如不准动火等)干扰了安装工作正常进行而增加的费用;不包括为保证安全生产和施工所采取的措施费用。安装与生产同时进行增加费按安装工程总人工费的10%计算,其中人工费占100%,在该人工费基础上再计算管理费和利润。

3)在有害身体健康环境中施工的增加费

在有害身体健康环境中施工增加费按安装工程总人工费的10%计算,其中人工费占100%,在该人工费基础上再计算管理费和利润。

3. 投标报价编制格式

投标报价经济文件表格包括如下内容。

(1)封面,见表1.3.25;

(2)扉页,见表1.3.26;

(3)总说明,见表1.3.27;

(4)工程项目投标报价汇总表,见表1.3.24;

(5)单项工程投标报价汇总表,见表1.3.23;

(6)单位工程投标报价汇总表,见表1.3.22;

(7)分部分项工程量清单计价表和单价措施费工程量清单计价表,分别见表1.2.5、表1.3.13;

(8)工程量清单综合单价分析表,见表1.2.1~表1.2.4;

(9)总价措施项目清单与计价表,见表1.3.14;

(10)其他项目清单与计价汇总表,见表1.3.17;

(11)暂列金额明细表,见表1.3.18;

(12)材料暂估单价表,见表1.3.19;

(13)专业工程暂估表,见表1.3.20;

(14)计日工表,见表1.3.15;

(15)总承包服务费计价表,见表1.3.16;

(16)规费、税金项目清单与计价表,见表1.3.21;

投标报价商务文件、技术文件按招标文件要求的格式编制,这里从略。

任务 6　任务示范操作

1. 单价措施费计算

根据表 1.2.5,脚手架搭拆费为[10 819.10(分部分项人工费)×4%]元=432.76 元,其中人工费(432.76×25%)元=108.19 元,管理费=(108.19×25%)元=27.05 元,利润=(108.19×10%)元=10.82 元。

脚手架搭拆费综合单价=人、材、机费用+管理费+利润=(432.76+27.05+10.82)元=470.63 元。脚手架搭拆费计算见表 1.3.13。

表 1.3.13　单价措施费工程量清单计价

序号	项目编码	项目名称	项目特征	单位	工程量	综合单价	合价	其中 暂估价
			电气设备安装工程					
01	031301 017001	脚手架	脚手架搭拆	项	1	470.63	470.63	

2. 总价措施费计算

根据 1.2.5,总价措施费计算基础=分部分项工程费+单价措施项目费−工程设备费=(41 129.30+470.63−0.00)元=41 599.93 元

总价措施费计算见表 1.3.14。

表 1.3.14　措施项目清单与计价表

工程名称:电气照明工程　　　　　　标段:　　　　　　　　第 3 页 共 10 页

序号	项目编码	项目名称	计算基础	费率/(%)	金额/元	调整费率/(%)	调整后金额/元	备注
1	031302001001	安全文明施工	41 599.93	1.4	582.40			
2	031302002001	夜间施工增加	0.00	0.1	0.00			
3	031302005001	冬雨季施工增加	0.00	0.1	0.00			
4	031302004001	二次搬运	0.00	0.25	0.00			
5	031301017001	脚手架搭拆			470.63			
合　计					1 053.03			

全国建设工程造价员
章 余 长　安装124102070
南京睿致电气工程安装有限公司
有效期至2015年12月10日

全国建设工程造价师
秦 平 山　安装104109038
南京睿致电气工程安装有限公司
有效期至2017年10月18日

编制人(造价人员):　　　　　　　　　　　　　　　复核人(造价工程师):

3. 其他项目清单与计价汇总

人工按点工,以南京市指导价 79 元/工日考虑;脚手架按 1.5 m/根、每天租金 0.055 元/m 计算,则借用脚手架综合单价＝(1.5×0.055×15)元/根＝1.24 元/根;借用 21 kV·A 交流电焊机按 65 元/台班考虑;计日工计算见表 1.3.15。

表 1.3.15　计日工表

工程名称:电气照明工程　　　　　　　　　标段:　　　　　　　　　第 8 页 共 10 页

编号	项 目 名 称	单位	暂定数量	实际数量	综合单价/元	合价/元	
						暂定	实际
一	人　工						
1	装卸车用零工	工日	10		79.00	790.00	
	人工小计					790.00	
二	材　料						
1	借用脚手架,15 d	根	50		1.24	62.00	
	材料小计					62.00	
三	施工机械						
1	借用交流电焊机 21 kV·A	台班	5		65.00	325.00	
	施工机械小计					325.00	
	总　　计					1 177.00	

总承包服务费,《江苏省建设工程费用定额》(2014 年)规定,招标人应根据招标文件中列出的内容和向总承包人提出的要求,参照下列标准计算:(1)建设单位仅要求对分包的专业工程进行总承包管理和协调时,按分包的专业工程估算造价的 1% 计算;(2)建设单位要求对分包的专业工程进行总承包管理和协调,并同时要求提供配合服务时,根据招标文件中列出的配合服务内容和提出的要求,按分包的专业工程估算造价的 2%～3% 计算。本项目总承包服务费计算见表 1.3.16。

表 1.3.16　总承包服务费计价表

工程名称:电气照明工程　　　　　　　　　标段:　　　　　　　　　第 9 页 共 10 页

序号	项目名称	项目价值/元	服 务 内 容	费率/(%)	金额/元
1	发包人分包专业工程	12 000.00	① 按专业工程承包人要求提供施工作业面,并对施工现场进行统一管理,对竣工资料进行统一整理汇总; ② 为专业工程承包人提供施工工作电源,并承担电费; ③ 配合专业工程承包人进行防盗门禁系统安装及调试工作	1	1 200.00
	合　　计				1 200.00

其他项目清单与计价汇总见表1.3.17～表1.3.20。

表1.3.17 其他项目清单计价汇总表表

工程名称:电气照明工程　　　　　　　　标段:　　　　　　　　第4页 共10页

序号	项目名称	金额/元	结算金额/元	备注
1	暂列金额	13 000.00		明细见表1.3.18
2	暂估价	12 000.00		
2.1	材料(工程设备)暂估价/结算价	—		明细见表1.3.19
2.2	专业工程暂估价/结算价	12 000.00		明细见表1.3.20
3	计日工	1 177.00		明细见表1.3.15
4	总承包费	1 200.00		明细见表1.3.16
5	其他:可暂估的零星工程量,为老办公楼改造暗装单管链吊式 YG2-11×40 W,20 套	1 529.80		20×76.49＝1 622.00(76.49为综合单价)
	合计	28 906.80		

表1.3.18 暂列金额明细表

工程名称:电气照明工程　　　　　　　　标段:　　　　　　　　第5页 共10页

序号	项目名称	计量单位	暂定金额/元	备注
1	工程量清单中工程量偏差和工程设计变更	项	10 000.00	
2	政策性调整和材料价格风险	项	3 000.00	
	合计		13 000.00	

表1.3.19 材料暂估单价表

工程名称:电气照明工程　　　　　　　　标段:　　　　　　　　第6页 共10页

序号	材料(工程设备)名称、规格、型号	计量单位	数量 暂估	数量 确认	暂估/元 单价	暂估/元 合价	确认/元 单价	确认/元 合价	备注
1	焊接钢管	t	0.085 3		4 300.00	341.38			
	合价					341.38			

表1.3.20 专业工程暂估价表

工程名称:电气照明工程　　　　　　　　标段:　　　　　　　　第7页 共10页

序号	工程名称	工程内容	暂估金额/元	结算金额/元	差额±/元	备注
01	防盗门禁	安装及调试	12 000.00			
	合价		12 000.00			

4. 规费和税金计算

规费的计算基础＝分部分项工程费＋措施项目费＋其他措施项目费－工程设备费＝(41 129.30＋1 053.03＋28 906.80－0.00)元＝71 089.13 元。

税金的计算基础＝分部分项工程费＋措施项目费＋其他措施项目费－工程设备费＋规费＝规费的计算基础＋规费。规费和税金计算见表1.3.21。

表 1.3.21　规费、税金项目清单与计价表

工程名称:电气照明工程　　　　　　　标段:　　　　　　　　第10页 共10页

序号	项 目 名 称	计 算 基 础	计算基数	费率(%)	金额/元
1	规费				2 544.99
1.1	社会保障费		71 089.13	2.2	1 563.96
1.2	住房公积金		71 089.13	0.38	270.14
1.3	工程排污费		71 089.13	1	710.89
2	税金	71 089.13＋2 544.99	73 634.12	3.41	2 510.92
合　　　计					5 055.91

编制人(造价人员):　　　　　　　　复核人(造价工程师):

5. 投标报价汇总

单位工程投标报价汇总表见表1.3.22、单项工程投标报价汇总表见表1.3.23、工程项目投标报价汇总表见表1.3.24。

6. 封面与说明

封面见图1.3.1、扉页见图1.3.2、总说明见图1.3.3。

表 1.3.22　单位工程投标报价汇总表

工程名称:　　　　　　　　　　标段:　　　　　　　　第　页共　页

序号	汇 总 内 容	金额/元	其中:暂估价/元
1	分部分项工程	41 129.30	341.38
2	措施项目	1 053.03	
2.1	安全文明施工费	582.40	
3	其他项目	28 906.80	
3.1	暂列金额	13 000.00	
3.2	专业工程暂估价	12 000.00	
3.3	计日工	1 177.00	

序号	汇总内容	金额/元	其中:暂估价/元
3.4	总承包服务费	1 200.00	
4	规费	2 544.99	
5	税金	2 510.92	
投标报价合计＝1＋2＋3＋4＋5		76 145.04	341.38

表 1.3.23　单项工程投标报价汇总表

工程名称:电气照明工程　　　　　　　　　　　　　　　　　　　　　第　页共　页

序号	单位工程名称	金额/元	其　中		
			暂估价/元	安全文明施工费/元	规费/元
1	电气照明工程	76 145.04	341.38	582.40	2 544.99
合　计		76 145.04	341.38	582.40	2 544.99

表 1.3.24　工程项目投标报价汇总表

工程名称:电气照明工程　　　　　　　　　　　　　　　　　　　　　第　页共　页

序号	单项工程名称	金额/元	其　中		
			暂估价/元	安全文明施工费/元	规费/元
1	电气照明工程	76 145.04	341.38	582.40	2 544.99
合　计		76 145.04	341.38	582.40	2 544.99

地下一层电气　　工程

投 标 总 价

投 标 人：南京睿致电气工程安装有限公司

（单位盖章）

2014 年 12 月 12 日

图 1.3.1　封面

投 标 总 价

招 标 人：　　　　　南京宁圣科技公司　　　　　

工 程 名 称：　　　　　地下一层电气工程　　　　　

投标总价(小写)：　　　　　RMB76 145.04　　　　　

（大写）：　　　RMB 柒万陆仟壹佰肆拾伍元零肆分　　　

投 标 人：　　　南京睿致电气工程安装有限公司　　　

　　　　　　　　　　　（单位盖章）　　　　　　　　

法定代表人

或其授权人：　　　　　　　林 双 全　　　　　　　

　　　　　　　　　　（签字或盖章）　　　　　　

时　　间：　　　　2014 年 12 月 12 日　　　　

图 1.3.2　扉页

总 说 明

工程名称：电气照明工程　　　　　　　　　　　　　　　　第 1 页共 10 页

1. 本报价依据本工程投标须知和合同文件的有关条款进行编制。

2. 工程量清单报价表中所填入的综合单价和合价均包括人工费、材料费、机械费、管理费、利润、税金以及采用固定单价价格的工程所测算的风险金等全部费用。

3. 措施项目报价表中所填入的措施项目报价,包括为完成本工程项目施工必须采取的措施所发生的费用。

4. 其他项目报价表中所填入的其他项目报价,包括工程量清单报价表和措施项目报价表以外的,为完成本工程项目施工必须发生的其他费用。

5. 本工程量清单报价表中的每一单项均应填写单价和合价,对没有填写单价和合价的项目费用,视为已包括在工程量清单的其他单价和合价之中。

6. 本报价的币种为 人民币。

7. 投标人应将投标报价需要说明的事项,用文字书写与投标报价表一并报送 。

图 1.3.3　总说明

任务 7　学员工作任务作业单

1. 学员工作任务作业单（一）

某中央空调工程（属一类工程）采用清单计价方式编制投标报价，其分部分项工程费为 54 925.78 元，其中工资 26 620.08 元。本工程设备费 268 308.23 元，综合工日单价按 70 元/工日考虑。根据施工组织设计确定该拟建工程只发生安全文明施工费和脚手架搭拆费用，请按江苏省现行定额规定完成该工程的投标报价。

2. 学员工作任务作业单（二）

某总承包施工企业根据某安装工程的招标文件和施工方案决定按以下数据及要求进行投标报价：该安装工程按设计文件计算出各分部分项工程工料机费用合计为 6000 万元，其中人工费占 10%。安装工程脚手架搭拆的工料机费用，按各分部分项工程人工费合计的 8% 计取，其中人工费占 25%；安全防护、文明施工措施费用，按当地工程造价管理机构发布的规定计 100 万元；其他措施项目清单费用按 150 万元计。施工管理费、利润分别按人工费的 60%、40% 计。

按业主要求，总承包企业将占工程总量 20% 的部分专业工程发包给某专业承包企业，总承包服务费按分包专业工程各分部分项工程人工费合计的 15% 计取。规费按 8 万元计，税金按税率 3.50% 计。

按照《计价规范》和《江苏省建设工程费用定额》（2014 年）规定，计算出总承包企业对该单项工程（含分包专业工程）的投标报价。将各项费用的计算结果填入表 1.3.28 单项工程费用汇总表中，其计算过程写在表 1.3.25 单项工程费用汇总表的下面（计算结果均保留整数）。

表 1.3.25　单项工程费用汇总表

序号	项 目 名 称	金额/元	序号	项目名称	金额/元
1	分部分项工程量清单计价合计		4	规费	
2	措施项目清单计价合计		5	税金	
3	其他项目清单计价合计			合计	

3. 学员工作任务作业单（三）

某市区新建一办公楼，建筑面积为 28 156 m²，16 层，层高 3 m。已知该办公楼自动喷淋水安装工程的分部分项工程工程量计价合计为 70 万元，其中：$\sum$ 人工费 = 15 万元，$\sum$ 材料费 = 45 万元，$\sum$ 机械费 = 5 万元。本项目无暂列金额及计日工。试根据上述已知条件，按现行江苏省建筑安装工程计价的有关规定计算该办公楼自动喷淋水安装工程的有关费用，见表 1.3.26、表 1.3.27、表 1.3.28 和表 1.3.29。

表 1.3.26　技术措施项目清单与计价表

序号	项目编码	项目名称	计算基础	费率/（%）	金额/元
1	031301017001	脚手架使用费	1.1＋1.3＋1.4		
1.1		定额脚手架使用费			
1.2		脚手架使用人工费			
1.3		脚手架使用管理费			
1.4		脚手架使用费利润			
2	031302007001	高层建筑增加费	2.1＋2.3＋2.4		
2.1		定额高层建筑增加费			
2.2		高层建筑增加人工费			
2.3		高层建筑增加管理费			
2.4		高层建筑增加费利润			
		合计	1＋2		

表 1.3.27　其他措施项目清单与计价表

序号	项目名称	计算基础	费率/（%）	金额/元
1	临时设施费			
2	雨季施工费			
3	安全文明施工费			
	合计			

表 1.3.28　其他项目清单与计价汇总表

序号	项目名称	计算基础	费率/（%）	金额/元
1	检验试验配合费		0.1%	
2	暂估价	（消防工程3%,其他安装0.5%）		
2.1	检验试验费暂估价		3%	
	合计			

表 1.3.29　规费项目清单与计价表

序号	名称	计算基础	费率/（%）	金额/元
1	规费	1.1＋1.2＋1.3		
1.1	工程排污费		0.06(暂)	
1.2	社会保险费			
1.3	住房公积金			
	合计			

4. 学员工作任务作业单（四）

某住宅工程，建筑面积 5 234 m²，主体结构为砖混结构，基础类型为条形基础，建筑檐高 18.75 m，地上 6 层，周围距离原有住宅较近，工期为 200 d。按《计价规范》有关规定，经计算，单方造价为 1050 元/m²，用于控制污水排放、扬尘产生等保护环境方面的费用为 15 000 元，用于安全教育等的费用为 11 000 元，临时设施费用 110 800 元，夜间施工费用 54 600 元，因场地异常狭窄而增加的二次搬运费 34 420 元；脚手架费用 26 460 元。招投标过程中，业主预留金为工程造价的 8%，材料购置费 56 000 元。总包服务费 145 000 元，零星工程费 23 580 元。

问题：(1)请按《计价规范》的有关要求，将以上费用填入措施项目清单计价表中，并计算结果。(2)请按《计价规范》的有关要求，将以上费用填入其他项目清单计价表中，并计算结果。

任务 8　情境学习小结

本学习情境学习了措施项目的概念、措施项目清单编制及其措施费计价的方法，以及《江苏省建设工程费用定额》(2014 年)的有关规定和投标报价表格格式。

【知识目标】

了解措施项目概念、措施项目清单编制及其措施费计价的方法，以及《江苏省建设工程费用定额》(2014 年)有关规定和投标报价概念。

【能力目标】

掌握总价和单价措施项目费的计算方法，掌握《江苏省建设工程费用定额》(2014 年)规定的有关措施项目的费率、计算基础和投标报价编制的格式。

情境 2

给排水、采暖、燃气工程工程量计量与计价

【正常情境】

某建筑安装工程公司欲承接某大楼施工建设任务,公司(或项目)负责人组织有关技术员工编制投标文件对该项目进行投标活动。拿到水专业施工图纸和招标文件中的水专业单位工程清单工程量后,首先应检查图纸描述有没有问题,清单工程量有没有少算、多算以及漏项问题;其次考虑针对清单工程量,计价(定额)工程量是多少;最后考虑公司的工料机消耗量定额和单价是多少。

【异常情境】

(1)该工程处于淮河以北地区,水专业施工图纸中肯定包含采暖分部分项工程,因此也必须对它报价。

(2)该工程作为多层或高层住宅,必引入燃气分部分项工程,其也作为水专业施工图纸中的一部分,因此也必须对它报价。

(3)若承担材料计划和对专业施工队施工成本核算工作,该怎样开展工作?

【情境任务分析】

给排水(管道制作安装、管道支架与套管安装、管道附件安装和卫生器具制作安装)工程量计量与计价;供暖工程计量与计价;燃气工程计量与计价。

予项目 2.1 管道制作安装计量与计价

任务 1 情境描述

在建筑安装工程中,给排水是最基本的单位工程。图 2.1.1~图 2.1.4 所示的给水管道、排水管道计量和计价是最基础的工作,因此任务要求是对图示给水、排水管道分部分项工程进行报价。

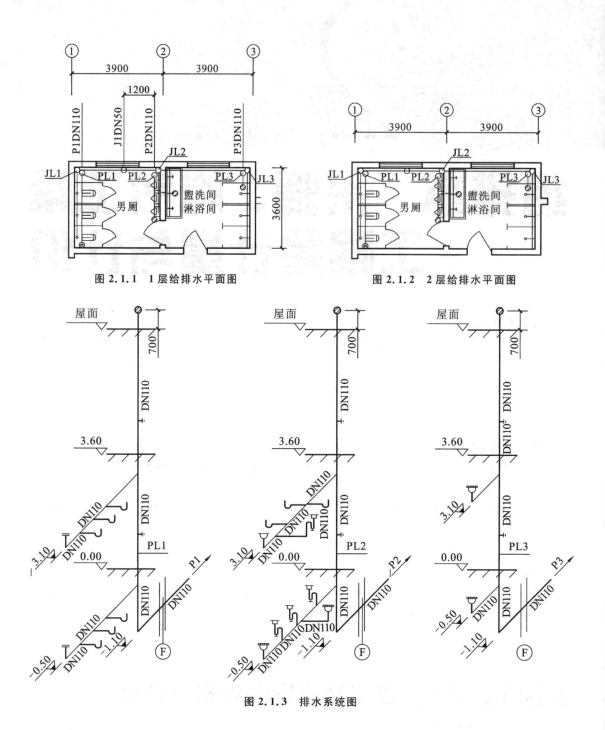

图 2.1.1　1 层给排水平面图

图 2.1.2　2 层给排水平面图

图 2.1.3　排水系统图

任务 2　情境任务分析

　　由于情境描述中未给出给水管道和排水管道的清单工程量,因此要对上述任务设置清单项目和计算清单工程量;其次计算出计价工程量;最后要确定每一工程量清单项目的综合单价。

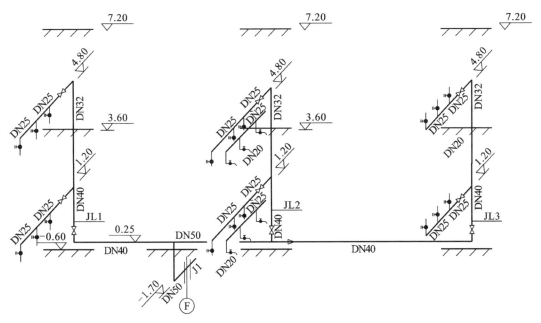

图 2.1.4　给水系统图

任务 3　知识——清单项目设置与工程量计算

1. 管道安装工程量清单设置

管道安装工程量清单设置见表 2.1.1,即《计价规范》中表 K.1(编码:031001)。

表 2.1.1　给排水、采暖、燃气管道(编码:031001)

项目编码	项目名称	项目特征	计量单位	工程量计算规则	工作内容
031001001	镀锌钢管	①安装部位;②介质;③规格、压力等级;④连接形式;⑤压力试验及吹、洗设计要求			①管道安装;②管件制作、安装;③压力试验;④吹扫、冲洗
031001002	钢管				
031001003	不锈钢管				
031001004	铜管				
031001005	铸铁管	①安装部位;②介质;③规格、压力等级;④连接形式;⑤接口材料;⑥压力试验及吹、洗设计要求;⑦警示带形式	m	按设计图示管道中心线以长度计算	①管道安装;②管件安装;③压力试验;④吹扫、冲洗;⑤警示带铺设
031001006	塑料管	①安装部位;②介质;③规格、压力等级;④连接形式;⑤压力试验及吹、洗设计要求;⑥警示带形式			①管道安装;②管件安装;③塑料卡固定;④压力试验;⑤吹扫、冲洗;⑥警示带铺设
031001007	复合管				

安装工程清单计量与计价

续表

项目编码	项目名称	项 目 特 征	计量单位	工程量计算规则	工 作 内 容
031001008	直埋式预制保温管	①埋设深度;②介质;③管道材质、规格;④连接形式;⑤接口保温材料;⑥压力试验及吹、洗设计要求;⑦警示带形式	m	按设计图示管道中心线以长度计算	①管道安装;②管件安装;③接口保温;④压力试验;⑤吹扫、冲洗;⑥警示带铺设
031001009	承插缸瓦管	①埋设深度;②规格;③接口方式及材料;④压力试验及吹、洗;设计要求;⑤警示带形式			①管道安装;②管件安装;③压力试验;④吹扫、冲洗;⑤警示带铺设
031001010	承插水泥管				
031001011	室外管道碰头	①介质;②碰头形式;③材质、规格;④连接形式;⑤防腐、绝热设计要求	处	按设计图示以"处"计算	①挖填工作坑或暖气沟拆除及修复;②碰头;③接口处防腐;④接口处绝热及保护层

补充项目的编码由代码03与B和3位阿拉伯数字组成,并应从03B001起顺序编制,同一招标工程的项目不得重码。工程量清单中需附有补充项目的名称、项目特征、计量单位、工程量计算规则、工程内容。

项目特征中的安装部位,是指管道安装在室内或室外。输送介质包括给水、排水、中水、雨水、热媒体、燃气、空调水等。管道规格包含管道公称直径和管道外径。连接方式包括螺纹连接、焊接(电弧焊、氧气乙炔焊)、承插、卡接、热熔和粘接等;对承插方式还需说明接口材料(如胶圈、铅、膨胀水泥、石棉水泥等),并按不同特征分别列项。

铸铁管安装适用于承插铸铁管、球墨铸铁管、柔性抗震铸铁管等。塑料管安装:(1)适用于PVC-U、PVC、PP-C、PP-R、PE、PB管等塑料管材;(2)项目特征应描述是否设置阻火圈或止水环,按设计图纸或规范要求将它们的费用计入综合单价中。复合管安装适用于钢塑复合管、铝塑复合管、钢骨架复合管等复合型管道安装。方形补偿器制作安装的费用,应含在管道安装综合单价中。直埋保温管包括直埋保温管件安装及接口保温。

室外管道碰头需注意如下问题。

(1)管道碰头包括新建或扩建工程热源、水源、气源管道与原(旧)有管道碰头;

(2)室外管道碰头包括挖工作坑、土方回填或暖气沟局部拆除及修复;

(3)带介质管道碰头包括开关闸、临时放水管线铺设等工程;

(4)热源管道碰头每处包括供、回水两个接口;

(5)碰头形式指带介质碰头、不带介质碰头。

压力试验按设计要求描述试验方法,如水压试验、气压试验、泄漏性试验、闭水试验、通球试验、真空试验等。吹、洗按设计要求描述吹扫、冲洗方法,如水冲洗、消毒冲洗、空气吹扫等。

2. 计量范围的界定

工业管道与市政工程管网工程的界定:给水管道以厂区入口水表井为界;排水管道以厂区围墙外第一个污水井为界;蒸汽和煤气以厂区入口第一个计量表(阀门)为界。

给排水、采暖、燃气工程与市政工程管网工程的界定:给水、采暖、燃气管道以计量表井为界;无计量表井者,以与市政碰头点为界;室外排水管道以与市政管道碰头井为界;厂区、住宅小区的庭院喷灌及喷泉水设备安装按本规范相应项目执行;市政庭院喷灌及喷泉水设备安装按国家标准中有关管网工程的相应项目执行。

涉及管沟、坑及井类的土方开挖、垫层、基础、砌筑、抹灰、地沟盖板的预制作、安装装、回填、运输、路面开挖及修复、管道支墩的项目,按国家标准中的相应项目执行。

排水管道安装包括立管检查口、透气帽(注意:立管检查口,底层与顶层必须设置,其他层隔层设置)。

管道工程量计算不扣除阀门、管件及附属构筑物所占长度;方形补偿器以其所占长度列入管道安装工程量,但管道上的设备长度应扣除。

给水管道室内外界线:入口处设阀门者以阀门为界,无阀门者向外距以建筑物外墙皮1.5 m为界。排水管道室内外以出户第一个排水检查井为界。检查井与检查井之间的连接管道为室外排水管道。其长度计算以检查井为起点和终点。

采暖管道室内外管道以入口阀门或向外距建筑物外墙皮1.5 m为界。采暖管道与工业管道界限以向外距锅炉房或热力站外墙皮1.5 m为界。工厂车间内采暖管道以采暖系统与工业管道碰头点为界。采暖管道与设在高层建筑内的加压泵间管道以泵间外墙皮为界。

管道与支架的除锈、刷油、绝热、防腐蚀等工程,单独编制清单项目。

3. 室内管道之间或管道与墙距离的规定

明装给水管道的管与管及管与建筑构件之间的最小净距见表2.1.2。给水管道水平干管安装与墙、柱表面的安装距离见表2.1.3。管道中心线与梁、柱、楼板的最小距离见表2.1.4。

表 2.1.2　给水管道的管与管及管与建筑构件之间的最小净距

名　　称	最小净距/mm
引入管	在平面上与排水管道不小于1 000
	在排水管道交叉时不小于150
水平干管	与排水管道的水平净距一般不小于500
	与其他管道的净距不小于100
	与墙、地沟壁的净距不小于80～100
	与梁、柱、设备的净距不小于50
	与排水管的交差垂直净距不小于100
立管	DN≤32,至墙的净距不小于25
	DN32～DN50,至墙的净距不小于35
	DN70～DN100,至墙的净距不小于50
	DN125～DN150,至墙的净距不小于60
支管	与墙面净距一般为20～25

表 2.1.3　给水管道水平干管安装与墙、柱表面的安装距离

公称直径/mm	25	32	40	50	65	80	100	125	150	200	250	300
保温管中心	150				180		200		220	240	280	310	340
不保温管中心	100			120			140		160		180	210	240	270
钢立管净距	15～30			35～50			55			60			—

注：①钢立管净距指给水、采暖立管外壁与墙、柱的距离。②表中管中心与墙、柱的安装距离使用于水平干管的安装。

表 2.1.4　管道的中心线与梁、柱、楼板的最小距离（自喷系统）

公称直径/mm	25	32	40	50	70	80	100	125	150	200
距离/mm	40	40	50	60	70	80	100	125	150	200

给水管道距地高度说明：洗脸盆的为 450 mm，坐便器的为 250 mm，浴盆的为 670 mm，淋浴器的为 1 150 mm，蹲便器（手动自睁式）的为 600 mm，站式小便器的为 1 130 mm，挂式小便器的为 1 050 mm。另盥洗台水龙头安装高度为 850 mm。

排水管道横支管至卫生器具如地漏、马桶、洗脸盆管道长度按 0.5～0.8 m 计算。支管一般出地面高度为 100 mm。洗脸盆、洗涤盆 S 存水弯不单独计算工程量，其包括在洗脸盆、洗涤盆的安装定额子目内。

任务 4　知识——综合单价的确定

计算排水、采暖、燃气管道安装工程综合单价时应注意的问题，主要包括以下几方面。

（1）管道安装工程量：按管道材质、连接方式、接口材料、管道公称直径的不同，均以施工图所示管道中心线长度计算，不扣除阀、管件、成套器件（包括减压器组成、疏水器组成、水表组成、伸缩器组成等）及各种井类所占长度。定额计量单位为 10 m。

管道安装定额的工作内容包括：管道安装、管件连接、水压试验或灌水试验、气压试验等。

（2）管件的安装费用包含在管道安装定额基价中（除不锈钢和铜管外），同时管件的安装费用也不需另套预算定额。管道安装定额中，部分管材的管件是未计价材料，计价时需另计主料费。这些未计价管材主要是（焊接）钢管、承插铸铁给水管、给水塑料管、给水塑料复合管、燃气铸铁管、塑料排水管、承插铸铁雨水管。雨水斗作为未计价材料，其价值也应计入综合单价中。

（3）不锈钢管和铜管的安装费用需另计，根据施工图计算出管件的数量，套用《江苏省安装工程计价表》第 8 册"工业管道"中低压管件安装的相应子目。

（4）管道消毒、冲洗工程量：均按管道长度以"m"为计量单位，不扣除阀门、管件所占的长度。需要注意的是，管道消毒、冲洗定额子目适用于设计和施工及验收规范中有要求的管道工程，并非所有管道都需进行。

（5）正常情况下，管道安装预算定额的基价已包括压力试验或灌水试验的费用，由于非施工方原因需要再次进行管道压力实验时才可执行管道压力试验定额，不要重复计算，以免造成该费用二次计算。

（6）安装的管道的规格与定额子目中的规格不符时，应套用接近规格的子目；规格居中，即

处于两子目中间时,按大者(即上限)套用。

(7)上水管道绕房屋周围敷设,按室外管道计算。

(8)各种伸缩器的制作安装,均以"个"为计量单位。方形伸缩器的两臂,按臂长的2倍合并在管道长度内计算。

任务 5 任务示范操作

1. 给水系统管道工程量手工计算

通过上述知识可知,清单工程量计算规则与定额工程量计算规则相同,因此合并一起计算。根据图2.1.4计算如下。

DN50管道:[1.5(室内外界面)+0.3(墙厚)+0.06(立管至墙面距离)+1.7(埋地深度)+0.25(出地面高度)+1.2(至PL2距离)+0.16(PL2距离墙)−0.06(JL2距离墙)]m=(3.81+1.3)m=5.11 m;

DN40管道(水平管):[3.9+3.9(开间)−0.3(两边半墙厚之和)−0.06(JL1立管至墙面距离)−0.06(JL3立管至墙面距离)−1.3(DN50管道水平长)]m=6.08 m;

DN40管道(立管):(1.2−0.25)×3 m=2.85 m;

DN40管道总长:(6.08+2.85)m=8.93 m;

DN32管道:3.6×3 m=10.8 m;

JL1 DN25水平管道:[3.6−0.3(墙厚)−0.45(最下坑位半宽)−0.06(立管距墙)+(1.2−0.6)(水平管距蹲便器阀门)×3]m=4.59 m;

JL2 DN25水平管道:[0.6×2+0.3(3个挂式小便器水平管长)+0.15×3(3个小便器立管长)+0.6×2+0.3(盥洗台水平管长)+0.35×3(盥洗台水嘴距水平管长)+(0.06+0.3+0.02)(穿墙长度)]m=4.88 m;

JL3 DN25水平管道:[3.6−0.3(墙厚)−0.45(最下浴位半宽)−0.06(立管距墙)]m=2.79 m;

DN25水平管道合计:[(4.59+4.88+2.79)×2(2层)]m=24.52 m。

2. 排水系统管道工程量手工计算

PL1排出管DN110:[3(假定外墙面到检查井长度)+0.3(外墙厚)+0.16(立管距离墙面)]m=3.46 m;

PL1立管DN110:[1.1(埋深)+3.6(层高)+3.6(顶层高)+0.7]m=9 m;

PL2、PL3 DN110排出管和立管长度与上述同样算法。

PL1水平管DN110:[3.6(进深)−0.3(墙厚)−0.16(PL1立管至墙)−0.16(清扫口至墙)+(0.55−0.16)×3(水平管至坑位水平支管)+(0.5+0.1)×3(坑位小立管)+(0.5+0.3)(清扫口小立管)]×2 m=13.5 m;

PL2水平管DN110:[3.6(进深)−0.3(墙厚)−0.16(PL1立管至墙)−1.04(门与门垛)+(0.16+0.3+0.3)(水平管至盥洗台地漏)+(0.5+0.1)×2(地漏支管)]×2 m=8.12 m;

PL3水平管DN110:[0.6(暂定水平长度)+(0.5+0.1)(地漏支管)]×2 m=2.4 m;

DN110管合计:(3.46×3+9×3+13.5+8.12+2.4)m=61.4 m;

DN50:[(0.5＋0.1)×3×2(小便斗支管)]m＝3.6 m。

3. 管道工程量清单设置

假定给水管道使用 PP-R 材质,排水管道使用 PVC-U 材质,则管道工程量清单设置见表 2.1.5。

表 2.1.5　给排水管道分部分项工程量清单

工程名称:　　　　　　　　　标段:　　　　　　　第 页共 页

序号	项目编码	项目名称	项目特征描述	计量单位	工程量
1	031001006001	塑料管	室内;给水;PP-R;DN50;热熔	m	5.11
2	031001006002	塑料管	室内;给水;PP-R;DN40;热熔	m	8.93
3	031001006003	塑料管	室内;给水;PP-R;DN32;热熔	m	10.8
4	031001006004	塑料管	室内;给水;PP-R;DN25;热熔	m	24.52
5	031001006005	塑料管	室内;排水;PVC-U;DN110;粘接	m	61.4
6	031001006006	塑料管	室内;排水;PVC-U;DN50;粘接	m	3.6

4. 清单项目综合单价确定

假定本工程为三类工程,二类工工资为 74 元/工日,DN50 PP-R 给水塑料管单价为 28.26 元/m,则 031001006001 的综合单价分析见表 2.1.6。

表 2.1.6　(031001006001)工程量清单综合单价分析表

工程名称:　　　　　　　　　标段:　　　　　　　第 页共 页

项目编码	031001006001	项目名称	塑料管	计量单位	m

清单综合单价组成明细

定额编号	定额名称	定额单位	数量	单价/元				合价/元			
				人工费	材料费	机械费	管理费和利润	人工费	材料费	机械费	管理费和利润
10-238	室内给水塑料管	10 m	0.1	103.60	18.99	1.67	54.90	10.36	1.899	0.167	5.49
人工单价		小　计						10.36	1.899	0.167	5.49
74 元/工日		未计价材料费						28.83			
清单项目综合单价								46.75			

材料费明细	主要材料名称、规格、型号	单位	数量	单价/元	合价/元	暂估单价/元	暂估合价/元
	DN50PP-R 给水塑料管	m	1.02	28.26	28.83		
	管子托钩 DN50	个	0.247	6.94	1.714		
	其他材料费			—	0.185		
	材料费小计			—	30.73	—	

任务 6 学员工作任务作业单

1. 学员工作任务作业单（一）

假定本工程为二类工程，二类工工资为 74 元/工日，查询有关材料价格，则表 2.1.5 中每项综合单价分析填入表 2.1.7。

表 2.1.7 （　　　　　）工程量清单综合单价分析表

工程名称：　　　　　　　　　　　　　标段：　　　　　　　　　　　第　页共　页

项目编码		项目名称		计量单位	
清单综合单价组成明细					

定额编号	定额名称	定额单位	数量	单价/元				合价/元			
				人工费	材料费	机械费	管理费和利润	人工费	材料费	机械费	管理费和利润

人工单价		小　计			
74 元/工日		未计价材料费			
清单项目综合单价					

材料费明细	主要材料名称、规格、型号	单位	数量	单价/元	合价/元	暂估单价/元	暂估合价/元
	其他材料费			—		—	
	材料费小计			—		—	

2. 学员工作任务作业单（二）

某宿舍楼为 7 层，卫生间设有蹲式大便器（延时自闭冲洗阀）、盥洗槽和污水池，其平面布置见图 2.1.5。系统图见图 2.1.6 和图 2.1.7；管材为镀锌钢管，排水管材为铸铁排水管。排水立管距墙 170 mm，给水立管距墙 50 mm，墙厚 180 mm。楼层按 2.8 m 计算。盥洗槽水龙头为 DN15 水龙头，污水池水龙头为 DN20 水龙头，排水横管用角钢吊架，镀锌钢管刷银粉漆一遍，排水铸铁管及支架刷防锈漆两道，银粉面漆两道。任务：编制其管道分部分项工程量清单，填入表 2.1.8（只计算 1 层）。

3. 学员工作任务作业单（三）

本工程为南京市市区××住宅楼的室内给排水工程，本住宅楼共 5 层，由 3 个布局完全相同的单元组成，每单元一梯两户。因对称布置，所以只画出 1/2 单元的平面图和系统图，见图 2.1.8～图 2.1.11。图中标注尺寸除标高以"m"计处，其余均以"mm"计。所注标高以底层卧室地坪为±0.00 m，室外地面为－0.60 m。

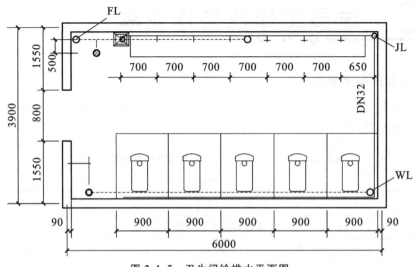

图 2.1.5 卫生间给排水平面图

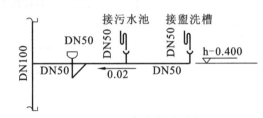

(a) 废水管道系统图

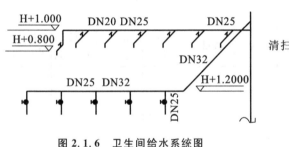

图 2.1.6 卫生间给水系统图

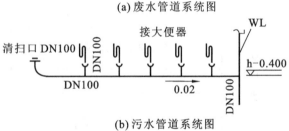

(b) 污水管道系统图

图 2.1.7 卫生间排水系统图

给水管采用镀锌钢管,螺纹连接。排水管地上部分采用 PVC-U 螺旋消声管,粘接连接。埋地部分采用铸铁排水管,承插连接,石棉水泥接口。

卫生器具安装均参照《全国通用给水排水标准图集》的要求,选用节水型。洗脸盆水龙头为普通冷水嘴;洗涤盆水龙头为冷水单嘴;浴盆采用 1 200 mm×650 mm 的铸铁搪瓷浴盆,采用冷热水带喷头式(暂不考虑热水供应)。给水总管下部安装一个 J41T-16 型螺纹截止阀,房内水表为螺纹连接旋翼式水表。

施工完毕,给水系统进行静水压力试验,试验压力为 0.6 MPa,排水系统安装完毕进行灌水试验,施工完毕再进行通水、通球试验。排水管道横管严格按坡度施工,图中未注明坡度者,依管径大小,其坡度分别为 DN75 管,$i=0.025$;DN100 管,$i=0.02$。

给排水埋地干管管道做环氧煤沥青普通防腐,进户管道穿越基础外墙设置刚性防水套管,给水干、立管穿墙及楼板处设置一般钢套管。本示例暂不计刷油及管道套管等工作内容。

未尽事宜,按现行施工及验收规范的有关内容执行。

任务:编制其管道分部分项工程量清单,填入表 2.1.8。

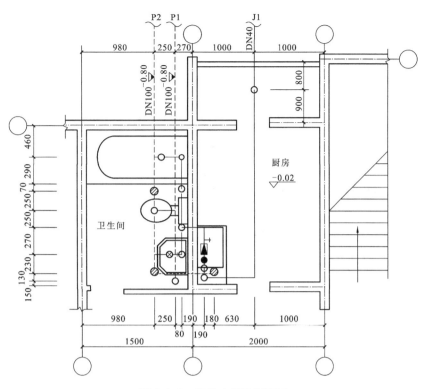

图 2.1.8　给排水底层平面图

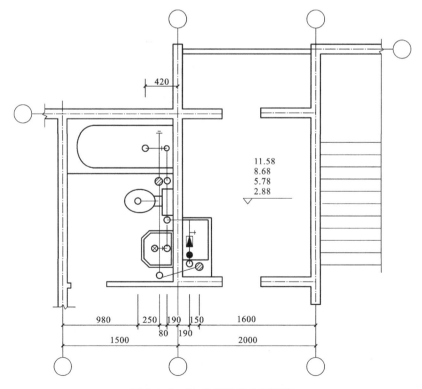

图 2.1.9　2～5 层给排水平面图

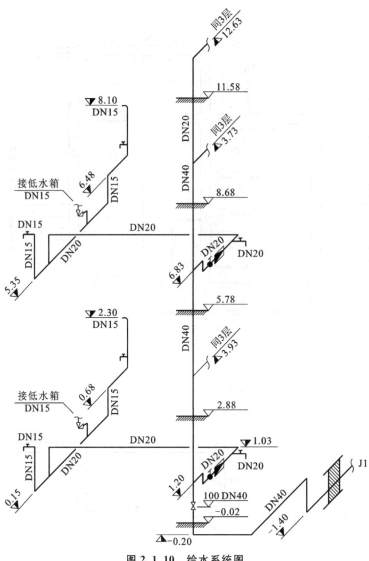

图 2.1.10 给水系统图

4. 学员工作任务作业单(四)

某 5 层住宅楼共 3 个单元,每单元 10 户。由户外阀门井埋地引入自来水供水管道,通过立管经各户横支管上的水表向其厨房和卫生间设备供水。

由小区换热站经地沟引入热水管道,并通过立管经各户热水表,由横支管向其厨房和卫生间设备供水。热水回水立管返回地沟,通向小区换热站。

卫生间与厨房的排水管道经不同排水立管分别经其排出管引至室外化粪池。

由于本住宅 3 个单元的给水、热水、排水工程完全一致,仅给出中间单元的给水、热水、排水工程施工图。中间单元底层给水、热水、排水工程平面图见图 2.1.12,厨房给水、热水、排水工程平面图见图 2.1.13,卫生间给水、热水、排水工程平面图见图 2.1.14,中间单元给水系统轴测图见图 2.1.15,中间单元热水系统轴测图见图 2.1.16,中间单元排水系统轴测图(仅右边 5 层用户)见图 2.1.17。

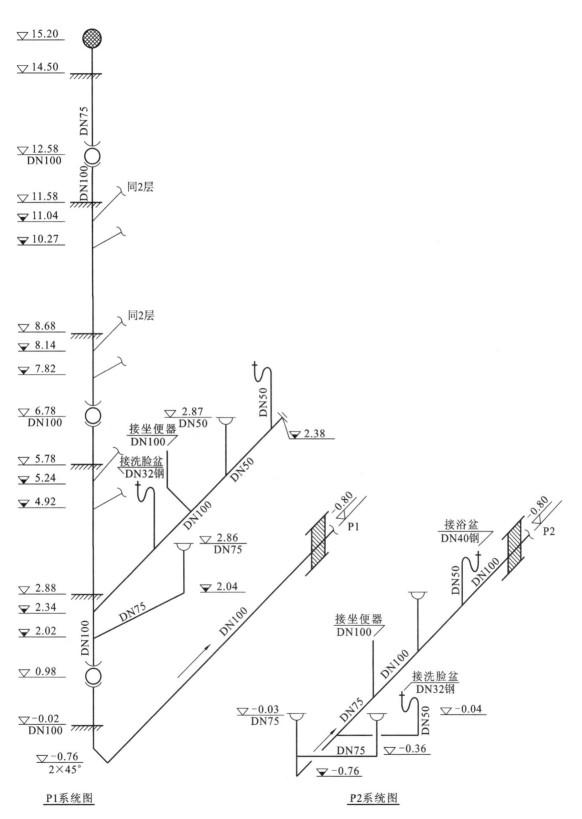

图 2.1.11 排水系统图

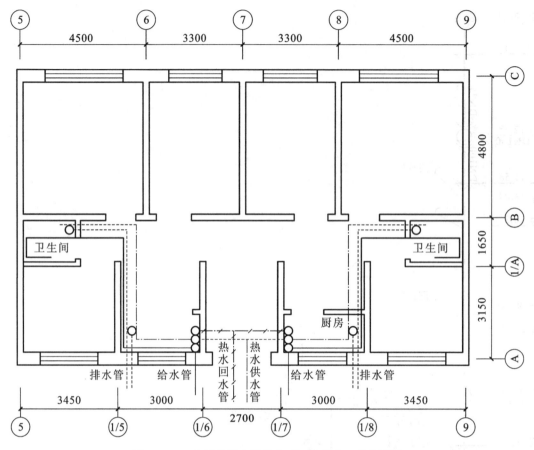

图 2.1.12 中间单元底层给水、热水、排水工程平面图

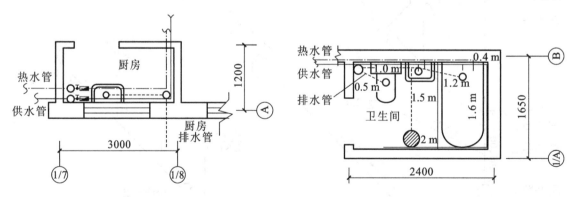

图 2.1.13 厨房给水、热水、排水工程平面图   **图 2.1.14 卫生间给水、热水、排水工程平面图**

施工说明如下。

（1）给水管道采用镀锌钢管（螺纹连接），进户埋地引入，室内立管明敷设于房间阴角处，各户横支管沿墙、吊顶明敷设，安装高度见施工图。

（2）热水管道、热水回水管道在地沟内并排敷设于水平支架上，亦为镀锌钢管（螺纹连接），其立管与横管的敷设方式与给水管道的相同。热水及热水回水管道穿墙设镀锌铁皮套管，穿楼板时设钢套管。

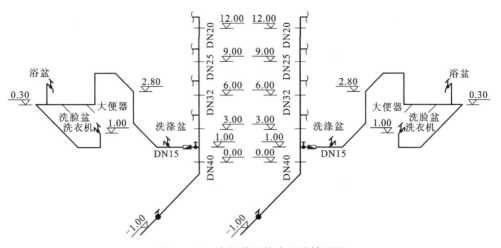

图 2.1.15　中间单元给水系统轴测图

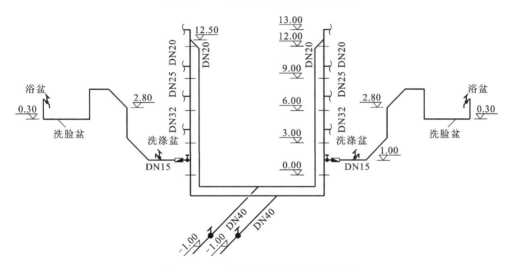

图 2.1.16　中间单元热水系统轴测图

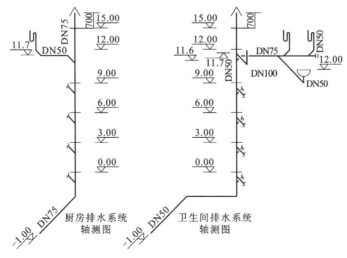

图 2.1.17　中间单元排水系统轴测图

（3）冷、热水管道同时安装时应符合下列规定：上、下平行安装时热水管道应在冷水管道上方；垂直平行安装时热水管道应在冷水管道左侧。

（4）给水管道在交付使用前必须冲洗和消毒。

（5）热水管道在交付使用前必须冲洗。

（6）地沟内的热水管采用泡沫塑料瓦块($\delta = 40$ mm)保温，缠绕玻璃丝布保护层后刷沥青漆两道。

（7）排水管道采用承插铸铁排水管（水泥接口），明敷设时，铸铁管除锈后刷红丹防锈漆一道，银粉漆两道。埋地敷设时，铸铁管除锈后刷热沥青两道防腐。

（8）排水立管明敷设于厨房、卫生间墙阴角。横管（除底层外）设于下层顶棚下，横管与立管三通连接点距楼板下表面距离不超过 500 mm。底层横支管埋在地坪下。

（9）其他未尽事宜，均执行国家颁发的施工及验收规范的有关规定。

任务：编制其管道分部分项工程量清单，填入表 2.1.8。

表 2.1.8　分部分项工程量清单与计价表

工程名称：　　　　　　　　　　　标段：　　　　　　　　　第　页共　页

序号	项目编码	项目名称	项目特征描述	计量单位	工程量	金　额/元		
						综合单价	合价	其中：暂估价
			本页小计					

任务 7 情境学习小结

本学习情境仅涉及管道长度计算方法以及综合单价确定方法,仅以此报价不准确,存在漏项问题,因为洁具安装、管道支架、管道套管和防腐问题未涉及。

【知识目标】

了解管道材料的种类及划分,其相应的省定额子目的基本内容及适用范围,室内外管道界限划分,管道间或与墙间安全距离,熟悉识图知识及有关安装工艺。

【能力目标】

掌握管道清单工程量计算、清单编制方法,能进行分部分项工程综合单价计算,材料损耗量及其市场价格的确定,以及分部分项工程计价等工作。

任务 8 情境学习拓展——室外给排水管道土方计算

室外给排水管道工程计量和计价方法类同于室内给排水管道工程计量和计价方法,需要注意的是室外给排水管道工程埋地部分需要挖土方和填土方。

室内外给排水管道管沟挖土方量为

$$V = h(b + 0.3h)l$$

式中:h——沟深,按设计管底标高计算,m;

b——沟底宽,m(见表 2.1.9);

l——沟长,m;

0.3——放坡系数(按土壤类别和施工方案采用)。

计算时,各种检查井和排水管道接口处的多挖土方工程量不增加;但铸铁管给水管道,接口处操作坑工程量应增加,按全部给水管沟土方量的 2.5% 计算增加量。

表 2.1.9 室内外给排水管道沟底宽一览表

管 径 DN/mm	铸铁管、钢管、石棉水泥管	混凝土、钢筋混凝土管
	沟底宽 b/m	沟底宽 b/m
50~75	0.6	0.8
100~200	0.7	0.9
250~350	0.8	1.0
400~450	1.0	1.3
500~600	1.3	1.5
700~800	1.6	1.8
900~1000	1.8	2.0

计算管道回填土方量时,DN500 以下的管沟回填土方量不扣除管道所占体积;DN500 以上的管沟回填土方量按表 2.1.10 所示扣除。

表 2.1.10　室内外给排水管道管沟回填土方量扣除表

管径 DN/mm	钢管/(m³/m)	铸铁管/(m³/m)	混凝土管/(m³/m)
500~600	0.21	0.24	0.33
700~800	0.44	0.49	0.6
900~1000	0.71	0.77	0.92

子项目 2.2　管道支架与套管安装计量与计价

任务 1　情境描述

　　在子项目 2.1 的情景描述中,给排水管道安装需要管卡、管道支架将给排水管道固定于墙面和梁板底,子项目 2.1 未对此进行计量与计价;另外,现在房屋楼板都是现浇钢筋混凝土楼板,给排水管道安装是在结构主体工程施工完毕后进行的,在浇筑钢筋混凝土楼板时需加套管给排水管道预留洞口,因此套管部分也未计量与计价。针对子项目 2.1 的情景描述,对管道支架和套管分部分项工程报价。

任务 2　情境任务分析

　　由于情景描述中未给出管道支架和套管的清单工程量,因此首先要对上述任务设置清单项目和计算清单工程量;其次计算出计价工程量;最后要确定每一工程量清单项目的综合单价。

任务 3　知识——清单工程量计量与计价

1. 管道支架与套管制作安装工程量清单的设置

　　管道支架与套管制作安装工程量清单的设置见表 2.2.1,即《计价规范》中表 K.2(编码:031002)。

表 2.2.1　给排水、采暖、燃气管道(编码:031002)

项目编码	项目名称	项目特征	计量单位	工程量计算规则	工作内容
031002001	管道支架	①材质;②管架形式	①kg; ②套	①以千克计量,按设计图示质量计算; ②以套计量,按设计图示数量计算	①制作; ②安装
031002002	设备支架	①材质;②形式			
031002003	套管	①名称、类型;材质; ②规格;③填料材质	个	按设计图示数量计算	①制作;②安装;③除锈刷油

2. 管道支架与套管制作安装工程量清单的编制

单件支架质量 100 kg 以上的管道支吊架执行设备支吊架制作安装项目的内容。成品支吊架执行相应管道支架或设备支架项目的内容,不再计取制作费,支架本身价格含在综合单价中。套管制作安装项目适用于穿基础、墙、楼板等部位的防水套管、填料套管、无填料套管及防火套管等,应分别列项。

3. 管道支架与套管制作安装工程量计价

《江苏省安装工程计价定额》(2014 版)相应定额中室内 DN32(含 DN32)以内钢管包括管卡及托钩的制作安装。铸铁排水管及雨水管、塑料排水管的安装,均包含管卡、托架支架、臭气帽、雨水漏斗的制作安装,但未包含雨水漏斗本身价格,雨水漏斗及雨水管件按设计量另计主材费。

《江苏省安装工程计价定额》(2014 版)和国标图集《室内管道支架与吊架》(03S402)都规定每个套管为 300 mm 长,计价时要根据楼板或墙厚的实际使用长度进行单价调整。

任务 4　知识——支架选型与重量计算

1. 支吊架的设置原则

常用的管道支吊架按用途分为固定支架、活动支架、导向支架、拖吊架等。管道支吊架的布置和类型应满足管道荷载、补偿及位移的要求,并注意避免管道的振动;另外,还必须考虑管道的稳定性、强度和刚度,以及输送介质的温度和工作压力,并尽量简化设计使之易于制作和节省钢材。

有膨胀要求的管道,在不允许有任何位移的部位,应设置固定支架,常用于室内一般管道的安装[见图 2.2.1(a)]。在水平管道上只允许管道单向水平位移的地方,应装设导向支架或活动支架;在管道具有垂直位移的地方,应装活动支架[见图 2.2.1(b)]。水平安装的方形补偿器或弯管附近的支架,应选用滑动支架(属于活动支架),以使管道能自由地横向移动;它们常用于水温高、管径大或穿越变形缝的管道。另外,在一条管道上连续使用的吊架不宜过多,应在适当位置设立型钢支架,以避免管道摆动。

设备支架是承托管道等设备用的,是管道安装中的重要构件之一,根据作用特点分为活动式和固定式两种;形式上可分为托架、吊架和管卡三种。设备支架的设计均按国家标准图集《室内管道支架与吊架》(03S402)的规格进行制作安装。

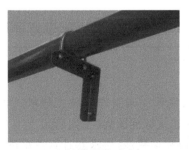　

(a) 管道固定支架　　　　(b) 管道活动支架

图 2.2.1　管道支架

2. 支吊架的设置间距

《建筑给水排水及采暖工程施工质量验收规范》(GB 50242—2002)第3.3.8条规定了钢管水平安装的支、吊架间距,见表2.2.2。

表2.2.2　钢管水平安装的支、吊架最大间距

公称直径/mm		15	20	25	32	40	50	70	80	100	125	150	200	250
支架的最大间距 /m	保温管	2	2.5	2.5	2.5	3	3	4	4	4.5	6	7	7	8
	不保温管	2.5	3	3.5	4	4.5	5	6	6	6.5	7	8	9.5	11

第3.3.9条规定了采暖、给水、热水供应系统的塑料管及复合管垂直或水平安装的支架间距(见表2.2.3),采用金属制作的管道支架,应在管道与支架间加衬非金属垫(见图2.2.2)或套管。

图2.2.2　加衬非金属垫图

表2.2.3　采暖、给水、热水供应系统的塑料管及复合管垂直或水平安装的支架间距

公称直径/mm			12	14	16	18	20	25	32	40	50	63	75	90	110
最大间距/m	立管		0.5	0.6	0.7	0.8	0.9	1.0	1.1	1.3	1.6	1.8	2.0	2.2	2.4
	水平管	冷水管	0.4	0.4	0.5	0.5	0.6	0.7	0.8	0.9	1.0	1.1	1.2	1.35	1.55
		热水管	0.2	0.2	0.25	0.3	0.3	0.35	0.4	0.5	0.6	0.7	0.8		

第3.3.10条规定了铜管垂直或水平安装的支架间距,见表2.2.4。

表2.2.4　铜管垂直或水平安装的支架间距

公称直径/mm		15	20	25	32	40	50	65	80	100	125	150	200
支架的最大间距/m	冷水管	1.8	2.4	2.4	3.0	3.0	3.0	3.5	3.5	3.5	3.5	4.0	4.0
	热水管	1.2	1.8	1.8	2.4	2.4	2.4	3.0	3.0	3.0	3.0	3.5	3.5

3. 支吊架数量与重量的确定

根据工程量计算规则,只计算 DN≥40 的钢管支架制作安装工程量。管道支架重量,按支架型钢规格、长度和支架数量确定。根据国家建筑标准图集《室内管道支架及吊架》(03S402)的具体要求,计算每个规格支架的单个重量,乘以支架数量,再求和计算总重量。

支架数量的确定方法:固定支架的安装位置由设计人员在施工图中予以确定;活动支架的安装位置一般设计不予确定,必须根据施工及验收规范的规定具体定位,分不同管径计算。

水平干管活动支架数量的确定方法:可根据"墙不作架、托稳转角、中间等分、不超最大"的原则(见图2.2.3),确定活动支架的安装位置和数量。

室内立、支管钢管支架数量的确定:层高不大于4 m时每层安装一个,层高大于4 m时每层安装两个或两个以上。横支管长度超过1.5 m时,用支架固定。室内排水横管的托、吊架安装间距不大于2 m。管道支架按安装形式一般有:立管支架、水平管支架和吊架。

图 2.2.3   水平干管活动支架布置

给水管道的立管和水平管可以使用管卡,其重量见表2.2.5;其立管也可使用L形支架加管箍,其合计重量见表2.2.6;△形支架加管箍,其合计重量见表2.2.7,其一般作为大管径管道的固定架,布置在管道转向处;单管滑动支座,其合计重量见表2.2.8,可以布置在水平管道固定架之间。

表 2.2.5   砖墙上单管立式支架(管卡)重量(kg)

管道公称直径/mm	15	20	25	32	40	50	65	80
保温	0.49	0.5	0.60	0.84	0.87	0.90	1.11	1.32
非保温	0.17	0.19	0.20	0.22	0.23	0.25	0.28	0.38

注:表2.2.5～表2.2.58根据国家建筑标准图集《室内管道支架及吊架》(03S402)提供的有关数据汇总而来,仅是个别型号的数据,供学习参考,实际工作时一定要根据最新的标准图集及施工图纸的具体要求认真计算其单个重量。

表 2.2.6   砖墙上单管立式支架重量(kg)

管道公称直径/mm	50	65	80	100	125	150	200
保温	1.502	1.726	1.851	2.139	2.547	2.678	4.908
非保温	1.38	1.54	1.66	1.95	2.27	2.41	4.63

表 2.2.7   沿墙安装单管托架重量(kg)

管道公称直径/mm	15	20	25	32	40	50	65	80	100	125	150
保温	1.362	1.365	1.423	1.433	1.471	1.512	1.716	1.801	2.479	2.847	5.348
非保温	0.96	0.99	1.05	1.06	1.10	1.14	1.29	1.35	1.95	2.27	3.57

表 2.2.8   沿墙安装单管滑动支座重量(kg)

管道公称直径/mm	15	20	25	32	40	50	65	80	100	125	150
保温	2.96	3.0	3.19	3.19	3.36	3.43	3.94	4.18	5.02	7.61	10.68
非保温	2.18	2.23	2.38	2.5	2.65	2.72	3.1	3.34	4.06	6.17	7.89

任务 5   知识——套管选型与工程量计算

1. 套管种类与作用

建筑给排水工程按其材质分为塑料套管、钢套管等;按其功能分为防水套管、填料套管、无填料套管及防火套管(阻火圈)等。而防水套管又分为刚性防水套管和柔性防水套管。

柔性防水套管适用于有地震要求的地区,管道穿墙处承受振动和管道伸缩变形的场合,其还适用于有严密防水要求的构筑物外墙。刚性防水套管适用于管道穿墙处不承受管道振动和伸缩变形的构(建)筑物。对于有地震设防要求的地区,如采用刚性防水套管,应在进入池壁或建筑物外墙的管道上就近设置柔性连接。

有保温或防结露要求的管道(如采暖管道、热水管道、穿客厅的给排水横管道等),必须做填料套管;穿外墙(及屋面)的,必须做刚性防水套管;穿人防、水池的,必须做柔性防水套管;其他的,可以做一般套管或不做套管。防水或防火要求不高时用一般填料套管,普通的穿楼板套管不用做填料。

阻火圈是用金属材料制作外壳,内填充阻燃膨胀芯材而制成的,将其套在硬聚氯乙烯管道外壁,固定在楼板或墙体部位,火灾发生时芯材受热迅速膨胀,挤压 PVC-U 管道,在较短时间内封堵管道穿洞口,阻止火势沿洞口蔓延。

2. 钢套管的设置与型号

根据《建筑给水排水及采暖工程施工质量验收规范》(GB 50242—2002)规定,穿楼板的套管顶部应高出装饰地面 20 mm,安装在卫生间及厨房内的套管,其顶部应高出装饰地面 50 mm,底部应与楼板下表面相平;穿墙套管两端应与饰面相平;再依据楼板及内墙的厚度,确定每个套管长度。

图集《防水套管》(02S404)中 DN 表示防水套管的公称通径,D1 表示该套管的设计穿管外径,柔性套管的外径用 D2 表示,刚性防水套管的外径用 D3 表示(见表 2.2.9)。选择防水套管时排水管外径不应大于柔性防水套管内径。如果使用的是柔性防水套管,而排水管外径又等于柔性套管内径的话,则应把穿管外径告诉厂家,把套管内径稍微增大一些,以便管子能顺利通过。

表 2.2.9　防水套管型号

公称通径 DN/mm	套管外径/mm		套管内径/mm		穿管外径 D1/mm
	刚性 D3	柔性 D2	刚性	柔性	
50	114	95	107	65	60
65	121	114	114	80	76
80	140	127	132	95	89
100	159	146	150	114	108
125	180	180	168	140	133
150	219	203	207	165	159
200	273	265	257	226	219
……	……	……	……	……	……
1000	1080	1080	1060	1030	1020

3. 阻火圈知识

根据《建筑排水塑料管道工程技术规程》(CJJ/T 29—2010)的要求,高层建筑和有防火要求的其他建筑的下列部位应设置阻火圈。

(1)明敷管道的立管管径大于或等于 110 mm 时,在楼板贯穿部位应设阻火圈。

(2)明敷管道的横支管与暗设立管相连接的贯穿墙体部位应设置阻火圈。

（3）横管穿越防火分区隔墙时,管道穿越墙体两侧均应设置阻火圈。

（4）排水通气管穿越上人屋面或火灾时作为疏散人员的屋面,应在屋面板底部设置阻火圈。

《塑料管道阻火圈》(GA 304—2012)规定:根据建筑排水硬聚氯乙烯管道公称外径 D,阻火圈划分为:40、50、75、90、110、125、160、200、250、315 十种规格,具体尺寸参见表 2.2.10;按耐火等级划分为 A、B、C 三级。A 级耐火极限不小于 3.0 h;B 级耐火极限不小于 2.0 h;C 级耐火极限不小于 1.5 h。

表 2.2.10　阻火圈部分尺寸

规 格 型 号	尺寸/mm			通用管径/mm	备　　注
	内　径	外　径	高		
ZHQ50	51	65	35	50	各规格型号彩色喷塑型不锈钢型可供选择
ZHQ70	76	92	38	75	
ZHQ110	111	136	50	110	
ZHQ160	161	200	70	160	
ZHQ200	201	250	80	200	

阻火圈壳体一般由金属材料制作,并加覆盖层进行防腐处理(不锈钢除外),见图 2.2.4。不允许壳体表面出现肉眼可见锈迹和锈点,以及覆盖层开裂、剥落或脱皮等外观缺陷。其楼板、墙体安装方式见图 2.2.5。

图 2.2.4　阻火圈实物图片

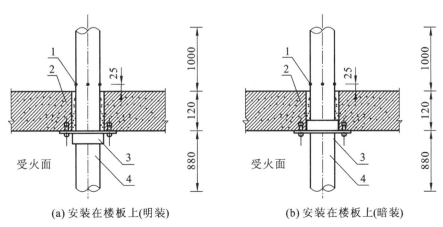

(a) 安装在楼板上(明装)　　　　　(b) 安装在楼板上(暗装)

图 2.2.5　阻火圈楼板、墙体安装方式

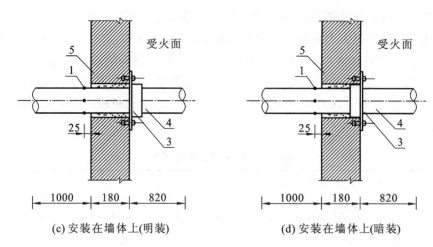

(c) 安装在墙体上(明装)　　　　　(d) 安装在墙体上(暗装)

续图 2.2.5

1—热电偶;2—混凝土楼板;3—阻火圈;4—PVC-U;5—墙体

4. 支架除锈、刷油

管道支架刷油在《江苏省安装工程计价定额》(2014 版)相应定额中已包含,如需特别除锈与刷油请参照《江苏省安装工程计价定额》(2014 版)中的"第 11 册 刷油、防腐蚀、绝热工程"的相应定额。

金属套管的除锈与刷油也参照"第 11 册 刷油、防腐蚀、绝热工程"的相应定额。

任务 6　任务示范操作

假定情景中给水管道采用镀锌钢管,排水管道采用铸铁排水管,工程类别为三类,楼板厚度为 100 mm。

1. 管道支架和套管工程量手工计算

镀锌钢管给水管道仅需计算 DN40 以上管道(埋地部分不需计算),铸铁排水管支架已包含在定额中。

给水引入管 DN50 出地面的三通处设置固定支架一个;DN50 水平管在 JL2 立管三通处设置固定支架一个;DN40 水平管转 JL1 和 JL3 立管处各设固定支架一个。

JL1、JL2 和 JL3 立管在 DN32 立管、DN25 水平支管连接处各设固定支架一个。

DN50 支架合计为 2 个,其重量 0.25×2 kg$=0.5$ kg;DN40 支架合计为 5 个,其重量 0.23×5 kg$=1.15$ kg;支架合计重量$(0.5+1.15)$ kg$=1.65$ kg。

DN32 给水管穿楼板需 3 个 DN50 套管(长 150 mm),DN40 给水管需 1 个 DN80 穿墙套管(长 240 mm);DN110 排水管穿楼板需 6 个 DN200 套管(长 150 mm),穿墙需 1 个 DN200 套管(长 240 mm);给水管引入管 DN50 穿基础需 1 个 DN100 套管(长 240 mm),DN110 排出管穿基础需 3 个 DN200 套管(长 240 mm)。

2. 支架与套管工程量清单设置

支架与套管工程量清单设置见表2.2.11。

表 2.2.11　支架与套管分部分项工程量清单

工程名称：　　　　　　　　　　　标段：　　　　　　　　　　第　页共　页

序号	项目编码	项目名称	项目特征描述	计量单位	工程量
1	031002001001	管道支架	扁钢;－25 mm×3 mm 管卡	kg	1.65
2	031002003001	套管	刚性防水套管;焊接钢管;DN50,长 150 mm;水泥填料	个	3
3	031002003002	套管	穿墙套管;焊接钢管;DN80,长 240 mm;水泥填料	个	1
4	031002003003	套管	穿墙套管;焊接钢管;DN100,长 240 mm;水泥填料	个	1
5	031002003004	套管	刚性防水套管;焊接钢管;DN200,长 150 mm;水泥填料	个	6
6	031002003005	套管	穿墙套管;焊接钢管;DN200,长 240 mm;水泥填料	个	2

3. 清单项目综合单价确定

假定本工程为三类工程,二类工工资为 74 元/工日,则 031002001001 的综合单价分析见表 2.2.12,031002003001 的综合单价分析见表 2.2.13。

表 2.2.12　(031002001001)工程量清单综合单价分析表

工程名称：　　　　　　　　　　　标段：　　　　　　　　　　第　页共　页

项目编码	031002001001		项目名称		管道支架		计量单位		1 kg

清单综合单价组成明细												
定额编号	定额名称	定额单位	数量	单价/元				合价/元			
				人工费	材料费	机械费	管理费和利润	人工费	材料费	机械费	管理费和利润
10-282	管道支架制作	100 kg	0.01	176.86	72.88	193.76	93.74	1.768 6	0.728 8	1.937 6	0.937 4
10-283	管道支架安装	100 kg	0.01	244.20	25.86	57.78	129.43	2.442	0.258 6	0.577 8	1.294 3
人工单价		小　计						4.21	0.99	2.52	2.23
74 元/工日		未计价材料费						4.28			
清单项目综合单价								14.23			

材料费明细	主要材料名称、规格、型号	单位	数量	单价/元	合价/元	暂估单价/元	暂估合价/元
	－25 mm×3 mm 管卡	kg	1.06	4.4	4.28		
	其他材料费			—	0.99	—	
	材料费小计			—	5.27	—	

表 2.2.13　(031002003001)工程量清单综合单价分析表

工程名称：　　　　　　　　　　　标段：　　　　　　　　　　　　第　页共　页

项目编码	031002003001	项目名称	套管	计量单位	个

清单综合单价组成明细

定额编号	定额名称	定额单位	数量	单价/元				合价/元			
				人工费	材料费	机械费	管理费和利润	人工费	材料费	机械费	管理费和利润
10-388	室内给水塑料管	10 个	1	228.66	136.74	20.00	121.19	22.866	13.674	2.00	12.119
人工单价		小　计						22.866	13.674	2.00	12.119
74 元/工日		未计价材料费						−3.52			
清单项目综合单价								47.14			

材料费明细	主要材料名称、规格、型号	单位	数量	单价/元	合价/元	暂估单价/元	暂估合价/元
	焊接钢管 DN50	m	−0.15	23.48	−3.52		
	其他材料费			—	13.67	—	
	材料费小计			—	10.15	—	

任务 7　学员工作任务作业单

1. 学员工作任务作业单(一)

针对本学习情景,假定给水管道为 PP—R 管,排水管道为镀锌钢管,按照规范操作步骤,对给水系统和排水系统的支架和套管计量与计价。

2. 学员工作任务作业单(二)

如果子项目 2.1 的学员工作任务作业单(二)不考虑定额具体规定,按施工要求对其管道支架计算其用量。

3. 学员工作任务作业单(三)

如果子项目 2.1 的学员工作任务作业单(三)不考虑定额具体规定,按施工要求对其管道支架计算其用量。

4. 学员工作任务作业单(四)

如果子项目 2.1 的学员工作任务作业单(四)不考虑定额具体规定,按施工要求对其管道支架计算其用量。

任务 8　情境学习小结

本学习情景仅涉及管道支架和套管计算方法,以及综合单价确定方法,但若以此报价不准确,存在漏项问题,因为洁具安装、管件问题未涉及。

【知识目标】

了解支架与套管的种类,其相应的省定额子目基本内容及适用范围,支架与套管布置原则;熟悉识图知识及有关安装图集,支架长度计算和重量换算方法。

【能力目标】

掌握支架与套管清单工程量计算、清单编制方法,能进行分部分项工程综合单价计算,材料损耗量及其市场价格的确定,以及分部分项工程计价。

子项目 2.3　管道附件安装计量与计价

任务 1　情境描述

对图 2.1.1～图 2.1.4 中的管道附件分部分项工程报价。另外,图纸中虽然未表示出水计量表,但假定有水计量表,对此工程报价。

任务 2　情境任务分析

由于情景描述中未给出管道附件分部分项工程以及水表型号和规格的清单工程量,因此首先要对上述任务设置清单项目和计算清单工程量;其次计算出计价工程量;最后要确定每一工程量清单项目的综合单价。

任务 3　知识——清单项目设置与工程量计算

1. 管道附件安装工程量清单设置

管道附件安装工程量清单设置见表 2.3.1,即《计价规范》中表 K.3(编码:031003)。

表 2.3.1　管道附件(编码:031003)

项目编码	项目名称	项目特征	计量单位	工程量计算规则	工作内容
031003001	螺纹阀门	①类型;②材质;③规格、压力等级;④连接形式;⑤焊接方法	个	按设计图示数量计算	①安装;②电气连接;③调试
031003002	螺纹法兰阀门				
031003003	焊接法兰阀门				
031003004	带短管甲乙阀门	①材质;②规格、压力等级;③连接形式;④接口方式及材质			
031003005	塑料阀门	①规格;②连接形式			①安装;②调试
031003006	减压器	①材质;②规格、压力等级;③连接形式;④附件配置	组		组装
031003007	疏水器				
031003008	除污器(过滤器)	①材质;②规格、压力等级;③连接形式			
031003009	补偿器	①类型;②材质;③规格、压力等级;④连接形式	个		安装
031003010	软接头(软管)	①类型;②材质;③连接形式	个(组)		
031003011	法兰盘	①材质;②规格、压力等级;③连接形式	副(片)		
031003012	倒流防止器	①材质;②型号、规格;③连接形式	套		组装
031003013	水表	①安装部位(室内外);②型号、规格;③连接形式;④附件配置	组(个)		
031003014	热量表	①类型;②型号、规格;③连接形式	块		安装
031003015	塑料排水管消声器	①规格;②连接形式	个		
031003016	浮标液面计	①规格;②连接形式	组		
031003017	浮漂水位标尺	①用途;②规格	套		

2. 管道附件安装工程量清单编制

法兰阀门安装包括法兰盘连接,不得另计。阀门安装如仅为一侧法兰盘连接时,应在项目特征中描述。

塑料阀门连接形式需注明热熔连接、粘接、热风焊接等方式。

减压器规格按高压侧管道规格描述。

减压器、疏水器、倒流防止器等项目包括组成与安装工作内容,项目特征应根据设计要求描述附件配置情况,或根据××图集、××施工图进行做法描述。

3. 管道附件知识

螺纹阀门:分为内螺纹阀门和外螺纹阀门,其主要指阀门阀体上带有内螺纹或外螺纹,与管道螺纹连接。工作温度为－20℃～455℃,阀门口径 DN10～DN50。

螺纹连接的阀门通常用在常低压的工程上。如要用在高压工程上则需采用焊接连接阀门或者法兰盘连接阀门。

螺纹阀门的主要产品有螺纹闸阀、螺纹球阀、螺纹截止阀、螺纹止回阀、螺纹过滤器、螺纹阻火器、螺纹减压阀、螺纹安全阀、螺纹电磁阀、螺纹角座阀、螺纹调节阀、螺纹底阀、螺纹针型阀、螺纹排气阀、螺纹保温阀门、螺纹波纹管阀门和螺纹气动阀门等。

螺纹法兰阀门:是指阀体带有法兰盘,法兰盘与管道采用螺纹连接。法兰盘的螺纹连接适用于钢管铸铁法兰盘的连接。

焊接法兰阀门:是指阀体带有法兰盘,法兰盘与管道采用焊接连接。

带短管甲乙的法兰阀一般用于承插接口的铸铁管道工程中。实际就是一个法兰阀加甲、乙两个短管。短管甲(或短管乙)是指这个短管一端是法兰盘,而另一端是带承口的短管,见图 2.3.1。

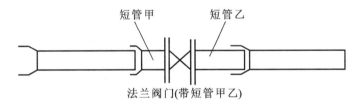

图 2.3.1　带短管甲乙阀门示意图

给水管道上使用的阀门,一般按下列原则选择。

(1) 管径不大于 50 mm 时,宜采用截止阀,管径大于 50 mm 时采用闸阀、蝶阀。

(2) 需调节流量、水压时宜采用调节阀、截止阀。

(3) 要求水流阻力小的部位(如水泵吸水管上),宜采用闸板阀。

(4) 水流需双向流动的管段上应采用闸阀、蝶阀,不得使用截止阀。

(5) 安装空间小的部位宜采用蝶阀、球阀。

(6) 在经常启闭的管段上,宜采用截止阀。口径较大的水泵出水管上宜采用多功能阀。

4. 阀门型号的编制

《阀门型号编制方法》(JB/T 308—2004)适用于工业管道用的闸阀、节流阀、球阀、蝶阀、隔膜阀、柱塞阀、旋塞阀、止回阀、安全阀、减压阀、疏水阀,它包括阀门的型号编制和阀门的命名。

阀门型号由 7 个单元组成,见图 2.3.2。

类型代号(即图 2.3.2 的 1 单元)用汉语拼音字母表示,如表 2.3.2 所示。

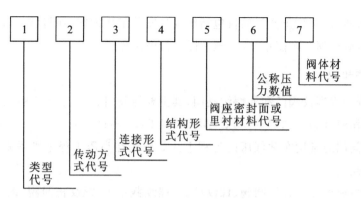

图 2.3.2　阀门型号组成单元

表 2.3.2　类型代号

类　　型	代　　号	类　　型	代　　号	类　　型	代　　号
闸阀	Z	蝶阀	D	安全阀	A
截止阀	J	排污阀	P	减压阀	Y
柱塞阀	U	隔膜阀	G	疏水阀	S
节流阀	L	止回阀和底阀	H	旋塞阀	X
球阀	Q				

注:低温(低于－40 ℃)、保温(带加热套)和带波纹管的阀门,抗硫的阀门,类型代号前分别加汉语拼音字母 D、B、W 和 K。

传动方式代号(即图 2.3.2 的 2 单元)用阿拉伯数字表示,见表 2.3.3。

表 2.3.3　传动方式代号

传动方式	代号	传动方式	代号	注:①手轮、手柄和扳手传动以及安全阀、减压阀、疏水阀省略本代号。
电磁动	0	锥齿轮	5	②对于气动或液动:常开式用 6K、7K 表示;常闭式用 6B、7B 表示;气动带手动用 6S 表示;防爆电动用"9B"表示。蜗杆 T 型螺母,用 3T 表示。
电磁—液动	1	气动	6	
电—液动	2	液动	7	③代号 2 和代号 8 是用在阀门启闭需由两种动力源同时对阀门进行动作的执行机构。
蜗轮	3	气—液动	8	
正齿轮	4	电动	9	

连接形式代号(即图 2.3.2 的 3 单元)用阿拉伯数字表示,见表 2.3.4。

表 2.3.4　连接形式代号

连　接　形　式	代　　号	连　接　形　式	代　　号
内螺纹	1	对夹	7
外螺纹	2	卡箍	8
法兰	4	卡套	9
焊接(包括对焊和承插焊)	6	两不同连接	3

结构形式代号(即图 2.3.2 的 4 单元)用阿拉伯数字表示,见表 2.3.5～表 2.3.16。

注：由阀体直接加工密封面材料用"W"表示；当阀座和阀瓣(闸板)密封面材料不同时，用低硬度材料代号(隔膜阀除外)。

公称压力代号(即图 2.3.2 的 6 单元)用阿拉伯数字表示，其数值是以兆帕(MPa)为单位的公称压力值的 10 倍。用于电站工业的阀门，当介质最高温度超过 530 ℃时，其数值是以兆帕(MPa)为单位的工作压力值的 10 倍。

阀座密封面或衬里材料代号(即图 2.3.2 的 5 单元)用汉语拼音字母表示，见表 2.3.14。

阀体材料代号(即图 2.3.2 的 7 单元)用汉语拼音字母表示，见表 2.3.15。压力小于 1.6 MPa 的铸铁和压力大于 2.5 MPa 的碳素钢阀体省略本代号。

表 2.3.5　截止阀、柱塞阀和节流阀结构形式及其代号

截止阀、柱塞阀和节流阀结构形式		代号
直通式/针形截止阀		1/8
角式/三通式		4/3
直流式(Y 形)		5
平衡	直角式	6
	通式	7

表 2.3.6　蝶阀结构形式及其代号

	蝶阀结构形式	代号		蝶阀结构形式	代号
密封型	中线式	1	非密封型	中线式	6
	单偏心式	2		单偏心式	7
	双偏心式	3		双偏心式	8
	连杆偏心(变偏心)	4		连杆偏心(变偏心)	9

表 2.3.7　闸阀结构形式及其代号

闸阀结构形式			代号
明杆	楔式	弹性闸板	0
		刚性 单闸板	1
		刚性 双闸板	2
	平行式	刚性 单闸板	3
		刚性 双闸板	4
暗杆楔式		单闸板	5
		双闸板	6

表 2.3.8　安全阀结构形式及其代号

安全阀结构形式			代号
弹簧	封闭	带散热片 全启式	0
		微启式	1
		全启式	2
	不封闭	带扳手 全启式	4
		带扳手 双弹簧微启式	3
		带扳手 微启式	7
		带扳手 全启式	8
		带控制机构 全启式	6
脉冲式/杠杆式			9/5

表 2.3.9　隔膜阀结构形式及其代号

隔膜阀结构形式	代号
屋脊式	1
截止式	3
直流板式	5
直通式	6
闸板式	7
角式 Y 形	8
角式 T 形	9

表 2.3.10　球阀结构形式及其代号

球阀结构形式			代号
浮动	直通式		1
	L 形	三角式	4
	T 形	三角式	5
固定	直通式		7

表 2.3.11　减压阀结构形式及其代号

蒸汽疏水阀结构形式	代号
浮球式/浮桶式	1/3
钟形浮子式	5
双金属片式	7
脉冲式	8
热动力式	9

表 2.3.12　蒸汽疏水阀结构形式及其代号

减压阀结构形式	代号
薄膜式	1
弹簧薄膜式	2
活塞式	3
波纹管式	4
杠杆式	5

表 2.3.13　旋塞阀结构形式及其代号

旋塞阀结构形式		代号
填料	L形	2
	直通式	3
	T形三通式	4
	四通式	5
油封	L形	6
	直通	7
	T形三通式	8
静配	直通	9
	T形三通式	0

表 2.3.14　止回阀和底阀结构形式及其代号

止回阀和底阀结构形式		代号
升降	直通式	1
	立升	2
	角式	3
旋启	单瓣式	4
	多瓣式	5
	双瓣式	6
回转蝶形止回式		8
截止止回式		9

表 2.3.15　阀座密封面或衬里材料及其代号

阀座密封面或衬里材料	代号	阀座密封面或衬里材料	代号
铜合金	T	硬质合金	Y
橡胶	X	衬胶	J
尼龙塑料	N	衬铅	Q
氟塑料	F	搪瓷	C
锡金轴承合金(巴氏合金)	B	渗硼钢	P
合金钢	H	石墨	SM
渗氮钢	D		

表 2.3.16　阀体材料及其代号

阀体材料	代号	阀体材料	代号
灰铸铁	Z	1Cr5Mo、ZG1Cr5Mo	I
可锻铸铁	K	1Cr18Ni9Ti、ZG1Cr18Ni9Ti	P
球墨铸铁	Q	1Cr18Ni12Mo2Ti、ZG1Cr18Ni12MoTi	R
铜及铜合金	T	12CrMoV	V
碳钢	C	ZG12CrMoV	V

　　阀门的名称按传动方式、连接形式、结构形式、衬里材料和类型命名。但命名时在连接形式中省略"法兰";在结构形式中可省略的内容见表 2.3.17;在阀座密封面材料中省略材料名称。

表 2.3.17　结构形式中可省略的内容

阀门种类	结构形式
闸阀	"明杆"、"弹性"、"刚性"和"单闸板"
截止阀、节流阀	"直通式"

续表

阀门种类	结构形式
球阀	"浮动"和"直通式"
蝶阀	"垂直板式"
隔膜阀	"屋脊式"
旋塞阀	"填料"和"直通式"
止回阀	"直通式"和"单瓣式"
安全阀	"不封闭"

任务 4 知识——计价工程量计算

1. 计价说明

螺纹阀门安装适用于各种内外螺纹连接的阀门安装。

法兰阀门安装适用于各种法兰阀门的安装,如仅为一侧法兰连接时,定额中的法兰盘、带帽螺栓及钢垫圈数量减半。

各种法兰连接用垫片时均按石棉橡胶板计算;如用其他材料,不做调整。

减压器、疏水器组成与安装是按采暖通风国家标准图集编制的,如实际组成与此不同时,阀门和压力表数量可按实际调整,其余不变。

低压法兰式水表安装定额包含一副平焊法兰盘安装,不包括阀门安装。

浮标液面计安装是按采暖通风国家标准图集编制的。

水塔、水池浮漂水位标尺制作安装,是按全国通用给水排水标准图集编制的。

2. 计价工程量计算规则

各种阀门安装均以"个"为计量单位。法兰阀门安装,如仅为一侧法兰连接时,定额所列法兰盘、带帽螺栓及垫圈数量减半,其余不变。

法兰阀安装,均以"套"为计量单位,接口材料不同时可做调整。

自动排气阀安装以"个"为计量单位,已包括了支架制作安装,不得另行计算。

浮球阀安装以"个"为计量单位,已包括了连杆及浮球的安装,不得另行计算。

安全阀安装,按阀门安装相应定额项目乘以系数 2.0 计算。

倒流防止器根据安装方式,套用相应同规格的阀门定额,人工乘以系数 1.3。

热量表根据安装方式,套用相应同规格的水表定额,人工乘以系数 1.3。

减压器、疏水器组成安装以"组"为计量单位,如设计组成与定额不同时,阀门和压力表数量可按设计用量进行调整,其余不变。

减压器安装按高压侧的直径计算。

各种伸缩器制作安装,均以"个"为计量单位。方形伸缩器的两臂,按臂长的 2 倍合并在管道长度内计算。

法兰水表安装以"组"为计量单位,包含旁通管及止回阀等。若单独安装法兰水表,则以"个"为计量单位。

住宅嵌墙水表箱按水表箱半周长尺寸,以"个"为计量单位。

浮标液面计、水位标尺是按国标编制的,如设计与国标不符时,可做调整。

塑料排水管消声器,其安装费已包含在相应的管道和管件安装定额中,相应的管道按延长米计算。

3. 组价注意事项

《江苏省安装工程计价定额》(2014 版)计算规则规定了螺纹水表包括表前阀门计价和安装;而法兰水表仅含 1 副连接水表的法兰盘计价和安装。

减压器(螺纹、焊接)包含了 4 个截止阀、1 个弹簧安全阀、2 个压力表及气门等的安装及其主材价格,未包含减压器主材价格,其材料表见表 2.3.18。

表 2.3.18 减压器组安装主要材料表

件号	名　　称	材料	数量	单位	件号	名　　称	材料	数量	单位
1	减压阀	—	1	个	13	钢管	钢	—	m
2	截止阀	—	1	个	14	钢管	钢	—	m
3	截止阀	—	1	个	15	钢管	钢	—	m
4	截止阀	—	1	个	16	钢管	钢	—	m
5	截止阀	—	1	个	17	法兰盘	钢	2	个
6	安全阀	—	1	个	18	带帽螺栓	钢	—	个
7	压力表	—	1	个	19	法兰盘	钢	4	个
8	压力表	—	1	个	20	带帽螺栓	钢	—	个
9	异径管	钢	1	个	21	法兰盘	钢	2	个
10	内螺纹管箍	钢	1	个	22	带帽螺栓	钢	—	个
11	钢管	钢	—	m	23	法兰盘	钢	2	个
12	钢管	钢	—	m	24	带帽螺栓	钢	—	个

疏水器组安装包含了 3 个截止阀,2 个旋塞阀等的安装及其材料价格,未包含疏水器主材价格。

4. 沟槽式接口与倒流防止器

沟槽式接口是在管材、管件(见图 2.3.3)等管道接头部位加工成环形沟槽,用卡箍件、橡胶密封圈和紧固件等组成的套筒式快速接头。安装时,在相邻管端套上异形橡胶密封圈后,用拼合式卡箍件连接。《简易自动喷水灭火系统设计规程》(DB11/1022—2013)提出,系统管道的连接应采用沟槽式连接件或丝扣、法兰连接;系统中直径等于或大于 100 mm 的管道,应分段采用法兰或沟槽式连接件连接。沟槽式连接管道系统上采用的管件有弯头、三通(见图 2.3.4)、四通(图 2.3.5)、异径管等沟槽式管件,其平口端的接头均加工成与管件接头部位相同的环形沟槽。

图 2.3.3　沟槽式接头　　　图 2.3.4　沟槽式三通管件　　　图 2.3.5　沟槽式四通管件

　　倒流防止器是由两个隔开的止回阀和一个安全泄水阀组合而成的阀门装置。倒流防止器主要用于防止水的回流,即使其内部所有可能的密封全部失效仍能确保其不发生回流污染事故,是保障水质的专用技术措施。止回阀主要用于保证水的单向流动、防止水倒流,但无防污性能。若止回密封面失效,则不能有效防止水的回流污染。设有倒流防止器的管段,不需要再设止回阀。

5. 水表安装标准组件

　　国标图集《水表井及安装》(S145)中 DN15～DN40 为小口径旋翼式水表,DN50～DN150 为大口径旋翼式湿式水表,DN200～DN400 为水平螺翼式水表,其安装组成见图 2.3.6,其主要材料见表 2.3.19。

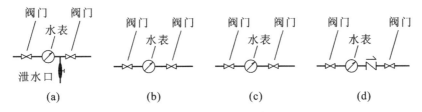

图 2.3.6　水表井阀门组成

表 2.3.19　水表井主要材料表

管道直径/mm		15		20		25		32		40	
编号	材料名称	规格/mm	数量	规格/mm	数量	规格/mm	数量	规格/mm	数量	规格/mm	数量
1	水表/个	15	1	20	1	25	1	32	1	40	1
2	闸阀/个	15	2	20	2	25	2	32	2	40	2
3	三通/个	15×15	1	20×15	1	25×15	1	32×15	1	40×15	1
4	水龙头/个	15	1	15	1	15	1	15	1	15	1

任务 5　任务示范操作

1. 阀门工程量手工计算

　　给水管立管上 DN40 截止阀 3 个;水平支管上 DN25 截止阀 6 个。

2. 阀门工程量清单设置

假定截止阀型号为 J11T-16,水表型号为干式冷水 LXSG-50E,则管道附件安装工程量清单设置见表 2.3.20。

表 2.3.20　管道附件安装分部分项工程量清单

序号	项目编码	项目名称	项目特征描述	计量单位	工程量
1	031003001001	螺纹阀门	截止阀;钢制;J11T-16,DN40;螺纹连接	个	3
2	031003001002	螺纹阀门	截止阀;钢制;J11T-16,DN25;螺纹连接	个	6
3	031003013001	水表	室内;LXSG-50E;螺纹连接;表前安装闸阀 Z15T-10K,DN50	组	1

3. 清单项目综合单价确定

假定本工程为三类工程,二类工工资为 74 元/工日,螺纹阀门 J11T-16 DN40 的单价为 63.72 元/个,则 031003001001 的综合单价分析见表 2.3.21。

表 2.3.21　(031003001001)工程量清单综合单价分析表

项目编码	031003001001		项目名称		螺纹阀门		计量单位		1 个
清单综合单价组成明细									

定额编号	定额名称	定额单位	数量	单价/元				合价/元			
				人工费	材料费	机械费	管理费和利润	人工费	材料费	机械费	管理费和利润
10-422	螺纹阀	个	1	17.76	15.10	0	9.42	17.76	15.10	0	9.42
人工单价		小　计						17.76	15.10	0	9.42
74 元/工日		未计价材料费						64.36			
清单项目综合单价								88.64			

材料费明细	主要材料名称、规格、型号			单位	数量	单价/元	合价/元	暂估单价/元	暂估合价/元
	螺纹阀门 J11T-16,DN40			个	1.01	63.72	64.36		
	其他材料费					—	15.10	—	
	材料费小计					—	79.46	—	

任务 6　学员工作任务作业单

1. 学员工作任务作业单(一)

假定本工程为三类工程,二类工工资为 74 元/工日,查询螺纹阀门 J11T-16,DN40 单价,将 031003001002 的综合单价分析填入表 2.3.22。

表 2.3.22　(031003001002)工程量清单综合单价分析表

项目编码				项目名称				计量单位			
清单综合单价组成明细											
定额编号	定额名称	定额单位	数量	单价/元				合价/元			
				人工费	材料费	机械费	管理费和利润	人工费	材料费	机械费	管理费和利润
人工单价			小　　计								
元/工日			未计价材料费								
清单项目综合单价											

材料费明细	主要材料名称、规格、型号	单位	数量	单价/元	合价/元	暂估单价/元	暂估合价/元
	其他材料费			—		—	
	材料费小计			—		—	

查询干式冷水 LXSG-50E 水表单价,将 031003013001 的综合单价分析填入表 2.3.21。

如果流体为热水,查询干式热水 LXSG-50E 水表单价,将 031003013001 的综合单价分析填入表 2.3.22。

2. 学员工作任务作业单(二)

假定国标图集《倒流防止器安装》(05S108)中给水管道直径为 DN20,排水管为 DN50,PVC-U 管,长度为 500 mm,计算 YQ 系列、HS 系列或 WT-V009 系列其一螺纹连接倒流防止器带水表室内安装的单价,填入表 2.3.23。

表 2.3.23　倒流防止器带水表室内安装的单价计算表

序号	项目编码	项目名称	项目特征	计量单位	工程数量	综合单价	合价
1							
2							
3							
4							
5							
6							
7							

续表

序号	项目编码	项目名称	项目特征	计量单位	工程数量	综合单价	合价
8							
9							
10							
11							
			小计				

3. 学员工作任务作业单（三）

编制子项目 2.1 的学员工作任务作业单（三）中的管道附件分部分项工程量清单。

4. 学员工作任务作业单（四）

编制子项目 2.1 的学员工作任务作业单（四）中的管道附件分部分项工程量清单。

任务 7　情境学习小结

本学习情境学习了管道附件清单工程量计算方法以及综合单价确定方法，也学习了阀门有关知识和定额中有关疏水器和减压阀的组成。

【知识目标】

了解管道附件的种类，其相应的省定额子目基本内容及适用范围，熟悉识图知识及有关安装图集，以及省定额中水表计价定额相关附件的组成。

【能力目标】

掌握管道附件清单工程量计算、清单编制方法，能进行分部分项工程综合单价计算，设备与材料损耗量及其市场价格的确定，以及分部分项工程计价。

子项目 2.4　卫生器具制作安装计量与计价

任务 1　情境描述

对图 2.1.1～2.1.4 所示的卫生洁具分部分项工程报价。虽然洁具部分分部分项工程大多数时候在装饰工程中报价，但本工程要完成这部分报价。

任务 2　情境任务分析

由于情景描述中未给出卫生洁具分部分项工程的材料品牌和清单工程量,因此对上述任务首先假定卫生洁具是 TOTO 牌的,水龙头使用不锈钢材质;然后设置清单项目和计算清单工程量;再次计算出计价工程量;最后要确定每一工程量清单项目的综合单价。

任务 3　知识——清单项目设置与工程量计算

1. 卫生洁具安装工程量清单设置

卫生洁具安装工程量清单设置见表 2.4.1,即《计价规范》中表 K.4(编码:031004)。

表 2.4.1　管道附件(编码:031004)

项目编码	项目名称	项目特征	计量单位	工程量计算规则	工作内容
031004001	浴缸	①材质;②类型、规格;③组装形式;④附件名称、数量	组	按设计图示数量计算	①器具安装;②附件安装;
031004002	净身盆				
031004003	洗脸盆				
031004004	洗涤盆				
031004005	化验盆				
031004006	大便器				
031004007	小便器				
031004008	其他成品卫生洁具				
031004009	烘手器	①材质;②型号、规格	个		安装
031004010	淋浴器	①材质、规格;②组装形式;③附件名称、数量	套		①器具安装;②附件安装
031004011	淋浴间				
031004012	桑拿浴房				
031004013	大小便槽自动冲洗水箱	①材质、类型;②规格;③水箱配件;④支架形式及做法;⑤器具及支架除锈刷油设计要求			①制作安装;②支架、制作安装;③除锈刷油
031004014	给排水附(配)件	①材质;②型号、规格;③安装形式;	组(个)		安装
031004015	小便槽冲洗管	①材质;②规格;	m		①制作;②安装
031004016	蒸汽-水加热器	①类型;②型号、规格;③安装方式	套	按设计图示数量计算	安装
031004017	冷热水混合器				
031004018	饮水器				
031004019	隔油器	①类型;②型号、规格;③安装部位			

2. 卫生洁具安装工程量清单编制

成品卫生器具项目中的附件安装,主要指给水附件,包括水嘴、阀门、喷头等,排水配件包括存水弯、排水栓、下水口以及配备的连接管。

浴缸支座和浴缸周边的砌砖、瓷砖粘贴,应按现行国家标准《房屋建筑与装饰工程工程量计算规范》(GB 50854—2013)的相关项目编码列项;功能性浴缸不含电机接线和调试,应按上述规范中附录 D 电气设备安装工程相关项目编码列项。

洗脸盆适用于洗脸盆、洗发盆、洗手盆安装。

器具安装中若采用混凝土或砖基础,应按现行国家标准中的相关项目编码列项。

给排水附(配)件是指独立安装的水嘴、地漏、地面扫出口等。

3. 项目特征编制说明

卫生器具安装工程应按材质及组装形式、型号、规格、开关种类、连接方式等不同特征编制清单。即使同一名称的卫生器具,因为规格、型号不同,也要分别编制清单,以便投标报价。

浴盆的材质有搪瓷、铸铁、玻璃钢和塑料等;规格有 1 400 mm、1 650 mm 和 1 800 mm;组装形式有冷水、冷热水、冷热水带喷头等。

洗脸盆的类型有立式、台式和普通;规格很多,选择时必须满足能安装的要求;组装形式有冷水和冷热水;附件名称中含开关种类,而开关种类有肘式和脚踏式等。

淋浴器的组装形式有钢管组成和铜管成品。

大便器的类型有蹲式、坐式、低水箱式和高水箱式等;冲洗形式有高位水箱、低位水箱、普通阀、手押阀、脚踏阀和自闭式冲洗等。

小便器类型有挂斗式和立式两种;冲洗方式有普通冲式和自动冲洗两种。

任务 4 知识——安装计价定额

1. 计价说明

所有卫生器具安装项目,均参照全国通用标准图集计算,除以下说明者外,设计无特殊要求均不作调整。

成组安装的卫生器具,定额均已按标准图集计算了给水、排水管道连接的人工和材料。

浴盆安装适用于各种型号的浴盆,但浴盆支座和浴盆周边的砌砖、瓷砖粘贴应另行计算。

淋浴房安装定额包含了相应的水龙头安装。

洗脸盆、洗手盆、洗涤盆适用于各种型号。

不锈钢洗槽为单槽,若为双槽,按单槽定额的人工乘以系数 1.20 计算。

台式洗脸盆定额不含台面安装,发生时套用相应的定额。已含支撑台面所需的金属支架制作安装,设计用量超过定额含量的,可另行增加金属支架的制作安装。

化验盆安装中的鹅颈水嘴、化验单嘴、双嘴适用于成品件安装。

洗脸盆肘式开关安装不分单双把均执行同一项目。

脚踏开关安装包括弯管和喷头的安装人工和材料。

高(无)水箱蹲式大便器,低水箱坐式大便器安装,适用于各种型号。

小便槽冲洗管制作安装定额中,不包括阀门安装,可按相应项目另行计算。

小便器带感应器定额适用于挂式、立式等各种安装形式。

淋浴器铜制品安装适用于各种成品淋浴器安装。

大、小便槽水箱托架安装已按标准图集计算在定额内,不得另行计算。

感应龙头不分规格,均套用感应龙头安装定额。

容积式水加热器安装,定额内已按标准图集计算了其中的附件,但不包括安全阀安装、本体保温、刷油和基础砌筑。

蒸汽—水加热器安装项目中,包括了莲蓬头安装,但不包括支架制作安装、阀门和疏水器安装,可按相应项目另行计算。

冷热水混合器安装项目中包括了温度计安装,但不包括支座制作安装,可按相应项目另行计算。

2. 计价工程量计算规则

卫生器具组成安装以"组"为计量单位,已按标准图综合了卫生器具与给水管、排水管连接的人工与材料用量,不得另行计算。

浴盆安装不包括支座和四周侧面的砌砖及瓷砖粘贴。

按摩浴盆安装以"组"为计量单位,包含了相应的水嘴安装。

淋浴房组成、安装以"套"为计量单位,包含了相应的水嘴安装。

蹲式大便器安装已包括了固定大便器的垫砖,但不包括大便器蹲台砌筑。

大便槽、小便槽自动冲洗水箱安装以"套"为计量单位,已包括了水箱托架的制作安装,不得另行计算。

台式洗脸盆安装,不包括台面安装,台面安装需另计。

小便槽冲洗管制作与安装以"m"为计量单位,不包括阀门安装,其工程量可按相应定额另行计算。

脚踏开关安装,已包括了弯管与喷头的安装,不得另行计算。

冷热水混合器安装以"套"为计量单位,不包括支架制作安装及阀门安装,其工程量可按相应定额另行计算。

蒸汽-水加热器安装以"台"为计量单位,包括莲蓬头安装,不包括支架制作安装及阀门、疏水器安装,其工程量可按相应定额另行计算。

容积式水加热器安装以"台"为计量单位,不包括安全阀安装、保温与基础砌筑可按相应定额另行计算。

任务 5　卫生器具配管与给排水管道的界限

浴盆安装范围分界点:给水(冷、热)水平管与支管交接处及排水管存水弯处,如图2.4.1中点画虚线所示范围。图中水平管安装高度750 mm,若水平管设计标高超过750 mm,冷热水水嘴需增加引下管,且该引下管计算入管道安装中。

浴盆未计价材料包括浴盆、冷热水嘴或冷热水混合水嘴、排水配件、蛇形管带喷头、喷头卡架和喷头挂钩等。

净身盆安装范围分界点:给水(冷、热)水平管与支管交接处及排水管在存水弯处,见图 2.4.2 中点画虚线所示范围。水平管安装高度为 250 mm,若超高而产生引下管,处理同浴盆。未计价材料包括净身盆、水嘴、冲洗喷头铜活件和排水配件等。

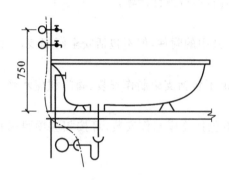
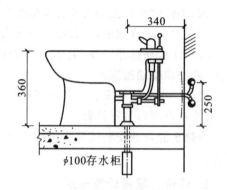

图 2.4.1 浴盆安装范围分界示意图   图 2.4.2 净身盆安装范围分界示意图

洗脸盆安装范围分界点:见图 2.4.3,划分方法同浴盆。未计价材料包括洗脸盆、水嘴及排水配件。

洗涤盆安装范围分界点:见图 2.4.4,划分方法同洗脸盆。未计价材料包括洗涤盆和水嘴。

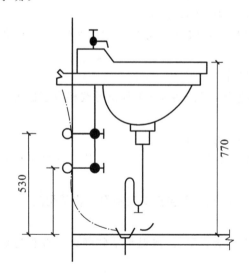
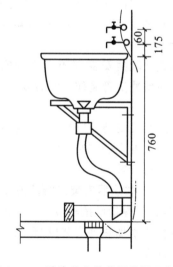

图 2.4.3 洗脸盆安装范围分界示意图   图 2.4.4 洗涤盆安装范围分界示意图

蹲式普通冲洗阀大便器安装,安装范围见图 2.4.5。给水以水平管与支管交接处,排水管以存水弯交接处为安装范围划分点。未计价材料为大便器。

手押阀冲洗和延时自闭式冲洗阀蹲式大便器安装,安装范围划分点同蹲式普通冲洗阀大便器。未计价材料包括大便器、DN20 手押阀或 DN25 延时自闭式冲洗阀。

高水箱蹲式大便器安装,安装范围划分见图 2.4.6。未计价材料为水箱及冲洗配件及大便器。

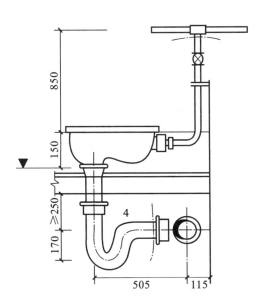

图 2.4.5　蹲式大便器安装范围分界示意图　　　　图 2.4.6　高水箱蹲式大便器安装范围分界示意图

坐式低水箱大便器安装,安装范围划分见图 2.4.7。未计价材料包括坐式便器、瓷质低水箱(或高水箱)和冲洗配件。

普通挂式小便器安装范围划分点:水平管与支管交接处,见图 2.4.8。未计价材料为小便斗。挂斗式自动冲洗水箱安装范围仍是水平管与支管交接处,见图 2.4.9,未计价材料包括小便斗、瓷质高水箱和全套控制配件。

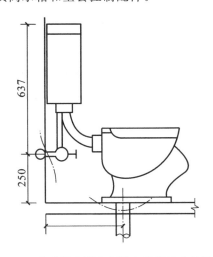

图 2.4.7　坐式低水箱大便器安装范围分界示意图

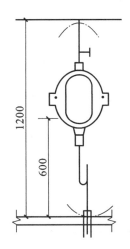

图 2.4.8　挂式小便器安装范围分界示意图

立式及自动冲洗小便器安装见图 2.4.10。未计价材料包括小便器、全套自动控制配件。

小便槽冲洗管制作安装,控制阀门计算在管网阀门中,见图 2.4.11。

淋浴器安装见图 2.4.12,安装范围划分点为支管与水平管交接处。钢管组成淋浴器的未计价材料为莲蓬头,而两个调节截止阀为已计价材料;铜管制品冷热水淋浴器,未计价材料包括全套成品铜淋浴器。

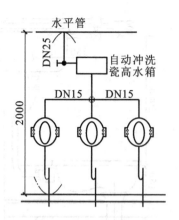

图 2.4.9　挂斗式自动冲洗水箱安装范围分界示意图

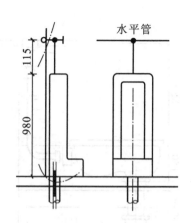

图 2.4.10　立式小便器安装范围分界示意图

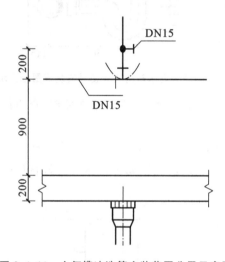

图 2.4.11　小便槽冲洗管安装范围分界示意图

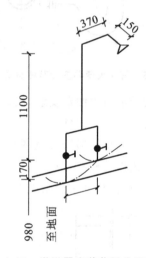

图 2.4.12　淋浴器安装范围分界示意图

《计价规范》中"水箱制作安装"清单的工程内容包括了支架的制作安装及除锈、刷油,在确定"水箱制作安装"综合单价时,需将支架制作安装、除锈刷油的相应费用列入综合单价内。除大、小便槽冲洗水箱外,其他类型的水箱型钢支架制作安装套用"管道支架制作安装"子目,除锈、刷油套用《江苏省安装工程计价定额》(2014 年)第 11 册相应子目。

任务 6　任务示范操作

1. 卫生洁具工程量手工计算

手动式冲洗阀(通常做法)蹲式大便器 6 组;壁挂式自动感应一体型小便器 6 组;淋浴器 6 个;盥洗台水龙头(不锈钢)6 个;盥洗台排水栓 2 组,地漏 6 个;水平清扫口 2 个。

2. 卫生洁具工程量清单设置

假定卫生洁具使用 TOTO 产品,则卫生洁具安装工程量清单设置见表 2.4.2。

表 2.4.2　卫生洁具安装分部分项工程量清单

序号	项目编码	项目名称	项目特征描述	计量单位	工程量
1	031004006001	大便器	陶瓷;TOTO 蹲式大便器 CW9RB 型,620 mm×440 mm×320 mm;DC603VL 手动式冲水阀,DN25;螺纹连接;明装	组	6
2	031004007001	小便器	陶瓷;TOTO USWN800B 干电池式,390 mm×420 mm×1 025 mm,DN25;螺纹连接;明装	组	6
3	031003013001	淋浴器	本体铜材质镀铬;TOTO 淋浴柱 DM906C 型 F;螺纹连接;淋浴开关 DM333,DN25;明装	组	6
4	031004008001	水嘴	本体铜材质镀铬;TOTO 正品 DLE117AS 型;DLE114DES 分体型自动感应式水龙头;DN25;螺纹连接;明装	组	6
5	031004008002	排水栓	不锈钢;DN50;	组	2
6	031004014001	地漏	不锈钢;DN110;	个	6
7	031004014002	地面清扫口	PVC-U;DN110;	个	2

3. 清单项目综合单价确定

假定本工程为三类工程,二类工工资为 74 元/工日,则 031004006001 的综合单价分析见表 2.4.3。

表 2.4.3　(031004006001)工程量清单综合单价分析表

项目编码	031004006001		项目名称	大便器	计量单位	1 组

清单综合单价组成明细

定额编号	定额名称	定额单位	数量	人工费	材料费	机械费	管理费和利润	人工费	材料费	机械费	管理费和利润
				单价/元				合价/元			
10-701	蹲便器带感应	10 组	1	668.96	353.15	0	354.54	66.90	35.32	0	35.45
人工单价		小　计						66.90	35.32	0	35.45
74 元/工日		未计价材料费						2 113.5			
清单项目综合单价								2 251.17			

材料费明细	主要材料名称、规格、型号	单位	数量	单价/元	合价/元	暂估单价/元	暂估合价/元
	TOTO 蹲式大便器 CW9RB 型	套	1.01	1 350	1 363.5		
	DC603VL 型手动式冲水阀	组	1	600	600		
	冲洗器配件	套	1	150	150		
	其他材料费			—	353.15	—	
	材料费小计			—	2 466.65	—	

任务 7 学员工作任务作业单

1. 学员工作任务作业单（一）

假定本工程为三类工程，二类工工资为 74 元/工日，将 031004007001、031003013001、031004008001、031004008002、031004014001 和 031004014002 的综合单价分析分别填入表 2.4.4。

表 2.4.4 （　　　　）工程量清单综合单价分析表

工程名称：　　　　　　　　　　标段：　　　　　　　　　　第　页共　页

项目编码		项目名称			计量单位	

清单综合单价组成明细

定额编号	定额名称	定额单位	数量	单价/元				合价/元			
				人工费	材料费	机械费	管理费和利润	人工费	材料费	机械费	管理费和利润
人工单价			小　计								
74 元/工日			未计价材料费								
清单项目综合单价											

材料费明细	主要材料名称、规格、型号	单位	数量	单价/元	合价/元	暂估单价/元	暂估合价/元
	其他材料费			—		—	
	材料费小计			—		—	

2. 学员工作任务作业单（二）

编制子项目 2.1 学员工作任务作业单（二）中的卫生器具分部分项工程量清单，将结果填入表 2.4.5。

3. 学员工作任务作业单（三）

编制子项目 2.1 学员工作任务作业单（三）中的卫生器具分部分项工程量清单，将结果填入表 2.4.5。

4. 学员工作任务作业单（四）

编制子项目 2.1 学员工作任务作业单（四）中的卫生器具分部分项工程量清单，将结果填入表 2.4.5。

表 2.4.5　卫生器具分部分项工程造价计算表

序号	项目编码	项目名称	项目特征	计量单位	工程数量	综合单价/元	合价/元
1							
2							
3							
4							
5							
6							
7							
8							
9							
10							
11							
小计							

任务 8　情境学习小结

　　本学习情境主要学习了卫生器具的工程量清单与综合单价的编制方法,情景中的蹲位垫高和地面装饰、坑位隔断都未报价。

　　【知识目标】

　　了解卫生器具的种类,其相应的省定额子目基本内容及适用范围;熟悉识图知识及有关安装图集,卫生器具与管道安装的划分界限。

　　【能力目标】

　　掌握卫生器具清单工程量计算、清单编制方法,能进行分部分项工程综合单价计算,材料损耗量及其市场价格的确定,以及分部分项工程计价。

子项目 2.5　供暖器具安装计量与计价

任务 1　情境描述

　　图 2.5.1 所示为某综合楼供暖 1 层平面图,图 2.5.2 所示为供暖 2 层平面图,图 2.5.3 所示

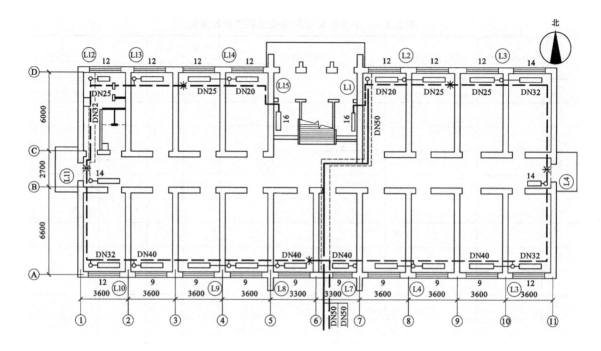

图 2.5.1 供暖 1 层平面图

为供暖系统图。

（1）本工程采用低温水供暖，供水温度为 70～95 ℃；

（2）系统采用上分下回单管顺流式；

（3）管道采用焊接钢管，DN32 以下为丝扣连接，DN32 以上为焊接；

（4）散热器选用铸铁四柱 813 型，每组散热器设手动放气阀；

（5）集气罐采用《集气罐制作及安装》(94K402-1)中 D100 型卧式集气罐；

（6）明装管道和散热器等设备、附件及支架等刷红丹防锈漆两遍，银粉两遍；

（7）室内地沟断面尺寸为 500 mm×500 mm，地沟内管道刷防锈漆两遍，做 50 mm 厚岩棉保温，外缠玻璃纤维布；

（8）图中未注明管径的立管均为 DN20 管，支管为 DN15 管；

（9）其余未说明部分，按施工及验收规范有关规定进行。

尝试对供暖工程的供暖器具进行报价。

任务 2 情境任务分析

本情景重点对供暖器具分部分项工程报价，因此对上述任务首先需确定供暖器具中间价；然后设置清单项目和计算清单工程量；再次计算出计价工程量；最后要确定每一工程量清单项目的综合单价。

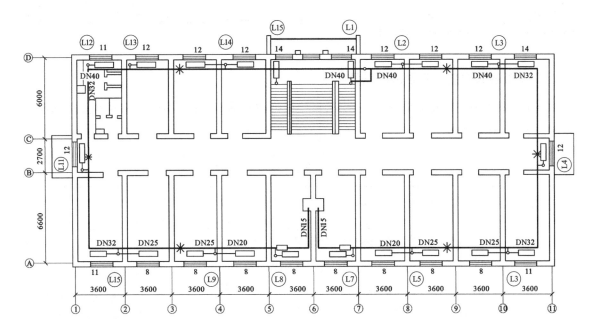

图 2.5.2　供暖 2 层平面图

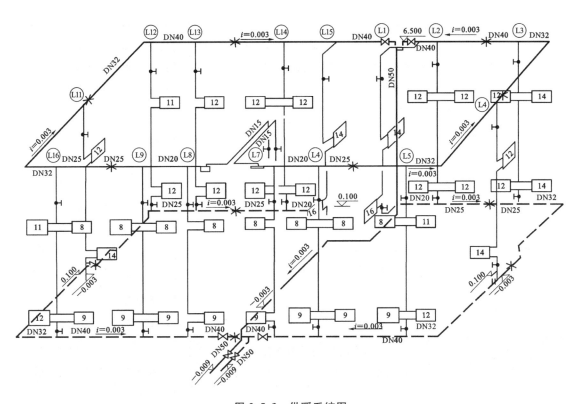

图 2.5.3　供暖系统图

任务 3 　知识——清单项目设置与工程量计算

1. 供暖器具安装工程量清单设置

供暖器具安装工程量清单项目设置、项目特征描述的内容、计量单位及工程量计算规则见表 2.5.1，即《计价规范》中表 K.5（编码：031005）。

表 2.5.1　供暖器具（编码：031005）

项目编码	项目名称	项目特征	计量单位	工程量计算规则	工作内容
031005001	铸铁散热器	①型号、规格；②安装方式；③托架形式；Ⅳ器具、托架除锈、刷油设计要求	片（组）	按设计图示数量计算	①组对、安装；②水压试验；③托架制作、安装；④除锈、刷油
031005002	钢制散热器	①结构形式；②型号、规格；③托架方式；④托架除锈、刷油设计要求			
031005003	其他成品散热器	①材质、类型；②型号、规格；③托架刷油设计要求	组（片）		①安装；②托架安装；③托架刷油
031005004	排管散热器	①材质、类型；②型号、规格；③托架形式及做法；④器具、托架除锈、刷油设计要求	m	按设计图示排管长度计算	①制作、安装；②水压试验；③除锈、刷油
031005005	暖风机	①质量；②型号、规格；③安装方式	台	按设计图示数量计算	安装
031005006	地板辐射采暖	①保温层材质、厚度；②钢丝网设计要求；③管道材质、规格；④压力试验及吹扫设计要求	①m^2；②m	①以"m^2"计量，按设计图示采暖房间净面积计算；②以"m"计量，按设计图示管道长度计算	①保温层及钢丝网铺设；②管道排布、绑扎、固定；③与分集水器连接；④水压试验、冲洗；⑤配合地面浇注
031005007	热媒集配装置	①材质；②规格；③附件名称、规格、数量	台	按设计图示数量计算	①制作；②安装；③附件安装
031005008	集气罐	①材质；②规格	个		①制作；②安装

2. 供暖器具安装工程量清单编制

铸铁散热器,包括拉条制作安装。

钢制散热器的结构形式,包括钢制闭式、板式、壁板式、扁管式及柱式散热器等,应分别列项计算。

排管散热器,包括联管制作安装。

地板辐射采暖,包括与分、集水器连接和配合地面浇筑工程。

任务 4　知识——安装计价定额

1. 计价说明

各类型散热器不分明装或暗装,均按类型分别编制,柱型散热器为挂装时,可执行 M132 型铸铁散热器项目。

柱型和 M132 型铸铁散热器安装用拉条时,拉条另行计算。

定额中列出的接口密封材料,除圆翼汽包垫采用橡胶石棉板外,其余均采用成品汽包垫,如采用其他材料,不做换算。

排管散热器制作、安装项目,单位"每10 m"是指排管长度,联管作为材料已列入定额,不得重复计算。

板式、壁板式散热器,已计算了托钩的安装人工和材料;闭式散热器,如主材价不包括托钩,托钩价格另行计算。

采暖工程暖气片安装定额中未包含其两端的阀门,可以按其规格,另套用阀门安装定额相应子目。

2. 计价工程量计算规则

热空气幕安装以"台"为计量单位,其支架制作安装可按相应定额另行计算。

长翼、柱型铸铁散热器组成安装以"片"为计量单位,其汽包垫不得换算;圆翼型铸铁散热器组成安装以"节"为计量单位。

排管散热器制作安装以"10 m"为计量单位,已包括联管长度,不得另行计算。

任务 5　知识——项目名称释义

1. 供暖器具知识

散热器(也称暖气片)可以按产品的功能、用途、属性等进行分类,常用的散热器种类见表2.5.2。

散热器按材质可分为低碳钢质散热器、不锈钢散热器、铸铁散热器、压铸铝散热器、纯铜质散热器、铜铝复合散热器和钢铝复合散热器;按造型工艺可分为柱式散热器、翅片式散热器、对流式散热器和造型工艺散热器;按工作原理可分为水暖散热器、汽暖散热器、热风散热器、电加热散热器和超导液油散热器;按制作工艺可分为插接焊散热器、搭接焊散热器、铸造型散热器和模块组装式散热器。

表 2.5.2　常用的散热器种类

种　　类	主　要　特　点	市　场　应　用
铜铝复合暖气片	承压高、重量轻、升温快、节能效果明显。	较广泛
铝合金暖气片	水密性及气密性好、导热好、外观精美、加工简便 价格适中	非常普遍
钢铝复合暖气片	水容量低,升温快速,耐腐蚀	大范围应用
钢制暖气片	散热效果好 质量稳定,性价比高	市场份额较大
压铸铝暖气片	导热性能稳定,外形美观精美,家居普遍应用	市场普遍
铸铁暖气片	铸铁暖气片耐腐蚀性好,但外观设计比较粗糙,散热性能不稳定,极大地浪费了能源	逐年减少,趋于淘汰

铸铁散热器主要类型:圆柱型散热器、二柱 M132 型散热器、圆翼型散热器和长翼式散热器,其分类见图 2.5.4。

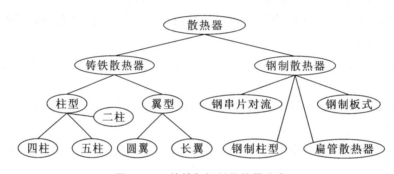

图 2.5.4　铸铁与钢制散热器分类

柱型散热器:因每片有几个中空的立柱相连通,故称柱形散热器,常用的有五柱、四柱和二柱 M132 型;规格用高度表示,如四柱 813 型,即表示该四柱散热器高度为 813 mm;分带足与不带足两种片型,带足的用于落地安装,不带足的用于挂墙安装(见图 2.5.5)。

二柱 M132 型散热器的规格用宽度表示,M132 即表示宽度为 132 mm,两边为柱管形,中间有波浪形的纵向肋片。每组 8～24 片,采用挂墙安装(见图 2.5.6)。

图 2.5.5　铸铁柱型散热器

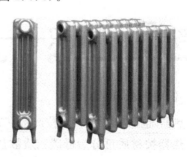

图 2.5.6　二柱 M132 型散热器

翼型散热器:长翼形(见图2.5.7)和圆翼形(见图2.5.8)两种,这种散热器较重,采用法兰连接,一般多用于无大量灰尘的工业厂房和库房中。

图 2.5.7　长翼型散热器　　　　　　　　　图 2.5.8　圆翼型散热器

钢制散热器:钢制散热器按其结构形式分为钢串片式(图2.5.9)、板式(图2.5.10)、柱式(图2.5.11)、扁管式(见图2.5.12)等。钢制散热器具有大方美观,体积小,重量轻,承压高,运输安装方便等优点,广泛用于住宅、宾馆、医院、学校及高层建筑的采暖系统。

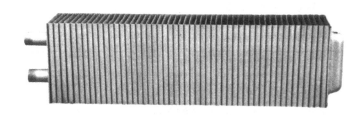 

图 2.5.9　钢串片对流散热器　　　　　　　图 2.5.10　钢制板式散热器

图 2.5.11　钢制柱式散热器　　　　　　　图 2.5.12　扁管散热器

闭式钢串片对流散热器:由钢管、钢片、联箱及管接头组成。钢管上的串片是0.5 mm厚的薄钢片,串片两端折成90°形成封闭形,这许多封闭的垂直空气通道,增强了对流散热能力且使串片不易损坏。

板式散热器由面板、背板、进出水口接头、放水门固定套和上下支架组成。背板有带对流片和不带对流片两种板型,由1.2~1.5 mm厚的冷轧钢板冲压成面板和背板,并直接在面板上压出圆弧形或梯形的散热器水道,水平联箱压制在背板上经焊接而成整体。另外,为了增大散热面积,通常在背板后面焊上0.5 mm厚的冷轧钢板对流片。

钢制柱型散热器结构形式与铸铁柱型散热器相似,每片也有几个中空的立柱,它是用1.25~1.5 mm厚的冷轧钢板冲压延伸而形成片状半柱形,再将两片状半柱形薄片经焊接复合成单片,再由单片焊接联成散热器。

排管散热器:是用管子排列制成的一种散热器,它分 A 型和 B 型两种。A 型供蒸汽采暖使用,B 型供热水采暖使用,见图 2.5.13。

图 2.5.13 排管散热器

2. 供暖器具型号、规格说明

铸铁和钢制供暖器具型号见表 2.5.3,其规格见表 2.5.4。

表 2.5.3 铸铁和钢制供暖器具型号表

供暖器具名称	供暖器具型号表示格式
铸铁柱型	TZ□-□-□(□) —— 蒸汽压力(0.1 MPa) —— 热水压力(0.1 MPa) —— 同侧进出口中心距(100 mm) —— 柱数 —— 灰铸铁、柱型
铸铁圆翼型	TY-□-□(□) —— 蒸汽压力(0.1 MPa) —— 热水压力(0.1 MPa) —— 同侧进出口中心距(100 mm) —— 灰铸铁、圆翼型
铸铁长翼型	TC-□/□-□(□) —— 蒸汽压力(0.1 MPa) —— 热水压力(0.1 MPa) —— 同侧进出口中心距(100 mm) —— 散热器长度(100 mm) —— 灰铸铁、长翼型
铸铁排管型	D-□-□-□ —— 排管排数 —— 排管长度(1000 mm) —— 排管外直径(1000 mm) —— 热水、蒸汽排管

续表

供暖器具名称	供暖器具型号表示格式
铸铁柱翼型	TZY□-□/□-□(□) 蒸汽压力(0.1 MPa) 热水压力(0.1 MPa) 宽度/出入口距(100 mm) 柱数 柱翼型 灰铸铁
钢制柱式	GZ□-□/□-□ 工作压力(单位0.1 MPa) 散热器宽度(单位100 mm) 同侧进出口中心距离(单位100 mm) 柱的数量 钢制柱式
钢制闭式	G CB-□-□ 工作压力(单位0.1 MPa) 进出口中心距(单位100 mm) 串片闭式 钢制
钢制板式	GB□-□/□-□ 工作压力(单位0.1 MPa) 单面为D,双面为S 同侧进出口中心距离(单位100 mm) 单面水道槽为1,双面水道槽为2 钢制板式
钢制扁管	GB G/□□-□-□ 工作压力(单位0.1 MPa) 进出口中心距(单位100 mm) 型式标记 单板D 双板S 带对流片L 钢制扁管型

表 2.5.4 供暖器具规格说明表

散热器类型	规 格		散热器类型	规 格	
长翼型	大 60	长 280 mm,14 翼片	柱型	高×宽	四柱 813
	小 60	长 200 mm,10 翼片			四柱 760
圆翼型	内径 D50	每根管长 1 m			四柱 640
	内径 D75	每根管长 1 m			五柱 813
板型	高×长				M132 型
扁管	高×长				

3. 暖风机与空气幕知识

暖风机主要由空气加热器和风机组成,由空气加热器散热,然后风机送出热空气,使室内空气温度得以调节,见图 2.5.14。

(a) 可移动式暖风机　　　(b) 固定式暖风机

图 2.5.14 暖风机外形图

市场上最常见的四种标准型号工业用暖风机是 Q 型暖风机、GS 型暖风机、S 型暖风机、NC 型暖风机。

Q 型暖风机和 GS 型暖风机都是由通风机、电动机及散热器组成。Q 代表以蒸汽为热媒的钢制暖风机。GS 代表以热水为热媒的钢制暖风机。

S 型暖风机冷暖兼用,是以热水或冷水为介质,是工业建筑和民用建筑采暖、降温、去湿、通风的理想设备。NC 型暖风机的热媒是蒸汽,是一种通风与供热的联合装置。

4. 供暖器具计价注意事项

1) 外拉条预制

根据散热器的片数和长度,计算出外拉条长度尺寸,切断 $\phi8\sim\phi10$ 的圆钢并进行调直,两端收头套好丝扣,将螺母上好,除锈后刷防锈漆一遍。

2) 供暖器具除锈、刷油

供暖器具除锈是手工除锈,一般为轻锈,除锈面积计算参见表 2.5.5。供暖器具刷油面积计算也参见表 2.5.5~表 2.5.7。

3) 有关供暖器具套用定额

集水器、分水器(分汽缸)和集气罐应套用《江苏省安装工程计价定额》(2014 版)中的第八册"工业管道工程"中的 8-2888~8-2905 条目的相应定额。

5. 图例符号

采暖施工图中的管道及附件、管道连接、阀门、采暖设备及仪表等,采用《暖通空调制图标准》(GB/T 50114—2010)中统一的图例表示,凡在标准图例中未列入的可自设,但在图纸上应专门画出此图例,并加以说明。表2.5.8摘录了《暖通空调制图标准》(GB/T 50114—2010)中的部分图例。

表 2.5.5 铸铁散热器除锈、刷油面积表

散热器类型		表面面积/(m²/片)	散热器类型		表面面积/(m²/片)
长翼型	大 60	1.20	柱型	四柱 813	0.28
	小 60	0.90		四柱 760	0.24
圆翼型	D50	1.30		四柱 640	0.20
	D75	1.80		五柱 813	0.37
				M132 型	0.24

表 2.5.6 钢串片散热器除锈、刷油面积表

规格(H×L)/mm	150×60	150×80	240×100	300×80	500×90	600×120
散热面积/(m²/m)	2.48	3.15	5.72	6.3	7.44	10.6

表 2.5.7 板式散热器除锈、刷油面积表

规格(H×L)/mm	600×600	600×800	600×1 000	600×1 200	600×1 400	600×1 600	600×1 800
散热面积/(m²/片)	1.58	2.1	2.75	3.27	3.93	4.45	5.11

表 2.5.8 暖通空调制图标准(GB/T 50114—2010)中的部分图例

符 号	名 称	说 明	符 号	名 称	说 明
——————	供水(汽)管			流水器	也可用
- - - - - -	回(凝结)水管			自动排气阀	
∿∿∿	绝热管			集气罐、排气装置	
	套管补偿器			固定支架	右为多管
	方形补偿器			丝堵	也可表示为:
	波纹管补偿器		$i=0.003$ 或 → $i=0.003$	坡度及坡向	
	弧形补偿器		Ⓣ 或	温度计	左为圆盘式温度计,右为管式温度计

续表

符　号	名　称	说　明	符　号	名　称	说　明
—N— —▷—	止回阀		Ⓟ 或 Ⓟ	压力表	
—┬— —▷—	截止阀	左图为通用，右图为升降式止回阀	▷	水泵	流向：自三角形底边至顶点
—▷◁—	闸阀		—┤├—	活接头	
散热器及手动放气阀（图）	散热器及手动放气阀	左图为平面图画法，右图为系统图画法	—○—	可曲挠接头	
散热器及控制器（图）	散热器及控制器	左图为平面图画法，右图为系统图画法	除污器（图）	除污器	左为立式除污器，中为卧式除污器，右为 Y 型过滤器

6. 平面图表示

在平面图中，要表示出散热器（一般用小长方形表示）的类型、位置和数量。各种类型的散热器规格和数量标注方法如下。

（1）柱型、长翼型散热器只注数量（片数）；

（2）圆翼型散热器应注根数、排数，如 3×2（每排根数×排数）；

（3）排管散热器应注管径、长度、排数，如 D108×200×4［管径（mm）×管长（mm）×排数］；

（4）闭式散热器应注长度、排数，如 1.0×2［长度（m）×排数］；

（5）说明膨胀水箱、集气罐、阀门位置与型号；

（6）说明补偿器型号、位置，固定支架位置。

对于多层建筑，各层散热器布置基本相同时，也可采用标准层画法。在标准层平面图上，散热器要注明层数和各层的数量。

主要设备或管件（如支架、补偿器、膨胀水箱、集气罐等）要在平面图上表示出其相应的位置。

7. 系统图表示

系统图应表示出括水平方向和垂直方向的布置情况。

散热器、管道及其附件（阀门、疏水器）均应在系统图上表示出来。此外，还要标注各立管编号、各段管径和坡度、散热器片数、干管的标高。

系统图应表示出如下内容。

（1）采暖管道的走向、空间位置、坡度，管径大小及变径的位置，管道与管道之间的连接方式。

（2）散热器与管道的连接方式，例如是竖单管还是水平串联，是双管上分还是双管下分等。

（3）管路（立管、支管）系统中阀门的位置、规格。

（4）集气罐的规格、安装形式（立式或卧式）。

（5）蒸汽供暖疏水器和减压阀的位置、规格、类型。

(6)按规定对系统图进行编号,并标注散热器的数量。柱型、圆翼型散热器的数量应注在散热器内,如图 2.5.15 所示;排管式、串片式散热器的规格及数量应注在散热器的上方,如图 2.5.16 所示。

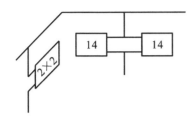

图 2.5.15 柱型、圆翼型散热器画法

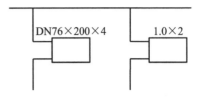

图 2.5.16 排管、串片式散热器画法

任务 6 任务示范操作

1. 供暖器具工程量手工计算

D100 型卧式集气罐 2 个,铸铁四柱 813 型散热器工程量见表 2.5.9。

表 2.5.9 散热器工程量计算表

楼层＼组型	8 片组	9 片组	11 片组	12 片组	14 片组	16 片组	手工放气阀小计
一层		8		9	3	2	22
二层	8		3	8	3		20
合计组数	8	8	3	18	6	2	42
片数	64	72	33	216	84	32	总计 501

2. 供暖器具安装分部分项工程量清单设置

供暖器具安装分部分项工程量清单设置见表 2.5.10。

表 2.5.10 供暖器具安装分部分项工程量清单

工程名称: 标段: 第 页共 页

序号	项目编码	项目名称	项目特征描述	计量单位	工程量
1	031005001001	铸铁散热器	四柱 813 型;落地安装;手工除轻度锈;刷红丹防锈漆两遍,银粉两遍	片	501
2	031005008001	集气罐	钢制;D100 (4.12 kg)	个	2
3	031003003001	螺纹阀门	手动放气阀;钢制镀锌;螺纹连接;1.6 MPa	个	42

3. 清单项目综合单价确定

假定本工程为三类工程,二类工工资为 74 元/工日,则 031005001001 的综合单价分析见表 2.5.11。

表 2.5.11 (031005001001)工程量清单综合单价分析表

项目编码	031005001001	项目名称	铸铁散热器	计量单位	1 片

清单综合单价组成明细

定额编号	定额名称	定额单位	数量	单价/元				合价/元			
				人工费	材料费	机械费	管理费和利润	人工费	材料费	机械费	管理费和利润
10-786	柱型	10 片	0.1	128.14	25.90	0	13.73	12.814	2.59	0	1.373
11-1	手工除锈（轻度锈）	10 m²	0.028	21.46	3.26	0	11.37	0.60	0.09	0	0.32
11-198	防锈漆 第一遍	10 m²	0.028	20.72	4.68	0	10.98	0.58	0.13	0	0.31
11-199	防锈漆 第二遍	10 m²	0.028	20.72	4.68	0	10.98	0.58	0.13	0	0.31
11-200	银粉漆 第一遍	10 m²	0.028	21.46	11.02	0	11.37	0.60	0.31	0	0.32
11-201	银粉漆 第二遍	10 m²	0.028	20.72	9.69	0	10.98	0.58	0.27	0	0.31
人工单价		小 计						15.75	3.52	0	2.94
74 元/工日		未计价材料费						10.28			
清单项目综合单价								32.50			

	主要材料名称、规格、型号	单位	数量	单价/元	合价/元	暂估单价/元	暂估合价/元
材料费明细	铸铁散热器(柱型)	片	0.691	14	9.67		
	酚醛防锈漆	kg	0.059	5.2	0.31		
	酚醛清漆	kg	0.024	12.5	0.30		
	其他材料费			—	3.52	—	
	材料费小计			—	13.80	—	

任务 7 学员工作任务作业单

1. 学员工作任务作业单（一）

假如规范操作中的铸铁散热器四柱 813 型的安装方式为壁挂，其他情景不变，请重新计算其综合单价，过程填入表 2.5.12。

表 2.5.12 （031005001001）工程量清单综合单价分析表

项目编码	031005001001	项目名称	铸铁散热器	计量单位	1 片

清单综合单价组成明细

定额编号	定额名称	定额单位	数量	单价/元				合价/元			
				人工费	材料费	机械费	管理费和利润	人工费	材料费	机械费	管理费和利润
10-786	柱型	10 片	0.1	128.14	25.90	0	13.73	12.814	2.59	0	1.373
11-1	手工除锈（轻度锈）	10 m²	0.028	21.46	3.26	0	11.37	0.60	0.09	0	0.32
11-198	防锈漆 第一遍	10 m²	0.028	20.72	4.68	0	10.98	0.58	0.13	0	0.31
11-199	防锈漆 第二遍	10 m²	0.028	20.72	4.68	0	10.98	0.58	0.13	0	0.31
11-200	银粉漆 第一遍	10 m²	0.028	21.46	11.02	0	11.37	0.60	0.31	0	0.32
11-201	银粉漆 第二遍	10 m²	0.028	20.72	9.69	0	10.98	0.58	0.27	0	0.31
人工单价		小　计						15.75	3.52	0	2.94
74 元/工日		未计价材料费									
清单项目综合单价											

材料费明细	主要材料名称、规格、型号	单位	数量	单价/元	合价/元	暂估单价/元	暂估合价/元
	铸铁散热器（柱型）	片		14			
	酚醛防锈漆	kg	0.059	5.2	0.31		
	酚醛清漆	kg	0.024	12.5	0.30		
	其他材料费			—	3.52	—	
	材料费小计			—		—	

2. 学员工作任务作业单（二）

采暖工程施工图见图 2.5.17～图 2.5.20，设计及施工说明如下。

（1）本工程为 4 层局部办公楼，层高为 3.0 m，室内一层地面与室外地坪间高差为 0.3 m，有三间办公室。外墙及承重墙均为 240 墙。

（2）采暖系统采用上供下回单管垂直顺序式，热力引入口在标高 −1.0 m 处进入室内，立管至标高 11.5 m 处，采暖干管末端设自动排气阀。回水干管设在地沟内，标高为 −0.3 m，在热力引入口标高降至 −1.0 m 处后出户。整个系统共有 L1、L2 两根立管。

（3）本图中设计标高以"m"计，其余标准以"mm"计。管道标高指管中心标高。

（4）采暖管道采用热镀锌焊接钢管，螺纹连接。

（5）散热器采用钢串片散热器，散热器支管均为 DN20 管。

（6）采暖系统安装完毕后，按规定压力进行水压试验。

（7）采暖系统管道在标高±0.00 m 以下均刷红丹防锈漆 2 遍，做 30 mm 厚岩棉管保温层，外包玻璃丝布。

（8）本说明未述及之处，按国家有关施工验收规范执行。

计算要求：编制分部分项工程量清单并计算清单工程量以及综合单价。

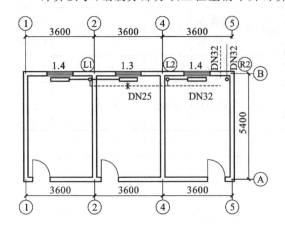

图 2.5.17　1 层采暖平面图　　　　　图 2.5.18　2 至 3 层采暖平面图

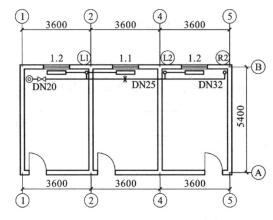

图 2.5.19　4 层采暖平面图

3. 学员工作任务作业单（三）

针对学员工作任务作业单（二）的情景，编制其管道、阀门分部分项工程量清单并计算 ±0.00 m 以下管道的综合单价。

4. 学员工作任务作业单（四）

地板辐射采暖构造见图 2.5.21。下述为一低温热水地板辐射采暖的做法。

（1）8～10 mm 厚铺地砖，稀水泥浆擦缝；

（2）20 mm 厚 1∶3 干硬性水泥砂浆粘结层；

（3）1.5 mm 厚聚氨酯涂料防水层；

（4）60 mm 厚 C15 细石混凝土，钢丝网片，中间配散热管；

（5）0.2 mm 厚真空镀铝聚酯薄膜；

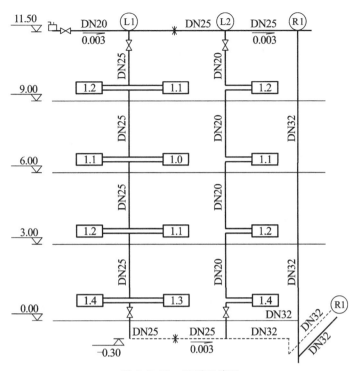

图 2.5.20 采暖系统图

（6）20 mm 厚聚苯乙烯泡沫板（保湿层密度小于等于 20 kg/m²）；

（7）1.5 mm 厚聚氨酯涂料防潮层；

（8）最薄处 60 mm 厚 LC7.5 轻骨料混凝土，从门口向地漏处找 1‰坡，随打随抹光，四周及管根部位用 1：3 水泥砂浆抹小八字角；

（9）现浇钢筋混凝土楼板。

其套用定额如下。

（1）和（2）套地砖子目；（3）套涂料防水子目；（4）套混凝土垫层子目、钢筋子目和散热管管道子目；（5）套保护层子目；（6）套绝热子目；（7）套涂料防潮子目；（8）套找平子目。

任务：列出其清单编码和项目名称。

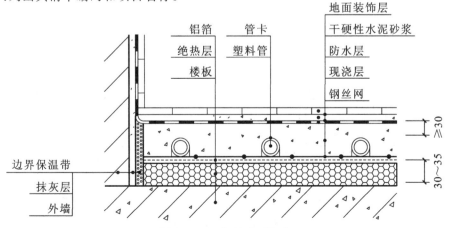

图 2.5.21 辐射采暖构造

任务 8 情境学习小结

本情境学习了供暖器具分部分项工程清单以及综合单价的编制方法,但未涉及地板辐射采暖和有关新材料的供暖器具。

【知识目标】

了解供暖器具的种类及其相应的省定额子目的基本内容及适用范围,熟悉识图知识及有关安装图集。

【能力目标】

掌握供暖器具清单工程量计算、清单编制的方法,能进行分部分项工程综合单价计算,材料损耗量及其市场价格的确定,以及分部分项工程计价。

子项目 2.6 燃气器具安装计量与计价

任务 1 情境描述

如图 2.6.1 所示为某 6 层住宅厨房人工煤气管道布置图及系统图,管道采用镀锌钢管螺纹连接,明敷设。煤气表采用 3 m³/h 的民用燃气表(双表头),煤气灶为 JZR-83 自动点火灶,采用 XW15 型单嘴外螺纹气嘴,燃气管道采用旋塞阀门。管道距墙 40 mm,连接燃气表的支管长度为 0.9 m。

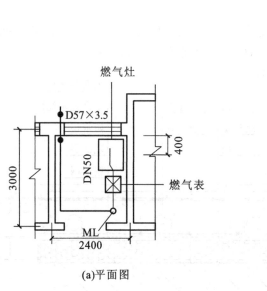

(a)平面图

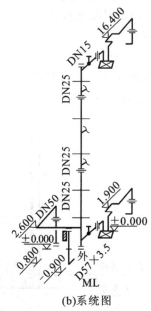

(b)系统图

图 2.6.1 燃气施工图

任务 2　情境任务分析

由于情景描述中同时给出了燃气管道和燃气器具,管道分部分项工程报价可参见子项目 2.1,本情景重点对燃气器具分部分项工程进行报价,因此对上述任务首先要确定燃气器具中间价;其次设置清单项目和计算清单工程量;再次计算出计价工程量;最后确定每一工程量清单项目的综合单价。

任务 3　知识——清单项目设置与工程量计算

1. 燃气器具安装工程量清单设置

燃气器具安装工程量清单项目设置、项目特征描述的内容、计量单位及工程量计算规则见表 2.6.1,即《计价规范》(GB 50500—2013)中表 K.7(编码:031007)。

表 2.6.1　供暖器具(编码:031007)

项目编码	项目名称	项目特征	计量单位	工程量计算规则	工作内容
031007001	燃气开水炉	①型号、容量;②安装方式;③附件型号、规格	台	按设计图示数量计算	①安装;②附件安装
031007002	燃气采暖炉				
031007003	燃气沸水器、消毒器	①类型;②型号、容量;③安装方式;④附件型号、规格			
031007004	燃气热水器				
031007005	燃气表	①类型;②型号、容量;③连接形式;④托架设计要求	块(台)		①安装;②托架制作、安装
031007006	燃气灶具	①用途;②类型;③型号、规格;④安装方式;⑤附件型号、规格	台		①安装;②附件安装
031007007	气嘴	①单嘴、双嘴;②材质;③型号、规格;④连接形式	个		安装
031007008	调压器	①类型;②型号、规格;③安装方式	台		
031007009	燃气抽水缸	①材质;②规格;③连接形式	个		
031007010	燃气管道调长器	①规格;②压力等级;③连接形式			
031007011	调压箱、调压装置	①类型;②型号、规格;③安装部位	台		①保温(保护)台砌筑;②填充保温(保护)材料
031007012	引入口砌筑	①砌筑形式、材质;②保温、保护材料设计要求	处		

2. 燃气器具安装工程量清单编制

沸水器、消毒器安装工程项目适用于容积式沸水器、自动沸水器、燃气消毒器等。

燃气灶具安装工程项目适用于人工煤气灶具、液化石油气灶具、天然气燃气灶具等,用途应描述民用或公用,类型应描述所采用气源。

调压箱、调压装置安装部位应区分室内、室外。

引入口砌筑形式,应注明地上、地下。

3. 燃气器具知识

燃气抽水缸亦称排水器、凝水缸(见图 2.6.2),是为了排除燃气管道中的冷凝水和天然气管道中的轻质油而设置的燃气管道附属设备。以制造集水器的材料来区分铸铁抽水缸或碳钢抽水缸。

煤气热水器安装有直接排气式、烟道排气式和平衡式三种,目前民用煤气热水器的安装多为直接排气式。

燃气计量设备主要是指计量表,常用的燃气计量表主要有干式皮膜计量表和转子式(罗茨式)计量表两种。干式皮膜计量表,其民用型号有单表头和双表头两种,规格流量有 1.2 m^3/h、1.5 m^3/h、2 m^3/h 和 3 m^3/h;其工业用流量有 6 m^3/h、10 m^3/h、20 m^3/h 等数种。转子式计量表,此种表主要为工业燃气使用,其规格型号有 100~1 000 m^3/h。

图 2.6.2 凝水缸

燃气管道调长器属于一种补偿元件。燃气管道调长器是利用其工作主体的有效伸缩变形,来吸收管线、导管、容器等由于热胀冷缩等原因而产生的尺寸变化,或补偿管线、导管、容器等的轴向、横向和角向位移,也可用于降噪减振。

任务 4 知识——安装计价定额

1. 计价说明

本说明涉及燃气加热设备、燃气表、民用灶具、公用炊事灶具、燃气嘴、燃气附件的安装。

沸水器、消毒器适用于容积式沸水器、自动沸水器、燃气消毒器等。

燃气计量表安装,不包括表托、支架、表底基础。

燃气加热器具项目只包括器具与燃气管终端阀门的连接,其他执行相应定额。

燃气灶具项目适用于人工煤气灶具、液化石油气灶具、天然气燃气灶具等,用途应描述民用或公用,类型应描述所采用气源。

2. 计价工程量计算规则

燃气表安装按不同规格、型号分别以"块"为计量单位,不包括表托、支架、表底垫层基础,其工程量可根据设计要求另行计算。

燃气加热设备、灶具等按不同用途规定型号,分别以"台"为计量单位。

气嘴安装按不同规格、型号、连接方式,分别以"个"为计量单位。

调长器及调长器与阀门的连接,包括一副法兰盘安装,螺栓规格和数量以压力为 0.6 MPa 的法兰盘装配。

引入口砌筑套用《江苏省建筑与装饰工程计价定额》(2014 版)相应子目。

3. 气嘴安装、图例与套管

气嘴一般安装在计量表后的燃气支管上,通过软管将灶具与气嘴相连接,气嘴外形如图 2.6.3 所示。

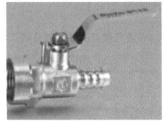

图 2.6.3 气嘴外形图

燃气工程图例见表 2.6.2。燃气工程中的套管应比燃气管道大二个规格,见表 2.6.3。

表 2.6.2 燃气工程图例

图例	名称	图例	名称
	燃气管道		软管
	液化石油气液相管		安全放散阀
	角阀		调压箱
	法兰连接球阀		调压器
	螺纹连接球阀		防爆轴流风机
	紧急切断阀		Y 形过滤器
	双眼灶		穿楼板加套管
	热水器		穿非承重墙套管
	采暖炉		烟道
	膜式燃气表		立管、下垂管
	活接头		变径
	清扫口堵头		

表 2.6.3 套管规格采用表

燃气管	DN10	DN15	DN20	DN25	DN32	DN40	DN50	DN65	DN80	DN100	DN150
套管	DN25	DN32	DN40	DN50	DN65	DN65	DN80	DN100	DN125	DN150	DN200

任务 5 任务示范操作

1. 燃气器具工程量手工计算

燃气表 6 台;燃气灶 6 台;燃气嘴 6 个。

2. 燃气器具安装工程量清单设置

燃气器具安装工程量清单设置见表 2.6.4。

表 2.6.4 燃气器具安装分部分项工程量清单

工程名称: 标段: 第 页共 页

序号	项目编码	项目名称	项目特征描述	计量单位	工程量
1	031007005001	燃气表	煤气表;单表头,3 m³/h;丝扣连接;挂装	台	6
2	031007006001	燃气灶具	煤气灶具;JZR-83 自动点火灶,双灶头;灶台	台	6
3	031007007001	燃气嘴	XW15 型单嘴外螺纹气嘴	个	6

3. 清单项目综合单价确定

假定本工程为三类工程,二类工工资为 74 元/工日,煤气表采用单表头,规格为 3 m³/h,单价 80 元,则 031007005001 的综合单价分析见表 2.6.5。

表 2.6.5 (031007005001)工程量清单综合单价分析表

项目编码	031007005001	项目名称		燃气表		计量单位		台

清单综合单价组成明细

定额编号	定额名称	定额单位	数量	单价/元				合价/元			
				人工费	材料费	机械费	管理费和利润	人工费	材料费	机械费	管理费和利润
10-895	燃气表 3 m³/h	块	1	37.00	0.18	0	19.61	37.00	0.18	0	19.61
人工单价		小 计						37.00	0.18	0	19.61
74 元/工日		未计价材料费						85.34			
清单项目综合单价								142.13			

材料费明细	主要材料名称、规格、型号	单位	数量	单价/元	合价/元	暂估单价/元	暂估合价/元
	燃气计量表 3 m³/h 单表头	只	1	80	80		
	燃气表接头	只	1.01	5.29	5.34		
	其他材料费			—	0.18	—	
	材料费小计			—	85.52	—	

4. 管道工程量计算

本情景中煤气管道的室内外分界线为进户三通。

DN50 镀锌钢管(进户管):[0.04+0.28+0.04+(2.6-0.8)+(3-0.14-0.08-0.04-0.04)+(2.4-0.16-0.08)]m=7.02 m=0.702(10 m);

DN25 镀锌钢管(立管):(16.4-1.9)m=14.5 m=1.45(10 m);

DN15 镀锌钢管(支管):(3.0-0.14-0.08-0.4+0.9×2)×6 m=25.08 m=2.508(10 m);

旋塞阀门:6 个;

钢套管 DN40:5×0.21 m=1.05 m;DN80:1×0.32 m=0.32 m;

DN15 镀锌钢管 8 元/m,DN25 镀锌钢管 15 元/m,DN40 镀锌钢管 18 元/m,DN50 镀锌钢管 20 元/m,DN70 镀锌钢管 25 元/m,旋塞阀门单价为 10 元。

任务 6 学员工作任务作业单

1. 学员工作任务作业单(一)

规范操作中的每一煤气表假定安装在离楼面地面 6 m 处,其他条件不变,则 031007005001 的综合单价分析见表 2.6.6。

表 2.6.6 (031007005001)工程量清单综合单价分析表

项目编码	031007005001			项目名称			燃气表		计量单位		台
清单综合单价组成明细											
定额编号	定额名称	定额单位	数量	单价/元				合价/元			
				人工费	材料费	机械费	管理费和利润	人工费	材料费	机械费	管理费和利润
10-895	燃气表 3m³/h	块	1	37.00	0.18	0	19.61	37.00	0.18	0	19.61
	超高人工增加费										
	管理费和利润										
人工单价		小 计									
74 元/工日		未计价材料费						85.34			
清单项目综合单价											
材料费明细	主要材料名称、规格、型号			单位	数量		单价/元	合价/元		暂估单价/元	暂估合价/元
	燃气计量表 3 m³/h 单表头			只	1		80	80			
	燃气表接头			只	1.01		5.29	5.34			
	其他材料费						—	0.18		—	
	材料费小计						—	85.52		—	

2. 学员工作任务作业单(二)

假定本工程为三类工程,二类工工资为 74 元/工日,煤气灶采用 JZR-83 自动点火灶,单价

240元,采用XW15型单嘴外螺纹气嘴,单价10元,将031007006001、031007007001的综合单价分析分别填入见表2.6.7。

表 2.6.7 （　　　　）工程量清单综合单价分析表

项目编码		项目名称				计量单位	台

清单综合单价组成明细

定额编号	定额名称	定额单位	数量	单价/元				合价/元			
				人工费	材料费	机械费	管理费和利润	人工费	材料费	机械费	管理费和利润

人工单价		小　计						
74元/工日		未计价材料费						
清单项目综合单价								

材料费明细	主要材料名称、规格、型号	单位	数量	单价/元	合价/元	暂估单价/元	暂估合价/元
	其他材料费			—		—	
	材料费小计			—		—	

3. 学员工作任务作业单（三）

某宾馆钢炉房施工图示镀锌钢管直径为15 mm的,长42.96 m;直径为25 mm的,长31.46 m;民用燃气表(2 m³/h)1个;开水炉 YL-150 型1台;容积式沸水器2台,试编制其工程量清单(填入表2.6.8)并分别确定综合单价(填入表2.6.7)。

表 2.6.8　燃气器具安装分部分项工程量清单

序号	项目编码	项目名称	项目特征描述	计量单位	工程量
1					
2					
3					
4					
5					
6					

4. 学员工作任务作业单（四）

某住宅燃气工程施工图见图2.6.4～图2.6.6。

图纸设计说明:引入管采用无缝钢管,焊接连接;室内燃气管道,采用低压流体输送用镀锌焊接钢管,螺纹连接。燃气系统中的阀门采用内螺纹旋塞阀 X13F-1.0 型。燃气表采用 LML2 型民用燃气表,流量为 $3.0\ \mathrm{m^3/h}$。灶具选用自动点火双眼烤排燃气灶。

试编制其工程量清单(可以不包含管道工程),并确定每项综合单价。

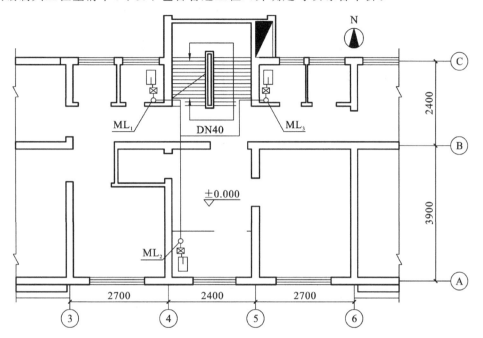

图 2.6.4 燃气 1 层平面

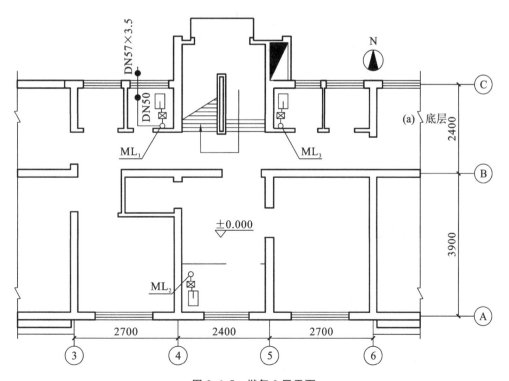

图 2.6.5 燃气 2 层平面

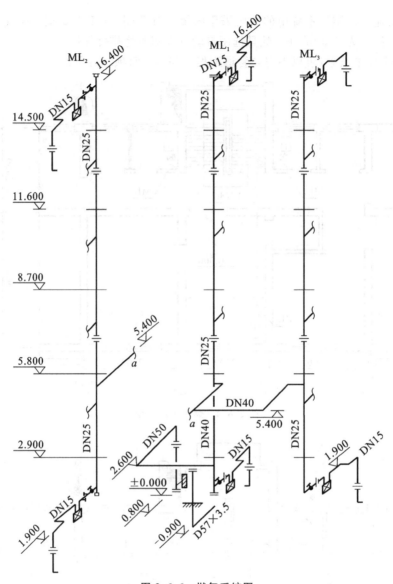

图 2.6.6 燃气系统图

任务 7 情境学习小结

本情境学习了燃气器具分部分项工程量清单及其综合单价的编制方法。

【知识目标】

了解燃气器具的种类,其相应的省定额子目的基本内容及适用范围,熟悉识图知识及有关安装图集。

【能力目标】

掌握燃气器具清单工程量计算、清单编制的方法,能进行分部分项工程综合单价计算,材料损耗量及其市场价格的确定,以及分部分项工程计价。

情境 3

电气设备安装工程 工程量计量与计价

【正常情境】

某建筑安装工程公司欲承接某大楼的施工建设任务,公司(或项目)负责人组织有关技术员工编制投标文件对该项目进行投标。拿到电气专业施工图纸和招标文件中的电气专业单位工程清单工程量后,首先应想到的是图纸描述是否有问题,清单工程量是否存在少算、多算以及漏项问题;其次是针对清单工程量,其相应的计价(定额)工程量应是多少;最后是公司的工料机消耗量定额和单价是多少。

【异常情境】

(1) 小区或办公楼等工程含有 10 kV 变、配电间,电气专业施工图纸中包含变、配电间分部分项工程,因此必须对它报价。

(2) 小区工程量很大,变、配电间若存在于每栋住宅之间,则必引入架空输电线路分部分项工程或埋地输电线路分部分项工程,这部分分部分项工程也作为电气专业施工图纸中的一部分,因此也必须对它报价。

(3) 若处于电气设备造价员岗位,但公司要求承担材料计划编制和对专业施工队施工成本核算的工作,该怎样开展工作?

【情境任务分析】

楼层电气设备配管、配线、控制与照明工程的造价编制。

子项目 *3.1* 电气配管配线计量与计价

任务 1 情境描述

本住宅楼共 6 层,每层高 3 m,一个单元内每层共 2 户,有 A、B 两种户型:A 户型为 4 室 1

厅,约 92 m²;B 户型为 3 室 1 厅,约 73 m²。单元内共用楼梯、楼道。

本电气照明工程提供了两张设计图纸:配电系统图(见图 3.1.1)和电气照明平面图(见图 3.1.2)。

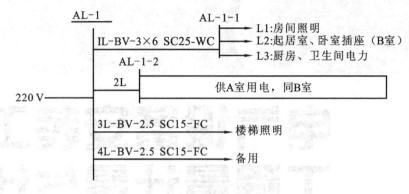

图 3.1.1 某住宅楼配电系统图

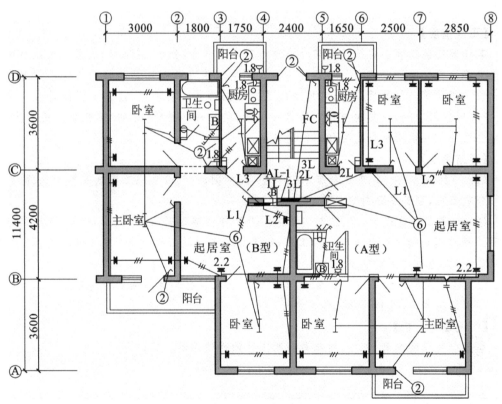

图 3.1.2 某住宅楼电气照明平面图

由图 3.1.1 和图 3.1.2 可知,每层住宅楼采用 220 V 单相三线系统供电。在楼道内设置一个配电箱 AL-1,安装高度为 1.8 m,配电箱有 4 路输出线。其中,1L 为 A 户供电,2L 为 B 户供电,导线均使用铜芯塑料绝缘线,3 根,截面积为 6 mm²,穿钢管敷设,管径为 25 mm,敷设方式为沿墙暗敷;3L 供楼梯照明,4L 为备用,3L、4L 的预算省略。配电箱采用 PZ30-04 型。

A 户、B 户在室内各安装一个配电箱 AL-1-1、AL-1-2,其安装高度为 1.8 m,均采用 3 路供电,其中 Ll 供各房间照明,L2 供起居室、卧室内的家用电器用电,L3 供厨房、卫生间用电。配电箱采用 PZ30-04 型。

房间内所有照明、插座管线均选用 2.5 mm² 的铜芯塑料绝缘线,穿线管使用 20 mm 管径的 PVC 硬质塑料管,敷设在现浇混凝土楼板内,竖直方向管线暗敷设在墙体内。

照明回路沿墙和楼顶板暗敷设,插座回路沿墙和楼地板暗敷设。

所有开关距地 1.4 m 安装,插座距地 0.4 m 安装。

任务 2　情境任务分析

由于情境描述中未给出电气配管、配线的分部分项清单工程量,因此要对上述任务设置清单项目和计算清单工程量;然后计算出计价工程量;最后再确定每一工程量清单项目的综合单价。

任务 3　知识——清单项目设置与工程量计算

1. 配管、配线安装工程量清单的设置

配管配线安装工程量清单设置见表 3.1.1,即《计价规范》中表 D.11(编码:030411)。

表 3.1.1　配管、配线(编码:030411)

项目编码	项目名称	项目特征	计量单位	工程量计算规则	工作内容
030411001	配管	①名称;②材质;③规格;④配置形式;⑤接地要求;⑥钢索材质、规格	m	按设计图示尺寸以长度计算	①电线管路敷设;②钢索架设(拉紧装置安装);③预留沟槽;④接地
030411002	线槽	①名称;②材质;③规格			①本体安装;②补刷(喷)油漆
030411003	桥架	①名称;②材质;③规格;④类型;⑤接地方式			①本体安装;②接地
030411004	配线	①名称;②配线形式;③型号;④规格;⑤配线部位;⑥配线线制;⑦钢索材质、规格		按设计图示尺寸以单线长度计算(含预留长度)	①配线;②钢索架设(拉紧装置安装);③支持体(夹板、绝缘子、槽板等)安装
030411005	接线箱	①名称;②材质;③规格;④安装形式	个	按设计图示数量计算	本体安装
030411006	接线盒				

补充项目的编码由代码 03 与 B 和 3 位阿拉伯数字组成,并应从 03B001 起顺序编号,同一

招标工程的项目不得重码,且工程量清单中需附有补充项目的名称、项目特征、计量单位、工程量计算规则、工程内容等。

2. 配管、配线安装工程量清单的编制

配管、配线安装工程量清单在编制时需注意以下几个方面。

(1) 配管、线槽安装不扣除管路中间的接线箱(盒)、灯头盒、开关盒所占长度。

(2) 配管名称指电线管、钢管、防爆管、塑料管、软管、波纹管等。

(3) 配管的配置形式指明配、暗配、吊顶内、钢结构支架、钢索配管、埋地敷设、水下敷设、砌筑沟内敷设等。

(4) 配线名称指管内穿线、瓷夹板配线、塑料夹板配线、绝缘子配线、槽板配线、塑料护套配线、线槽配线、车间带形母线等。

(5) 配线形式指照明线路,动力线路,木结构,顶棚内,砖、混凝土结构,沿支架、钢索、屋架、梁、柱、墙,以及跨屋架、梁、柱。

(6) 配线保护管遇到下列情况时,应增设管路接线盒和拉线盒。

① 管长度超过 30 m 无弯曲;

② 管长度超过 20 m 有 1 个弯曲;

③ 管长度超过 15 m 有 2 个弯曲;

④ 管长度超过 8 m 有 3 个弯曲。

(7) 垂直敷设的电线保护管遇到下列情况时,应增设固定导线用的拉线盒。

① 管内导线截面积为 50 mm² 及以下,长度每超过 30 m;

② 管内导线截面积为 70~95 mm²,长度每超过 20 m;

③ 管内导线截面积为 120~240 mm²,长度每超过 18 m。

在配管清单项目计量时,设计无要求时上述规定可以作为计量接线盒、拉线盒的依据。

3. 配线预留长度

灯具、明暗开关、插座、按钮等的预留线,分别综合在有关子目内,计算工程量时,不另计预留线长度,接线盒位置也不扣减。但配线进入开关箱、柜、板的预留线,按规定预留长度,分别计入相应的工程量内。

4. 桥架知识

桥架是支撑和安放电缆的支架。桥架在工程上普遍使用,只要铺设电缆就需要使用桥架,因此桥架是布线工程的一个配套项目。桥架从结构上可分为槽式、托盘式、梯架式、网格式等(见图 3.1.3),由支架、托臂和安装部件等组成;从用材上可分为喷塑钢质、不锈钢、铝合金、玻璃钢等。

槽式桥架是一种全封闭型电缆桥架,适用于敷设计算机电缆、通信电缆、热电偶电缆及其他高灵敏系统的控制电缆等。槽式桥架对控制电缆的屏蔽干扰性和重腐蚀环境中对电缆的防护都有较好的效果。槽式桥架安装示意如图 3.1.4 所示。

托盘式桥架是在石油、化工、轻工、电讯等方面应用最广泛的一种桥架。

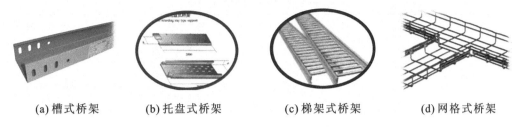

(a) 槽式桥架   (b) 托盘式桥架   (c) 梯架式桥架   (d) 网格式桥架

图 3.1.3　桥架外形图

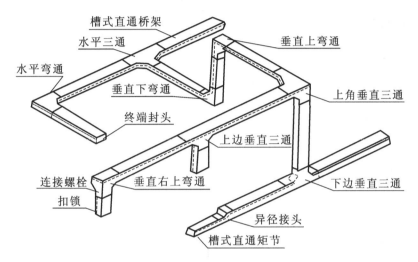

图 3.1.4　槽式桥架安装示意图

《电控配电用电缆桥架》(JB/T 10216—2013)中规定桥架型号如图 3.1.5 所示,桥架主结构材质及代号见表 3.1.2、桥架结构特征代号见表 3.1.3、电缆桥架防护类型和环境条件等级见表3.1.4 和桥架结构特征代号见表 3.1.5。

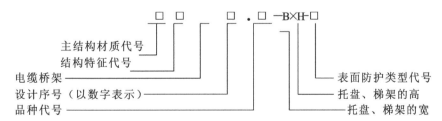

注:钢制桥架系列代号简称GQ;耐火桥架系列代号简称GQ(N);玻璃钢制桥架系列代号简称BQ;铝制桥架系列代号简称LQ。

图 3.1.5　桥架型号

表 3.1.2　桥架主结构材质及代号

材质	钢制	铝制	玻璃钢	其他
代号	G	L	B	—

表3.1.3　桥架结构特征代号

名　称	代　号	名　称	代　号
无孔托盘	C	双边无孔托盘	DC
有孔托盘	P	双边有孔托盘	DP
梯架	T	双边梯架	DT
组装式托盘	Z	其他	—

表3.1.4　电缆桥架防护类型和环境条件等级

防护类别	代　号	环境条件等级
普通型	J	垂直四通
湿热型	TH	垂直下弯通
防中等腐蚀型	F1	垂直下三通
防强腐蚀型	F2	变径直通
户外型	W	非标
耐火型	N1、N2、N3	消防线路中

表3.1.5　桥架结构特征代号

名　称	代　号	名　称	代　号
直线段	A	垂直四通	G
水平弯通	B	垂直下弯通	H
水平三通	C	垂直下三通	J
水平四通	D	变径直通	K
垂直上弯通	E	非标	—
垂直上三通	F		

任务 4　知识——安装计价定额

1. 计价说明

配管工程均未包括接线箱、盒及支架的制作、安装。

钢索架设及拉紧装置的制作、安装,插接式母线槽支架的制作,槽架的制作及配管支架的制作应执行铁构件制作定额。

桥架安装包括桥架运输、组对、吊装、固定,弯通或三、四通修改、制作组对,切割口防腐,桥架开孔,管件及隔板安装,盖板安装,接地,附件安装等工作内容。

桥架支撑架定额适用于立柱、托臂及其他各种支撑架的安装,此定额已综合考虑了螺栓、焊接和膨胀螺栓三种固定方式,实际施工中,不论采用何种固定方式,定额均不做调整。

玻璃钢梯式桥架定额和铝合金梯式桥架定额均按不带盖考虑,如这两种桥架带盖,则分别执行玻璃钢槽式桥架定额和铝合金槽式桥架定额。

钢制桥架的主结构的设计厚度大于 3 mm 时,定额人工、机械乘以系数1.2。

不锈钢桥架按钢制桥架定额乘以系数1.1执行。

2. 计价工程量计算规则

各种配管应区别不同敷设方式、敷设位置、管材材质、规格,以"延长米"为计量单位,不扣除管路中间的接线箱(盒)、灯头盒、开关盒所占长度。

定额中未包括钢索架设及拉紧装置、接线箱(盒)、支架的制作、安装项目,其工程量应另行计算。

管内穿线的工程量,应区别线路性质、导线材质、导线截面积,以单线"延长米"为计量单位计算。线路分支接头线的长度已综合考虑在定额中,不得另行计算。照明线路中的导线截面积大于或等于 6 mm^2 时,应按动力线路穿线的相应项目执行。

线夹配线工程量,应区别线夹材质(塑料、瓷质)、线式(两线、三线)、敷设位置(木、砖、混凝土)以及导线规格,以线路"延长米"为计量单位计算。

绝缘子配线工程量,应区别绝缘子形式(针式、鼓式、蝶式)、绝缘子配线位置(沿屋架、梁、柱、墙,跨屋架、梁、柱,木结构,顶棚,砖、混凝土结构,沿钢支架及钢索)、导线截面积,以线路"延长米"为计量单位计算。绝缘子暗配时,引下线长度按线路支持点至天棚下缘的长度计算。

槽板配线工程量,应区别槽板材质(木质、塑料)、配线位置(木结构、砖、混凝土)、导线截面积、线式(二线、三线),以线路"延长米"为计量单位计算。

塑料护套线明敷工程量,应区别导线截面积、导线芯数(二芯、三芯)、敷设位置(木、砖、混凝土、铅钢索),以单线"延长米"为计量单位计算。

线槽配线工程量,应区别导线截面积,以单线"延长米"为计量单位计算;若为多芯导线,采用二芯导线时,按相应截面定额子目基价乘以系数1.2;采用四芯导线时,按相应截面定额子目基价乘以系数1.4;采用八芯导线时,按相应截面定额子目基价乘以系数1.8;采用十六芯导线时,按相应截面定额子目基价乘以系数2.1。

钢索架设工程量,应区别圆钢、钢索直径(φ6、φ9),按距墙(柱)内缘距离,以"延长米"为计量单位计算,不扣除拉紧装置所占长度。

母线拉紧装置及钢索拉紧装置制作安装工程量,应区别母线截面积、花篮螺栓型号(M12、M16、M18),以"套"为计量单位计算。

车间带形母线安装工程量,应区别母线材质(铝、钢)、母线截面积、安装位置(沿屋架、梁、柱、墙,跨屋架、梁、柱)以"延长米"为计量单位计算。

动力配管混凝土地面刨沟工程量,应区别管径,以"延长米"为计量单位计算。

接线箱安装工程量,应区别安装形式(明装、暗装)、接线盒半周长,以"个"为计量单位计算。

接线盒安装工程量,应区别安装形式(明装、暗装、钢索上)、接线盒类型,以"个"为计量单位计算。

灯具,明、暗开关,插座,按钮等的预留线,已分别综合在相应定额内,不另行计算。

配线进入开关箱、柜、板的预留线,按规定的长度分别计入相应的工程量。

桥架安装,按桥架中心线长度,以"10 m"为计量单位计算。

3. 电缆桥架的重量换算

在《江苏省安装工程计价定额》(2014 年)中,桥架安装是按桥架中心线长度,以"10 m"为计量单位计算的。但进行安装工程施工图预算时,厂家是以"吨"报价的,带盖板的槽式桥架长度与重量之间的关系按下式计算。

$$重量＝2×(边长＋高)×板厚×7.9$$

注:板厚 300 mm 以下按 2.0 mm 计算(近似值);

板厚 300～500 mm 按 2.5 mm 计算;

板厚 600 mm 以上按 3.0 mm 计算;

本式不适用于梯架式桥架及不带盖板的托盘式桥架。

电缆桥架的单位长度与重量换算表见表 3.1.6,表内数据仅供在设计资料不全时作为编制电缆桥架安装工程量清单的参考数据,不作为主材成品订货和结算的依据。电缆桥架的成品数量应按设计量或实际数量结算。重量误差小于 5% 的可以不调整。电缆桥架重量包括弯通、三通和联接部件等综合平均每米长的桥架重量。

桥架一般用型钢、托臂和吊架作支撑架,其间距一般为 1.5～2.0 m。具体的支撑架形式和数量按设计图纸计算,但投标报价时可以参考表 3.1.7 和表 3.1.8 快速计算型钢、托臂和吊架的重量。

表 3.1.6 电缆桥架的单位长度与重量换算表

序号	规格	单位	桥架重量/(kg/m)			
			梯级式	托盘式	槽合式	组合式
1	100×50	m	—	—	6.00	2.00
2	150×75	m	5.00	6.00	8.00	3.00
3	200×60	m	6.00	7.50	—	3.50
4	200×100	m	7.50	9.00	12.00	—
5	300×60	m	6.50	10.00	—	—
6	300×100	m	8.00	11.50	—	—
7	300×150	m	10.50	13.00	17.00	—
8	400×600	m	9.00	12.50	—	—
9	400×100	m	10.50	14.50	—	—
10	400×150	m	13.00	17.00	22.00	—
11	400×200	m			25.00	
12	500×60	m	11.00	15.00	—	—
13	500×100	m	12.50	17.00	—	—
14	500×150	m	14.50	20.00	—	—
15	500×200	m			30.00	

续表

序号	规　格	单　位	桥架重量/(kg/m)			
			梯级式	托盘式	槽合式	组合式
16	600×60	m	12.50	18.00	—	—
17	600×100	m	14.00	20.00	—	—
18	600×150	m	16.00	23.00	—	—
19	600×200	m	—	—	35.00	—
20	800×100	m	16.00	26.00	—	—
21	800×150	m	18.00	29.00	—	—
22	800×200	m	—	—	43.00	—

表 3.1.7　立柱及托臂(包括底座重量)重量表

立　柱				托　臂		
规　格	单位	重量/(kg/件)		规　格	单位	重量/(kg/件)
		一般	轻型			
工字形 h=100	m	15.70	10.39	臂长150	件	1.21
丁字形 h=100	m	14.50	9.12	臂长200	件	1.42
槽钢型 6#	m	10.13	8.54	臂长300	件	1.94
槽钢型 8#	m	11.54	—	臂长400	件	2.43
槽钢型 10#	m	13.50	—	臂长500	件	2.92
角钢型 60	m	9.02	6.38	臂长600	件	3.41
角钢型 75	m	12.43	—	臂长700	件	3.90
—	—	—	—	臂长800	件	4.40

4. 金属电线导管

在建筑工程中金属导管按管壁厚度分为厚壁(镀锌钢管、黑铁钢)导管和薄壁导管;按钢管成型工艺分为焊接钢管和无缝钢管。厚壁导管一般用套丝连接;薄壁导管一般用紧定式或压接式连接;在等电位接地方面,除了紧定式连接不需做接地处理之外,其他方式均需用铜芯软线做跨接接地。

导线管(图纸中标为MT)是薄壁钢导管,管内外壁刷黑漆防锈蚀。直管之间采用套接,如图3.1.6所示。

SC 管(定额中的焊接钢管)是规范中的焊管钢管(黑铁管),属厚壁导管,壁厚通常不小于3 mm。一般在墙内、顶板内暗敷设,施工前管内要做防腐处理。SC 管是一种金属焊接管,由于施工难度较大,所以现在只在管径大于或等于50 mm时才使用,小于50 mm的一般用 JDG 管或 KBG 管代替。

JDG 管是套接紧定式双面薄壁镀锌钢导管,连接套管及其金属附件采用螺钉紧定连接技术,不需做跨接接地。JDG 管是目前最常用的金属电线导管,其附件见图3.1.7。

表 3.1.8　桥架用的吊架重量速查表

桥架底板距顶高度

序号	桥架规格 宽/mm	高/mm	500 支架	500 吊杆	730 支架	730 吊杆	800 支架	800 吊杆	1000 支架	1000 吊杆	1200 支架	1200 吊杆	1300 支架	1300 吊杆	1400 支架	1400 吊杆	1500 支架	1500 吊杆	1600 支架	1600 吊杆	1800 支架	1800 吊杆	2000 支架	2000 吊杆	支架/吊杆
1	100	50	0.36	0.45	0.36	0.36	0.36	0.72	0.36	0.90	0.36	1.09	0.36	1.18	0.36	1.27	0.36	1.36	0.36	1.45	0.36	1.63	0.36	1.81	∟40×40×4/φ10
2	100	100	0.36	0.45	0.36	0.66	0.36	0.72	0.36	0.90	0.36	1.09	0.36	1.18	0.36	1.27	0.36	1.36	0.36	1.45	0.36	1.63	0.36	1.81	∟40×40×4/φ10
3	150	50	0.44	0.45	0.44	0.66	0.44	0.72	0.44	0.90	0.44	1.09	0.44	1.18	0.44	1.27	0.44	1.36	0.44	1.45	0.44	1.63	0.44	1.81	∟40×40×4/φ10
4	200	100	0.53	0.45	0.53	0.66	0.53	0.72	0.53	0.90	0.53	1.09	0.53	1.18	0.53	1.27	0.53	1.36	0.53	1.45	0.53	1.63	0.53	1.81	∟40×40×4/φ10
5	300	100	0.65	0.65	0.65	0.95	0.65	1.04	0.65	1.30	0.65	1.56	0.65	1.69	0.65	1.82	0.65	1.95	0.65	2.08	0.65	2.34	0.65	2.60	∟40×40×4/φ10
6	300	150	0.71	0.65	0.71	0.95	0.71	1.04	0.71	1.30	0.71	1.56	0.71	1.69	0.71	1.82	0.71	1.95	0.71	2.08	0.71	2.34	0.71	2.60	∟40×40×4/φ10
7	400	100	0.81	0.65	0.81	0.95	0.81	1.04	0.81	1.30	0.81	1.56	0.81	1.69	0.81	1.82	0.81	1.95	0.81	2.08	0.81	2.34	0.81	2.60	∟40×40×4/φ10
8	400	150	0.89	0.65	0.89	0.95	0.89	1.04	0.89	1.30	0.89	1.56	0.89	1.69	0.89	1.82	0.89	1.95	0.89	2.08	0.89	2.34	0.89	2.60	∟40×40×4/φ10
9	400	200	0.89	0.65	0.89	0.86	0.89	1.04	0.89	1.30	0.89	1.56	0.89	1.69	0.89	1.82	0.89	1.95	0.89	2.08	0.89	2.34	0.89	2.60	∟40×40×4/φ10
10	500	100	0.89	0.65	0.89	0.95	0.89	1.04	0.89	1.30	0.89	1.56	0.89	1.69	0.89	1.82	0.89	1.95	0.89	2.08	0.89	2.34	0.89	2.60	∟40×40×4/φ10
11	600	100	1.24	0.65	1.24	0.95	1.24	1.04	1.24	1.30	1.24	1.56	1.24	1.69	1.24	1.82	1.24	1.95	1.24	2.08	1.24	2.34	1.24	2.60	∟40×40×4/φ10
12	600	150	1.24	0.65	1.24	0.95	1.24	1.04	1.24	1.30	1.24	1.56	1.24	1.69	1.24	1.82	1.24	1.95	1.24	2.08	1.24	2.34	1.24	2.60	∟40×40×4/φ10
13	600	200	1.24	0.65	1.24	0.95	1.24	1.04	1.24	1.30	1.24	1.56	1.24	1.69	1.24	1.82	1.24	1.95	1.24	2.08	1.24	2.34	1.24	2.60	∟40×40×4/φ10
14	800	100	2.49	1.78	2.49	2.59	2.49	2.84	2.49	3.55	2.49	4.26	2.49	4.62	2.49	4.97	2.49	5.32	2.49	5.68	2.49	6.39	2.49	7.10	∟50×50×5/∟40×40×4
15	800	150	2.49	1.78	2.49	2.59	2.49	2.84	2.49	3.55	2.49	4.26	2.49	4.62	2.49	4.97	2.49	5.32	2.49	5.68	2.49	6.39	2.49	7.10	∟50×50×5/∟40×40×4

续表

序号	桥架规格 宽mm	桥架规格 高mm	500 支架	500 吊杆	730 支架	730 吊杆	800 支架	800 吊杆	1 000 支架	1 000 吊杆	1 200 支架	1 200 吊杆	1 300 支架	1 300 吊杆	1 400 支架	1 400 吊杆	1 500 支架	1 500 吊杆	1 600 支架	1 600 吊杆	1 800 支架	1 800 吊杆	2 000 支架	2 000 吊杆	支架/吊杆
16	800	200	2.49	1.78	2.49	2.59	2.49	2.84	2.49	3.55	2.49	4.26	2.49	4.62	2.49	4.97	2.49	4.62	2.49	5.68	2.49	6.39	2.49	7.10	∟50×50×5/ ∟40×40×4
17	1000	100	3.04	1.78	3.04	2.59	3.04	2.84	3.04	3.55	3.04	4.26	3.04	4.62	3.04	4.97	3.04	4.62	3.04	5.68	3.04	6.39	3.04	7.10	∟50×50×5/ ∟40×40×4
18	1000	150	3.04	1.78	3.04	2.59	3.04	2.84	3.04	3.55	3.04	4.26	3.04	4.62	3.04	4.97	3.04	4.62	3.04	5.68	3.04	6.39	3.04	7.10	∟50×50×5/ ∟40×40×4
19	1000	200	3.04	1.78	3.04	2.59	3.04	2.84	3.04	3.55	3.04	4.26	3.04	4.62	3.04	4.97	3.04	4.62	3.04	5.68	3.04	6.39	3.04	7.10	∟50×50×5/ ∟40×40×4
20	1200	100	3.59	1.78	3.59	2.59	3.59	2.84	3.59	3.55	3.59	4.26	3.59	4.62	3.59	4.97	3.59	4.62	3.59	5.68	3.59	6.39	3.59	7.10	∟50×50×5/ ∟40×40×4
21	1200	150	3.95	1.78	3.95	2.59	3.95	2.84	3.95	3.55	3.95	4.26	3.95	4.62	3.95	4.97	3.95	4.62	3.95	5.68	3.95	6.39	3.95	7.10	∟50×50×5/ ∟40×40×4
22	1200	200	3.95	1.78	3.95	2.59	3.95	2.84	3.95	3.55	3.95	4.26	3.95	4.62	3.95	4.97	3.95	4.62	3.95	5.68	3.95	6.39	3.95	7.10	∟50×50×5/ ∟40×40×4

（桥架底板距顶高度，单位：mm）

图 3.1.6 导线管

图 3.1.7 JDG 管附件

KBG 管是扣压式双面镀锌薄壁电线管,其连接是用扣压钳子,将管道和管件压出小坑使之紧密连接。成品外径分为 16 mm、20 mm、25 mm、32 mm、40 mm、50 mm,壁厚为 1.2 mm,标准长度为 4 000 mm。其附件见图 3.1.8。

(a)直管对接头附件　　　　　　　　(b)盒接接头附件

图 3.1.8 KBG 管附件

金属软管是包塑金属软管,一般用于设备末端,柔软性比较好,一般规定用于动力工程时其软管长度不超过 0.8 m,照明工程中软管长度不超过 1.2 m,见图 3.1.9。

防爆钢管是用高强度材料做成钢管,其壁体较厚,管内外壁需要镀锌。防爆钢管应具有防爆标签、防爆合格证,常见的是 EX 防爆型。

可挠(金属)电线保护套管,见图 3.1.10,分为三类,基本型(KZ)的材质为外层采用热镀锌钢带绕制而成,内壁采用特殊绝缘树脂层;防水型(KV)在基本型基础上外包塑软质聚氯乙烯;阻燃型(KVZ)在基本型基础上外包覆软质阻燃聚氯乙烯,用作电线、电缆、自动化仪表信号的电线、电缆保护管,规格从3 mm到130 mm。超小口径金属电线保护套管(内径 3～25 mm)主要用于精密光学尺的传感线路保护。

图 3.1.9 包塑金属软管

图 3.1.10 可挠电线保护套管

任务 5　任务示范操作

1. 配管工程量手工计算

1）钢管的敷设

由层配电箱 AL-1 至 B 户配电箱 AL-1-1：其敷设钢管的长度为(1.2＋1＋1.2)m＝3.4m。

由层配电箱 AL-1 至 A 户配电箱 AL-1-2：其敷设钢管的长度为(1.2＋3.13＋1.2)m＝5.53 m。

每层敷设钢管长度：(3.4＋5.53)m＝8.93 m。

工程共六层，敷设钢管长度总和为 8.93×6 m＝53.58 m，再加上从底层层配电箱到六层层配电箱的竖直配管长度 3×5 m＝15 m，共计 68.58 m。

2）PVC 管的敷设

B 户型，对于 L1 回路，配管长度为(开关箱至楼板顶的 1.2 m)＋(开关箱至起居室 6 号吊灯开关的 0.44 m)＋(起居室 6 号吊灯开关至 6 号吊灯的 1.55 m)＋(6 号吊灯至次卧室荧光灯的 3.55 m)＋(次卧室荧光灯至开关的 1.55 m)＋(6 号吊灯至主卧室荧光灯的 3.89 m)＋(主卧室荧光灯到开关的 1.33 m)＋(主卧室荧光灯至阳台灯开关的 2.22 m)＋(阳台灯开关至阳台灯的 0.89 m)＋(主卧室荧光灯至次卧室荧光灯的 3.66 m)＋(次卧室荧光灯至次卧室荧光灯开关的 1.33 m)＋(次卧室荧光灯至 2 号灯的 2.55 m)＋(2 号灯至开关的 0.56 m)＋(2 号灯至厨房灯的 2 m)＋(厨房灯至开关的 1.67 m)＋(厨房灯至阳台 2 号灯开关的 1.67 m)＋(厨房阳台 2 号灯开关至 2 号灯的1.33 m)＋(8 只灯，由房顶楼板至开关的配管 1.6 m×8)，共计 44.19 m。

同理，对于 L2 回路，配管长度为 33.42 m。

对于 L3 回路，配管长度为 11.53 m。

A 户型，对于 L1 回路，配管长度为(1.2＋2.78＋4＋3.89＋1.67＋3.66＋1.78＋2.22＋1.34＋3.89＋1.67＋2.78＋1.67＋2＋1.67＋1.67＋1.11＋1.6×8)m＝51.80 m。

对于 L2 回路，配管长度为(1.8＋3.63＋4.2＋3.6＋2＋7.22＋3＋1.33＋3.11＋7＋1.8×1＋0.4×12)m＝43.49 m。

对于 L3 回路，配管长度为(1.8＋3.6＋2＋2＋1.44＋1.8×2＋1×1＋0.4×2)m＝16.24 m。

小计六层 PVC 管敷设长度为(44.19＋33.42＋11.53＋51.8＋43.49＋16.24)×6 m＝1 204.02 m。

2. 配线工程量手工计算

1）6 mm² 铜芯塑料绝缘线的长度计算

钢管内穿 6 mm² 铜芯塑料绝缘线，每回路管内有 3 根线，长度为：68.58×3 m＝205.74 m。

查 PZ30-04 配电箱暗装箱体尺寸为 140 mm×125 mm×80 mm。

配电箱 AL-1 至配电箱 AL-1-2、AL-1-1 配线预留长度为：(0.14＋0.125)×2(边)×2(户)×3(根)×6(层)m＝19.08 m。

6 层楼道配电箱 AL-1 间的配线预留长度为(0.14＋0.125)×2(边)×3(根)×5(层)m＝7.95 m。

6 mm² 铜芯塑料绝缘线总计为(205.74＋19.08＋7.95)m＝232.77 m。

2) PVC 管内穿 2.5 mm² 铜芯塑料绝缘线计算

B 户型:L1 回路为照明回路,除起居室 6 号吊灯开关水平至 6 号吊灯为 3 根线外,其余为 2 根线,所需长度为:(44.19×2＋1.55)m＝89.93 m。L2 和 L3 回路为插座回路,都为 3 根线,所需长度为:(33.42×3＋11.53×3)m＝(100.26＋34.59)m＝134.85 m。

A 户型:L1 回路为照明回路,都为 2 根线,所需长度为 51.8×2 m＝103.6 m。L2 和 L3 回路为插座回路,都为 3 根线,所需长度为(43.49×3＋16.24×3)m＝(130.47＋48.72)m＝179.19 m。

小计 2.5 mm² 铜芯塑料绝缘线总长为(89.93＋100.26＋34.59＋103.6＋130.47＋48.72)× 6 m＝507.57×6 m＝3 045.42 m。

L1 回路至配电箱 AL-1-2、AL-1-1 配线预留长度为(0.14＋0.125)×2(根)×2(户)×6(层)m＝ 6.36 m。

L2、L3 回路至配电箱 AL-1-2、AL-1-1 配线预留长度为(0.14＋0.125)×3(根)×2(回路)× 2(户)×6(层)m＝19.08 m。

2.5 mm² 铜芯塑料绝缘线总计为(3045.42＋6.36＋19.08)m＝3 070.86 m。

3. 接线盒的安装工程量手工计算

1) B 户型

L1 回路:有接线盒 7 个,开关盒 8 个,计 15 个接线盒。

L2 回路:有 13 个接线盒。

L3 回路:有 6 个接线盒。

2) A 户型

L1 回路:有接线盒 4 个,开关盒 8 个,计 12 个接线盒。

L2 回路:有 12 个接线盒。

L3 回路:有 9 个接线盒。

六层接线盒小计为(15＋13＋6＋12＋12＋9)×6 个＝402 个(其中 108 个为开关盒)。

4. 配管配线工程量清单设置

配管配线工程量清单设置见表 3.1.9。

表 3.1.9 配管配线分部分项工程量清单

序号	项目编码	项目名称	项目特征描述	计量单位	工 程 量
1	030411001001	配管	电线管;钢管;DN25;墙内暗敷	m	68.58
2	030411001002	配管	电线管;PVC;DN20;墙板内暗敷	m	1 204.02
3	030411004001	配线	BV;6 mm²;钢管穿线	m	232.77
4	030411004002	配线	BV;2.5 mm²;PVC 管穿线	m	3 070.86
5	030411006001	接线箱	开关盒;PVC;86 系列;墙板内暗敷	个	108
6	030411006002	接线盒	接线盒;PVC;86 系列;墙板内暗敷	个	294

5. 清单项目综合单价确定

假定本工程为三类工程,二类工工资为 74 元/工日,DN25 钢管的单价为 23.7 元/m,则 030411001001 的综合单价分析见表 3.1.10。

表 3.1.10 (030411001001)工程量清单综合单价分析表

项目编码	030411001001	项目名称		配管		计量单位			m
清单综合单价组成明细									
定额编号	定额名称	定额单位	数量	单价/元				合价/元	
				人工费	材料费	机械费	管理费和利润	人工费	材料费	机械费	管理费和利润
4-1142	钢管暗配	100 m	0.01	581.64	166.54	26.68	308.27	5.82	1.67	0.27	3.08
人工单价		小 计						5.82	1.67	0.27	3.08
74 元/工日		未计价材料费						24.41			
清单项目综合单价								35.24			
材料费明细		主要材料名称、规格、型号		单位	数量	单价/元	合价/元	暂估单价/元	暂估合价/元
		DN25 焊接钢管		m	1.03	23.7	24.41		
		其他材料费				—	1.67		
		材料费小计				—	26.08	—	

任务 6 学员工作任务作业单

1. 学员工作任务作业单(一)

假定本工程为二类工程,二类工工资为 74 元/工日,PVC 管 DN20 的单价为 2.25 元/m,PZ30-04的单价为 30 元/个,6 mm² BV 线的单价为 4.95 元/m,2.5 mm² BV 线的单价为 2.25 元/m,PVC 线盒的单价为 2 元/个,将表 3.1.10 中其他五项的综合单价分析分别填入表 3.1.11。

表 3.1.11 ( )工程量清单综合单价分析表

工程名称: 标段: 第 页共 页

项目编码				项目名称				计量单位			
清单综合单价组成明细											
定额编号	定额名称	定额单位	数量	单价/元				合价/元			
				人工费	材料费	机械费	管理费和利润	人工费	材料费	机械费	管理费和利润

续表

项目编码		项目名称		计量单位			
人工单价		小　　计					
74 元/工日		未计价材料费					
		清单项目综合单价					
材料费明细		主要材料名称、规格、型号	单位	数量	单价/元	合价/元	暂估单价/元	暂估合价/元
		其他材料费			—		—
		材料费小计			—		—

2. 学员工作任务作业单(二)

图 3.1.11 为某工程电气照明平面图,三相四线制。该建筑物层高 3.44 m,成套配电箱 M1 的规格为 500 mm×300 mm,距地高度 1.5 m,线管为 PVC 管和 VG15 硬质塑料管,暗敷设,开关距地 1.5 m。试计算接线盒和配管配线工程量,编制工程量清单并计算其综合单价(结果填入表 3.1.12)。

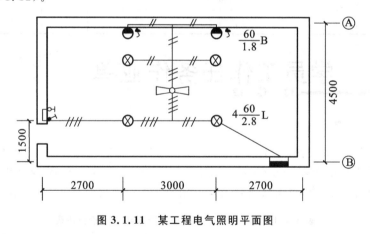

图 3.1.11　某工程电气照明平面图

表 3.1.12　分部分项工程量清单与计价表

序号	项目编码	项目名称	项目特征描述	计量单位	工程量	金　额/元		
						综合单价	合价	其中:暂估价

续表

序号	项目编码	项目名称	项目特征描述	计量单位	工程量	金额/元		
						综合单价	合价	其中:暂估价
			本页小计					

3. 学员工作任务作业单(三)

某工程使用 400 mm×150 mm 钢制镀锌电缆桥架并用吊架安装。已知层高 3.3 m,桥架安装高度为 2.55 m,桥架安装长度为 50 m。计算电缆桥架支撑架的重量,编制工程量清单并计算其综合单价(如果桥架支撑架使用托臂,其综合单价又是怎样的?)将桥架安装工程量清单填入表 3.1.13。

表 3.1.13　桥架安装分部分项工程量清单

序号	项目编码	项目名称	项目特征描述	计量单位	工程量
1					

4. 学员工作任务作业单(四)

南京某学校宿舍楼电气照明工程,宿舍楼层高 3.9 m,所有开关距地 1.4 m 安装,空调插座距地 1.8 m 安装,其他插座距地 0.3 m 安装。配电箱 M0 尺寸为 500 mm(L)×800 mm(H)、M1~M4 尺寸为 300 mm(L)×500 mm(H)、MX1~MX8 尺寸为 300 mm(L)×200 mm(H),计算其配管配线清单工程量。

任务 7　情境学习小结

本情境学习了电气配管配线分部分项工程量清单及其综合单价的编制方法,同时也介绍了桥架及其支撑物及其工程量计算方法。

【知识目标】

了解电线保护管、桥架与电线的种类,其相应的省定额子目的基本内容及适用范围,熟悉识图知识及有关安装图集。

【能力目标】

掌握电气配管(含桥架)与配线清单工程量计算、清单编制的方法,能进行分部分项工程综合单价计算,材料损耗量及其市场价格的确定,以及分部分项工程计价。

任务 8　情境学习拓展——桥架支撑架重量计算

1. 情境描述

某工程选用 300 mm×200 mm 的电缆钢制桥架,选用∟40mm×40mm×4 mm 的角钢作为桥架底部横担,φ12 圆钢为吊筋制作成吊架作为桥架支撑架。梁高 500 mm,在梁底 100 mm 下方安装总长为 15 m 的桥架,计算电缆桥架支撑架的重量、编制工程量清单并计算其综合单价。

2. 桥架支撑架重量计算

暂定每隔 1.5 m 设一个支撑架,所以支撑架个数为:15÷1.5 个＝10 个。

φ12 圆钢的长度为(0.1＋0.5＋0.2＋0.05)×2 m＝1.7 m。

(注:0.1 为距梁底高度,0.5 为梁高,0.2 为桥架高度,0.05 为吊杆下端套丝预留及调整水平高度,乘以 2 即两边都有圆钢。)

φ12 圆钢的重量为 10×0.888×1.7 kg＝15.096 kg。

(注:0.888 为 φ12 圆钢的理论重量。)

角钢∟40 mm×40 mm×4 mm 的长度为(0.3＋2×0.05＋2×0.15)m＝0.7 m。

(注:0.3 为桥架宽度,2×0.05 为两边各加 50 mm 富余量作钻孔装吊杆用,2×0.15 为与顶板固定时两边各加 150 mm 的富余量。)

角钢∟40 mm×40 mm×4 mm 的重量为 10×2.422×0.7 kg＝16.954 kg。

(注:2.422 为角钢∟40 mm×40 mm×4 mm 的理论重量。)

所以支撑架总重量为(15.096＋16.954)kg＝32.05 kg。

3. 工程量清单编制

桥架安装工程量清单见表 3.1.14。

表 3.1.14　桥架安装分部分项工程量清单

序号	项目编码	项目名称	项目特征描述	计量单位	工程量
1	030411003001	桥架	镀锌钢制电缆桥架;300 mm×200 mm;吊架支撑架重 32.05 kg	m	15

4. 综合单价计算

假定规格为 300 mm×200 mm×1.5 mm 的镀锌钢制电缆桥架单价为 262.82 元/m(含盖板),钢材价格为 3.33 元/kg,本工程为三类工程,二类工工资为 74 元/工日,则其综合单价分析见表 3.1.15。

表 3.1.15 （030411003001）工程量清单综合单价分析表

项目编码	030411001001	项目名称	配管	计量单位	15 m

清单综合单价组成明细

定额编号	定额名称	定额单位	数量	单价/元				合价/元			
				人工费	材料费	机械费	管理费和利润	人工费	材料费	机械费	管理费和利润
4-1307	钢管暗配	10 m	1.5	288.60	77.89	14.43	152.95	432.90	116.84	21.65	229.43
4-1355	桥架支撑架	100 kg	0.32	333.00	38.18	20.90	176.49	106.56	12.22	6.69	56.48
人工单价		小 计						591.85	174.11	53.00	494.16
74 元/工日		未计价材料费						4 068.8			
清单项目综合单价								5 051.55			
材料费明细	主要材料名称、规格、型号		单位	数量	单价/元	合价/元	暂估单价/元	暂估合价/元			
	桥架及盖板		m	15.075	262.82	3 962.01					
	支撑架		kg	32.07	3.33	106.79					
	其他材料费				—	174.11					
	材料费小计				—	4 242.91					

子项目 3.2 照明器具计量与计价

任务 1 情境描述

同子项目 3.1 中的情境描述。

任务 2 情境任务分析

由于情境描述中未给出照明器具的分部分项清单工程量,因此对上述任务首先要设置清单项目,其次要计算清单工程量,最后确定每一工程量清单项目综合单价。

任务 3 知识——清单项目设置与工程量计算

1. 配管、配线安装工程量清单设置

配管、配线安装工程量清单设置见表 3.2.1,即《计价规范》中表 D.12(编码:030411)。

表 3.2.1　配管、配线（编码：030412）

项目编码	项目名称	项目特征	计量单位	工程量计算规则	工作内容
030412001	普通灯具	①名称；②型号；③规格；④类型			本体安装
030412002	工厂灯	①名称；②型号；③规格；④安装形式			
030412003	高度标志（障碍）灯	①名称；②型号；③规格；④安装部位；⑤安装高度			
030412004	装饰灯	①名称；②材质；③规格；④安装形式			
030412005	荧光灯				
030412006	医疗专用灯	①名称；②型号；③规格			
030412007	一般路灯	①名称；②型号；③规格；④灯杆材质、规格；⑤灯架形式及臂长；⑥附件配置要求；⑦灯杆形式（单、双）；⑧基础形式、砂浆配合比；⑨杆座材质、规格；⑩接线端子材质、规格；⑪编号；⑫接地要求	套	按设计图示数量计算	①基础制作、安装；②立灯杆；③杆座安装；④灯架及灯具附件安装；⑤焊、压接线端子；⑥补刷（喷）油漆；⑦灯杆编号；⑧接地
030412008	中杆灯	①名称；②灯杆材质及高度；③灯架的型号、规格；④附件配置；⑤光源数量；⑥基础形式、浇筑材料；⑦杆座材质、规格；⑧接线端子材质、规格；⑨铁构件规格；⑩编号；⑪灌浆配合比；⑫接地要求			①基础浇筑；②立灯杆；③杆座安装；④灯架及灯具附件安装；⑤焊、压接线端子；⑥铁构件安装；⑦补刷（喷）油漆；⑧杆编号；⑨接地
030412009	高杆灯	①名称；②灯杆及高度；③灯架形式（成套或组装、固定或升降）；④附件配置；⑤光源数量；⑥基础形式、浇筑材料；⑦杆座材质、规格；⑧接线端子材质、规格；⑨铁构件规格；⑩编号；⑪灌浆配合比；⑫接地要求			①基础浇筑；②立灯杆；③杆座安装；④灯架及灯具附件安装；⑤焊、压接线端子；⑥铁构件安装；⑦补刷（喷）油漆；⑧杆编号；⑨升降接线测试；⑩接地
030412010	桥栏杆灯	①名称；②型号；③规格；④安装形式	套	按设计图示数量计算	①灯具安装；②补刷（喷）油漆
030412011	地道涵洞灯				

2. 照明器具工程量清单编制

普通灯具包括圆球吸顶灯、半圆球吸顶灯、方形吸顶灯、软线吊灯、座灯头、吊链灯、防水吊灯、壁灯等。

工厂灯包括工厂罩灯、防水灯、防尘灯、碘钨灯、投光灯、泛光灯、混光灯、密闭灯等。

高度标志(障碍)灯包括烟囱标志灯、高塔标志灯、高层建筑屋顶障碍指示灯等。

装饰灯包括吊式艺术装饰灯、吸顶式艺术装饰灯、荧光艺术装饰灯、几何形状组合艺术装饰灯、标志灯、诱导装饰灯、水下(上)艺术装饰灯、点光源艺术灯、歌舞厅灯具、草坪灯具等。

医疗专用灯包括病房指示灯、病房暗脚灯、紫外线杀菌灯、无影灯等。

中杆灯是指安装在高度小于或等于 19 m 的灯杆上的照明器具。

高杆灯是指安装在高度大于 19 m 的灯杆上的照明器具。

3. 照明器具补充说明

照明器具及其开关预留线已综合在定额中。

中杆灯、高杆灯、桥栏杆灯和地道涵洞灯属于市政范畴,这里不做相应介绍。

高压汞灯(水银灯)有自镇流式和外镇流式两种。自镇流式是利用钨丝绕在石英管的外面做镇流器;外镇流式是将镇流器直接接在线路上。高压汞灯也属于冷光源,是通过涂有荧光粉的玻璃泡内的高压汞气放电发光的。高压汞灯广泛用于车间、码头、广场等场所。

卤化物灯是在高压汞灯的基础上为改善光色而制作的一种新型电光源,具有光色好、发光效率高的特点,如果选择不同的卤化物就可以得到不同的光色。

高压钠灯可利用高压钠蒸气放电而发出金色的白光,其辐射光的波长集中在人眼感受较灵敏部位,特点是光线比较柔和,发光效率好。

氙灯("小太阳")是一种弧光放电灯,有长弧氙灯和短弧氙灯。长弧氙灯是圆柱形石英灯管,短弧氙灯是球形石英灯管。氙灯灯管内两端有钍钨电极,并充有氙气,这种灯具有功率大、光色白、亮度高等特点,被喻为"小太阳",广泛用于建筑工地、车站机场、摄影场所等。

碘钨灯是一种热光源,灯管内充入适量的碘,高温下蒸发出的钨分子和碘分子可化合成碘化钨,碘化钨游离到灯丝时又被分解为碘和钨,如此循环往复,使灯丝温度上升发出耀眼的光。碘钨灯的特点是体积小、光色好、寿命长,但启动电流较大(为工作电流的 5 倍)。这种灯主要用在工厂车间、会场和广告箱中。

4. 壁灯安装顺序与电气照明符号

安装壁灯时,先根据灯具的外形选择合适的木台或灯具底托把灯具摆放在上面,四周留出的余量要对称,然后用电钻在木台上开好出线孔和安装孔,在灯具的底板上也开好安装孔,将灯具的灯头线从木台的出线孔中甩出并在墙壁上的灯头盒内接头,将接头包扎严密后塞入灯头盒内。把木台对正灯头盒,使其贴紧墙面,用机螺钉将木台直接固定在灯头盒上。调整木台或灯具底托使其平正不歪斜,再用机螺钉将灯具拧在木台或灯具底托上,最后配好灯泡、灯伞或灯罩。安装在室外的壁灯,其台板或灯具底托与墙面之间应加防水胶垫,并应打好泄水孔。

电气照明符号图例见表 3.2.2。

表 3.2.2　电气照明符号图例表

符号	名称	符号	名称	符号	名称
⊗	普 通 灯	▤	三管荧光灯	⬚	按 钮 盒
⊙	防水防尘灯	▭	安全出口指示灯	▼	带接地插孔暗装单相插座
○	隔爆灯	⊠	自带电源事故照明灯	▼	带接地插孔暗装三相插座
⊖	壁灯	▼	天棚灯	⊻	暗装单相插座
⊞	嵌入式方格栅吸顶灯	●	球形灯	Y	单相插座
⨯	墙上座灯	⤴	明装单极开关	Y	带保护接点插座
▭	单相疏散指示灯	⤴	暗装双极开关	⋈	插座箱
▣	双相疏散指示灯	⤴	暗装三极开关	Y	电信插座
▬	单管荧光灯	⤴	双控开关	⊻⊻	双联二三极暗装插座
▤	双管荧光灯	Ⓑ	钥匙开关	Y	带有单极开关的插座
▬	动力配电箱	▱	电源自动切换箱	▬	照明配电箱

任务 4 　知识——安装计价定额

1. 计价说明

各型号灯具的引线,除注明者外,均已综合考虑在定额内,执行时不得换算。

路灯、投光灯、碘钨灯、氙灯、烟囱或水塔指示灯,均已考虑了一般工程的高空作业因素,其他器具安装高度如果超过 5 m,则应按定额说明中规定的超高系数另行计算。

定额中的装饰灯具项目已考虑了一般工程的超高作业因素,但不包括脚手架搭拆费用。

装饰灯具定额项目与示意图号需配套使用。

定额内已包括利用摇表测量绝缘,以及一般灯具的试亮工作(但不包括调试工作)。

2. 计价工程量计算规则

1)普通灯具

普通灯具的安装工程量,应区别灯具的种类、型号、规格以“套”为计量单位计算。普通灯具安装定额适用范围见表 3.2.3。

表 3.2.3　普通灯具安装定额适用范围

定 额 名 称	灯 具 种 类
圆球吸顶灯	材质为玻璃的螺口、卡口圆球独立吸顶灯
半圆球吸顶灯	材质为玻璃的独立的半圆球吸顶灯、扁圆罩吸顶灯、平圆形吸顶灯
方形吸顶灯	材质为玻璃的独立的矩形罩吸顶灯、方形罩吸顶灯、大口方罩吸顶灯
软线吊灯	利用软线为垂吊材料,材质为玻璃、塑料、搪瓷,形状如碗伞、平盘的灯罩组成的各式软线吊灯
吊链灯	利用吊链作辅助悬吊材料,材质为玻璃、塑料罩的各式吊链灯

续表

定 额 名 称	灯 具 种 类
防水吊灯	一般防水吊灯
一般弯脖灯	圆球弯脖灯、风雨壁灯
一般墙壁灯	各种材质的一般壁灯、镜前灯
软线吊灯头	一般吊灯头
声光控座灯头	一般声控、光控座灯头
座灯头	一般塑胶、瓷质座灯头

2) 装饰灯具

吊式艺术装饰灯具的安装工程量,应根据装饰灯具示意图集所示,区别不同装饰、灯体直径、垂吊长度,以"套"为计量单位计算。灯体直径为装饰物的最大外缘直径,灯体垂吊长度为灯座底部到灯梢之间的总长度。

吸顶式艺术装饰灯具的安装工程量,应根据装饰灯具示意图集所示,区别不同装饰、吸盘的几何形状、灯体直径、灯体周长、灯体垂吊长度,以"套"为计量单位计算。灯体直径为吸盘最大外缘直径;灯体半周长为矩形吸盘的半周长;灯体垂吊长度为吸盘到灯梢之间的总长度。

组合荧光灯光带的安装工程量,应根据装饰灯具示意图集所示,区别安装形式、灯管数量,以"延长米"为计量单位计算。灯具的设计数量与定额不符时可以按设计数量加损耗量调整主材。

内藏组合式灯具的安装工程量,应根据装饰灯具示意图集所示,区别灯具组合形式,以"延长米"为计量单位。灯具的设计数量与定额不符时,可根据设计数量加损耗量调整主材。

发光棚的安装工程量,应根据装饰灯具示意图集所示,以"m²"为计量单位,发光棚灯具按设计数量加损耗量计算。

立体广告灯箱、荧光灯光沿的安装工程量,应根据装饰灯具示意图集所示,以"延长米"为计量单位计算。灯具设计数量与定额不符时,可根据设计数量加损耗量调整主材。

几何形状组合艺术灯具的安装工程量,应根据装饰灯具示意图集所示,区别不同安装形式及灯具的不同形式,以"套"为计量单位计算。

标志、诱导装饰灯具的安装工程量,应根据装饰灯具示意图集所示,区别不同安装形式,以"套"为计量单位计算。

水下艺术装饰灯具的安装工程量,应根据装饰灯具示意图集所示,区别不同安装形式,以"套"为计量单位计算。

点光源艺术装饰灯具的安装工程量,应根据装饰灯具示意图集所示,区别不同安装形式、不同灯具直径,以"套"为计量单位计算。

草坪灯具的安装工程量,应根据装饰灯具示意图集所示,区别不同安装形式,以"套"为计量单位计算。

歌舞厅灯具的安装工程量,应根据装饰灯具示意图集所示,区别不同灯具形式,分别以"套"、"延长米"、"台"为计量单位计算。

装饰灯具安装定额适用范围见表3.2.4。

表 3.2.4　装饰灯具安装定额适用范围

定 额 名 称	灯具种类(形式)
吊式艺术装饰灯具	不同材质、不同灯体垂吊长度、不同灯体直径的蜡烛灯、挂片灯、串珠(穗)、串棒灯、吊杆式组合灯、玻璃罩(带装饰)灯
吸顶式艺术装饰灯具	不同材质、不同灯体垂吊长度、不同灯体几何形状的串珠(穗)、串棒灯、挂片、挂碗、挂吊蝶灯、玻璃(带装饰)灯
荧光艺术装饰灯具	不同安装形式、不同灯管数量的组合荧光灯光带,不同几何组合形式的内藏组合式灯,不同几何尺寸、不同灯具形式的发光棚,不同形式的立体广告灯箱、荧光灯光沿
几何形状组合艺术灯具	不同固定形式、不同灯具形式的繁星灯、钻石星灯、礼花灯、玻璃罩钢架组合灯、凸片灯、反射挂灯、筒形钢架灯、U 型组合灯、弧形管组合灯
标志、诱导装饰灯具	不同安装形式的标志灯、诱导灯
水下艺术装饰灯具	简易形彩灯、密封形彩灯、喷水池灯、幻光型灯
点光源艺术装饰灯具	不同安装形式、不同灯体直径的筒灯、牛眼灯、射灯、轨道射灯
草坪灯具	各种立柱式、墙壁式的草坪灯
歌舞厅灯具	各种安装形式的变色转盘灯、雷达射灯、幻影转彩灯、维纳斯旋转彩灯、卫星旋转效果灯、飞碟旋转效果灯、多头转灯、滚筒灯、频闪灯、太阳灯、雨灯、歌星灯、边界灯、射灯、泡泡发生器、迷你满天星彩灯、迷你单立(盘彩灯)、多头宇宙灯、镜面球灯、蛇光管

3) 荧光灯具

荧光灯具的安装工程量,应区别灯具的安装形式、灯具种类、灯管数量,以"套"为计量单位计算。荧光灯具安装定额适用范围见表 3.2.5。

表 3.2.5　荧光灯具安装定额适用范围

定 额 名 称	灯 具 种 类
组装型荧光灯	单管、双管、三管、吊链式、吸顶式、现场组装独立荧光灯
成套型荧光灯	单管、双管、三管、吊链式、吊管式、成套独立荧光灯

4) 工厂灯及防水防尘灯

工厂灯及防水防尘灯的安装工程量,应区别不同安装形式,以"套"为计量单位计算。工厂灯及防水防尘灯安装定额适用范围见表 3.2.6。

表 3.2.6　工厂灯及防水防尘灯安装定额适用范围

定 额 名 称	灯 具 种 类
直杆工厂吊灯	配照(GC$_1$-A)、广照(GC$_3$-A)、深照(GC$_5$-A)、斜照(GC$_7$-A)、圆球(GC$_{17}$-A)、双照(GC$_{19}$-A)
吊链式工厂灯	配照(GC$_1$-B)、深照(GC$_3$-B)、斜照(GC$_5$-C)、圆球(GC$_7$-B)、双照(GC$_{19}$-A)、广照(GC$_{19}$-B)
吸顶式工厂灯	配照(GC$_1$-C)、广照(GC$_3$-C)、深照(GC$_5$-C)、斜照(GC$_7$-C)、双照(GC$_{19}$-C)
弯杆式工厂灯	配照(GC$_1$-DE)、广照(GC$_{19}$-D/E)、深照(GC$_5$-D/E)、斜照(GC$_7$-D/E)、双照(GC$_{19}$-C)、局部深照(GC$_{26}$-F/H)
悬挂式工厂灯	配照(GC$_{21}$-2)、深照(GC$_2$3-2)
防水防尘灯	广照(GC$_9$-A、B、C)、广照保护网(GC$_{11}$-A、B、C)、散照(GC$_{15}$-A、B、C、D、E、F、G)

工厂其他灯具的安装工程量,应区别不同灯具类型、安装形式、安装高度,以"套"、"个"、"延长米"为计量单位计算。工厂其他灯具安装定额适用范围见表3.2.7。

5) 医院灯具

医院灯具的安装工程量,应区别灯具种类,以"套"为计算单位计算。医院灯具安装定额适用范围见表3.2.8。

6) 路灯

路灯安装工程,应区别不同臂长、不同灯数,以"套"为计量单位计算。路灯安装定额范围见表3.2.9。

表3.2.7　工厂其他灯具安装定额适用范围

定 额 名 称	灯 具 种 类
防潮灯	扁形防潮灯(GC-31)、防潮灯(GC-33)
腰形舱顶灯	腰形舱顶灯 CCD-1
碘钨灯	DW 型,220 V,300～1000 W
管形氙气灯	自然冷却式 200 V/380 V,20 kW 内
投光灯	TG 型室外投光灯
高压水银灯镇流器	外附式镇流器,125～450 W
安全灯	(AOB-1、2、3)、(AOC-1、2)型安全灯
防爆灯	CB C-200 型防爆灯
高压水银防爆灯	CB C-125/250 型高压水银防爆灯
防爆荧光灯	CB C-1/2 单/双管防爆型荧光灯

表3.2.8　医院灯具安装定额适用范围

定 额 名 称	灯 具 种 类
病房指示灯	病房指示灯
病房暗脚灯	病房暗脚灯
无影灯	3～12 孔管式无影灯

表3.2.9　路灯安装定额范围

定 额 名 称	灯 具 种 类
大马路弯灯	臂长 1 200 mm 以下,臂长 1 200 mm 以上
庭院路灯	三火以下,七火以下

任务 **5**　任务示范操作

1. 照明灯具工程量手工计算

半圆球吸顶灯的安装每户3套,每层共6套,小计:6×6套＝36套。

吊灯的安装每户1套,每层2套,小计:2×6套＝12套。

单管成套荧光灯的安装:A 型单元5套,B 型单元4套,每层共9套。小计:9×6套＝54套。

2. 照明灯具工程量清单设置

照明灯具工程量清单设置见表3.2.10。

3. 清单项目综合单价确定

假定本工程为三类工程,二类工工资为 74 元/工日,DN25 钢管的单价为 23.7 元/m,则 030411001001 的综合单价分析见表3.2.11。

表 3.2.10　照明灯具分部分项工程量清单

工程名称：　　　　　　　　　　标段：　　　　　　　第　页共　页

序号	项目编码	项目名称	项目特征描述	计量单位	工程量
1	030412001001	普通灯	半圆球吸顶灯；直径 250 mm	套	36
2	030412001002	普通灯	软吊灯	套	12
3	030412005001	荧光灯	单管成套荧光灯；吸顶	套	54

表 3.2.11　（030412001001）工程量清单综合单价分析表

工程名称：　　　　　　　　　　标段：　　　　　　　第　页共　页

项目编码	030411001001		项目名称	普通灯	计量单位	套

<table>
<tr><th colspan="11">清单综合单价组成明细</th></tr>
<tr><td rowspan="2">定额编号</td><td rowspan="2">定额名称</td><td rowspan="2">定额单位</td><td rowspan="2">数量</td><td colspan="4">单价/元</td><td colspan="4">合价/元</td></tr>
<tr><td>人工费</td><td>材料费</td><td>机械费</td><td>管理费和利润</td><td>人工费</td><td>材料费</td><td>机械费</td><td>管理费和利润</td></tr>
<tr><td>4-1557</td><td>半圆球吸顶灯</td><td>10 套</td><td>0.1</td><td>122.10</td><td>20.92</td><td>0</td><td>64.71</td><td>12.21</td><td>2.09</td><td>0</td><td>6.47</td></tr>
<tr><td></td><td></td><td></td><td></td><td></td><td></td><td></td><td></td><td></td><td></td><td></td><td></td></tr>
<tr><td>人工单价</td><td colspan="3" style="text-align:center">小　计</td><td colspan="4"></td><td>12.21</td><td>2.09</td><td>0</td><td>6.47</td></tr>
<tr><td>74 元/工日</td><td colspan="3" style="text-align:center">未计价材料费</td><td colspan="8">31.35</td></tr>
<tr><td colspan="4" style="text-align:center">清单项目综合单价</td><td colspan="8">52.12</td></tr>
</table>

材料费明细	主要材料名称、规格、型号	单位	数量	单价/元	合价/元	暂估单价/元	暂估合价/元
	成套灯具	套	1.01	30.00	30.3		
	圆木台	块	1.05	1.00	1.05		
	其他材料费		—	2.09		
	材料费小计		—	33.44	—	

任务 6　学员工作任务作业单

1. 学员工作任务作业单（一）

　　假定本工程为二类工程，二类工工资为 74 元/工日，将表 3.2.10 中其他 2 项的综合单价分析分别填入表 3.2.12。

表 3.2.12 (   )工程量清单综合单价分析表

项目编码		项目名称		计量单位	
清单综合单价组成明细					

定额编号	定额名称	定额单位	数量	单价/元				合价/元			
				人工费	材料费	机械费	管理费和利润	人工费	材料费	机械费	管理费和利润

人工单价	小　计	
74元/工日	未计价材料费	
清单项目综合单价		

材料费明细	主要材料名称、规格、型号	单位	数量	单价/元	合价/元	暂估单价/元	暂估合价/元
	其他材料费			—		—	
	材料费小计			—		—	

2. 学员工作任务作业单(二)

计算子项目3.1学员工作任务作业单(二)中的照明器具清单工程量。

3. 学员工作任务作业单(三)

计算图3.2.1所示照明器具分部分项清单工程量及其综合单价(将结果填入表3.2.13)。

4. 学员工作任务作业单(四)

计算子项目3.1学员工作任务作业单(四)中的照明器具清单工程量。

表 3.2.13 分部分项工程量清单与计价表

工程名称：　　　　　　　标段：　　　　　　　第　页共　页

序号	项目编码	项目名称	项目特征描述	计量单位	工程量	金额/元		
						综合单价	合价	其中：暂估价
				本页小计				

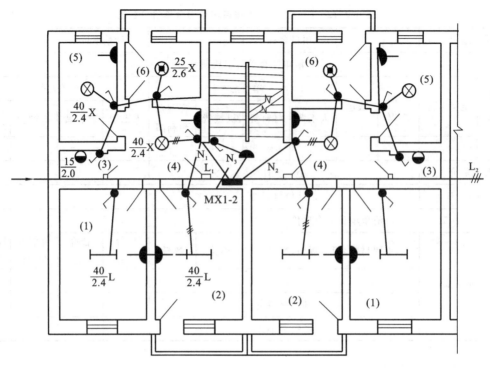

图 3.2.1 照明平面图

任务 7 情境学习小结

本学习情境仅涉及照明器具的工程量及综合单价的计算方法,但以此为基础进行报价不准确,存在漏项问题,因为灯具控制开关项目未考虑。

【知识目标】

了解照明器具的种类,其相应的省定额子目基本内容及适用范围,熟悉识图知识及有关安装图集。

【能力目标】

掌握照明器具清单工程量计算、清单编制的方法,能进行分部分项工程综合单价计算,材料损耗量及其市场价格的确定,以及分部分项工程计价的方法。

子项目 3.3 低压电器安装计量与计价

任务 1 情境描述

续子项目 3.1 中的情境描述,配电箱配置见表 3.3.1。

表 3.3.1　配电箱配置表

配电箱编号	配电箱型号	开关及计量表型号	回路名称
AL-1	PZ30-30	C65N-C32A/2P	总开关
		C65N-C16A/1P	楼层A户
		C65N-C16A/1P	楼层B户
		C65N-C10A/1P	楼梯照明
		C65N-C16A/1P	备用
		DDS825 2.5(10)A	A户电表
		DDS825 2.5(10)A	B户电表
AL-1-1、AL-1-2	PZ30-6	C65N-C16A/2P	总开关
		C65N-C16A/1P	L1 照明
		C65N-C16A/1P	L2 插座
		C65N-C16A/1P	L3 照明

任务 2　任务分析

由于情境描述中未给出配电箱和照明开关分部分项清单工程量,因此对上述任务首先要设置清单项目和计算清单工程量;其次计算出计价工程量;最后要确定每一工程量清单项目综合单价。

任务 3　知识——清单项目设置与工程量计算

1. 低压电器安装工程量清单设置

低压电器安装工程量清单设置见表 3.3.2,即《计价规范》中表 D.4(编码:030404)。

表 3.3.2　控制设备及低压电器安装(编码:030404)

项目编码	项目名称	项目特征	计量单位	工程量计算规则	工作内容
030404016	控制器	①名称;②型号;③规格;④基础形式、材质、规格;⑤接地端子材质、规格;⑥端子板外部接线材质、规格;⑦安装方式	台	按设计图示数量计算	①本体安装;②基础型钢制作、安装;③焊、压接线端子;④补刷(喷)油漆;⑤接地
030404017	配电箱				
030404018	插座箱	①名称;②型号;③规格;④安装方式			①本体安装;②接地

项目编码	项目名称	项目特征	计量单位	工程量计算规则	工作内容
030404019	控制开关	①名称;②型号;③规格;④接线端子材质、规格;⑤额定电流	个	按设计图示数量计算	①本体安装;②焊、压接线端子;③接地
030404020	低压熔断器	①名称;②型号;③规格;④接线端子材质、规格			
030404021	限位开关				
030404022	控制器	①名称;②型号;③规格;④接线端子材质、规格	台	按设计图示数量计算	①本体安装;②焊、压接线端子;③接地
030404023	接触器				
030404024	磁力启动器				
030404025	自耦减压启动器	①名称;②型号;③规格;④接线端子材质、规格	台	按设计图示数量计算	①本体安装;②焊、压接线端子;③接地
030404026	电磁铁(电磁制动器)				
030404027	快速自动开关				
030404028	电阻器		箱		
030404029	油浸频敏变阻器		台		
030404030	分流器	①名称;②型号;③规格;④容量;⑤接线端子材质、规格	个		
030404031	小电器	①名称;②型号;③规格;④接线端子材质、规格	个(套、台)		
030404032	端子箱	①名称;②型号;③规格;④安装部位	台		①本体安装;②接线
030404033	风扇	①名称;②型号;③规格;④安装方式			①本体安装;②调速开关安装
030404034	照明开关	①名称;②材质;③规格;④安装方式	个		①本体安装;②接线
030404035	插座				
030404036	其他电器	①名称;②规格;③安装方式	个(套、台)		①安装;②接线

2. 低压电器安装工程量清单编制

控制开关包括自动空气开关、刀型开关、铁壳开关、胶盖刀闸开关、组合控制开关、万能转换开关、风机盘管三速开关、漏电保护开关等。

小电器包括按钮、电笛、电铃、水位电气信号装置、测量仪表、继电器、电磁锁、屏上辅助设备、辅助电压互感器、小型安全变压器等。

其他电器安装指本节未列的电器项目。

其他电器必须根据电器实际名称确定项目名称,明确描述工作内容、项目特征、计量单位、计算规则。

盘、箱、柜的外部进出电线预留长度见表3.3.3。

表3.3.3 盘、箱、柜的外部进出线预留长度

序号	项 目	预留长度/(m/根)	说 明
1	各种箱、柜、盘、板、盒	高+宽	盘面尺寸
2	单独安装的铁壳开关、自动开关、刀开关、启动器、箱式电阻器、变阻器	0.5	从安装对象中心算起
3	继电器、控制开关、信号灯、按钮、熔断器等小电器	0.3	从安装对象中心算起
4	分支接头	0.2	分支线预留

3. 现场控制设备知识

控制箱适用于厂矿、企业、商场、宾馆、学校、机场、港口、医院、高层建筑、生活小区等场合,常用于交流50 Hz,额定工作电压为380 V的低压电网系统中,作为动力、照明配电及电动机控制之用,适合室内挂墙或户外落地安装(见图3.3.1)的配电设备;也常用于交流50 Hz,电压500 V以下的电力系统中作消防水泵控制、潜水泵控制、消防风机控制、风机控制、照明配电控制等使用,控制方式有直接启动控制、星三角降压启动控制、自耦降压启动控制、变频器启动控制、软启动控制等多种控制方式,还可使用隔离开关、熔断器式开关作为隔离分断点。

(a) 室内挂墙控制箱　　　　　　　　(b) 户外落地控制箱

图3.3.1 控制箱

照明配电箱设备是在低压供电系统末端负责完成电能控制、保护、转换和分配的设备,主要由电线、元器件(包括隔离开关、断路器等)及箱体等组成。配电箱型号很多,可根据需要查阅电气设计手册和成品样本,了解配电箱的主接线图及其安装尺寸。现以XX(R)M系列为例,其型号中各字母的含义见图3.3.2。

照明配电箱中安装的断路器等占位尺寸见表3.3.2。

接线端子箱是转接施工线路,对分支线路进行标注,为布线和查线提供方便的一种接口装置。在某些情况下,为便于施工及调试,可将一些较为特殊且安装设置较有规律的产品如短路隔离器等安装在接线端子箱内。

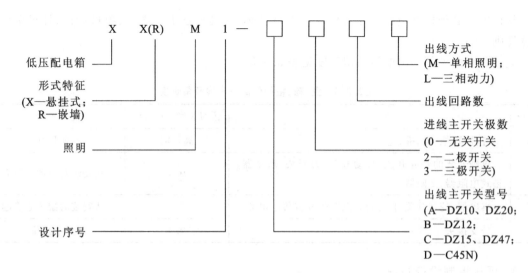

图 3.3.2　照明配电箱设备标注含义

表 3.3.4　开关器件模数表

序号	型 号 规 格		位数	序号	型 号 规 格		位数
1	C45N C45AD 断路器	1P	1	7	vigi＋NC 断路器加电磁式漏电保护附件电子式漏电保护附件	2P	6.5
		2P	2			3P	8.5
		3P	3			4P	11
		4P	4	8	电气附件	SP	0.5
2	NC100H NC100LS 断路器	1P	1.5			OF	0.5
		2P	3			MX＋OF	1
		3P	4.5			MN	1
		4P	6	9	鸿雁 86 系列 单相暗插座	二孔	2
3	DPN 相线＋中性线断路器		1			三孔	2
4	DPNvigi 民用漏电断路器		2			五孔	2
5	vigiC45ELE 电子式漏电保护附件	2P	1.5		鸿雁三相 四孔暗插座	≤16A	3
		3P	2			≤25A	4
		4P	2.5	10	E4CB 空气开关≤63A	1P	1
6	vigiC45ELM 电磁式漏电保护附件	2P	1.5		E4CB 空气开关 125≤80A	1P	1.5
		3P	2		E4CB 空气开关≤63A	3P	3
		4P	2.5		E4CB 空气开关 125≤80A	3P	4.5
	vigiC63ELM 电磁式漏电保护附件	2P	2.5		E4CB 空气开关≤63A	3P	4
		3P	3.5		E4CB 空气开关≤63A	4P	2
		4P	2.5		E4CB 空气开关 125≤80A	2P	3

续表

序号	型号规格		位数	序号	型号规格		位数
10	E4CB 空气开关 125≤80A	4P	6	15	DZ23-40 小型断路器 6~40A	2P	2
	—	—	—			3P	3
11	E4EL 漏电保护器 25≤63A	2P	2			4P	4
	E4EL 漏电保护器 25≤63A	4P	4	16	DZ47LI DZ476III 漏电断路器	单极二线	2.5
12	E4EL 漏电附件					二极二线	3
	32A、50A	2P	2			三极三线	3.5
	E4EL32/4/30C	2P	2			三极三线	5.5
	E4EL50/4/30C	2P	3			四极四线	6.5
	E4EL125/4/30C	2P	6	17	5SX、5SX2、5SX4、5SX6 小型断路器 0.5~63A	1P	1
	E4EL32/4/100C	2P	2			2P	2
	E4EL50/4/100C	2P	3			3P	3
13	E4EB 漏电断路器 10≤40A	1P+N	2			1P+N	2
14	E4SW 漏电隔离开关					3P+N	4
	63A、80A、100A	2P	2	18	5SX6、5SX7 小型断路器 12S≤40	1P	1.5
	63A、80A、100A	3P	3			2P	3
	63A、80A、100A	4P	4			3P	4.5
15	DZ23-40 小型断路器 6~40A	1P				4P	6

任务 4　知识——安装计价定额

1. 计价说明

本说明涉及电气控制设备、低压电器的安装,盘、柜配线,焊(压)接线端子,基础槽钢、角钢的制作、安装。

控制设备安装,除限位开关及水位电气信号装置外,其他项目均未包括支架的制作、安装。

控制设备安装未包括的工作内容:二次喷漆及喷字、电器及设备干燥、焊压接线端子、端子板外部(二次)接线。

屏上辅助设备安装,包括标签框、光字牌、信号灯、附加电阻、连接片等,但不包括屏上开孔工作。

设备的补充油按设备考虑。

2. 计价工程量计算规则

控制设备及低压电器安装均以"台"为计量单位。设备安装均未包括基础槽钢、角钢的制作、安装,其工程量应按相应定额另行计算。

网门、保护网制作安装,按网门或保护网设计图示外围尺寸,以"m²"为计量单位。

盘、柜配线分不同规格,以"m"为计量单位。

盘、箱、柜的外部进出线预留长度按表 3.3.3 计算。

配电板的制作、安装及包铁皮,按配电板图示外围尺寸,以"m²"为计量单位。

焊(压)接线端子定额只适用于导线,电缆终端头制作、安装定额中已包括压接线端子,不得重复计算。

端子板外部接线按设备盘、箱、柜、台的外部接线图计算,以"10 个"为计量单位。

盘、柜配线定额只适用于盘上小设备元件的少量现场配线,不适用于工厂的设备修、配、改工程。

开关、按钮的安装工程量,应区别开关、按钮安装形式,开关、按钮种类,开关极数以及单控与双控,以"套"为计量单位计算。

插座的安装工程量,应区别电源相数、额定电流、插座安装形式、插座插孔个数,以"套"为计量单位计算。

安全变压器的安装工程量,应区别安全变压器容量,以"台"为计量单位计算。

电铃、电铃号牌箱的安装工程量,应区别电铃直径、电铃号牌箱规格(号),以"套"为计量单位计算。

门铃安装工程量计算,应区别门铃安装形式,以"个"为计量单位计算。

风扇的安装工程量,应区别风扇种类,以"台"为计量单位计算。

盘管风机三速开关、请勿打扰灯,需除去插座的安装工程量,以"套"为计量单位计算。

3. 计价补充说明

1)测量仪表套定额

测量仪表是指电路中的各种测量装置,其主要作用是测量电路的各种数据以掌握电路的工作情况,电流表、电压表、电能表等均属于测量仪表,故测量仪表安装定额均以"个"为计量单位,执行仪表、电器、小母线定额子目。

2)(漏电)断路器套定额

(漏电)断路器安装在成套配电箱内,是由成套配电箱设备的厂家配置安装完成的,不用再套定额。如果需要单独套用定额子目时,套自动空气开关项目。

3)小母线

小母线是控制电源、信号电源、保护电源、交流电源等的共用汇集线,一般放在保护盘、柜顶,用铜棒、铝排或电缆连接。据相关资料显示,小母线在高压柜里使用较多,一般敷设于柜顶,因此又叫柜顶小母线。

小母线一般有直流电源小母线、电压回路小母线、交流电源小母线和通信线。保护盘、信号盘和直流盘的盘顶小母线计算公式为 $l = n\sum B + nl$(其中,L 为小母线总长、n 为小母线根数、B 为盘的宽度、l 为小母线预留长度)。

4)导线端头

在压线接线端子安装工艺中,需要把导线与设备、控制开关、配电箱等连接在一起。由于导线截面太小,实际工作中小截面导线一般是单芯线,比如说 BV-3×2.5(即 3 根直径 2.5 mm

的单芯导线),这样的导线与配电箱连接的时候,只要把导线端头的绝缘层剥掉即可与配电箱压接,也就是说导线端头不需要做端子(也叫线鼻子),这种接线方式在预算中称为无端子外部接线。

另外,小截面导线也有多股的,比如说软导线 BVR,这种导线是由多股细铜丝组成。当这种导线与设备或开关连接时通常用金属套将多股铜线收拢导接,这个金属套就是接线端子,这种接线方式在预算中称为有端子外部接线。

导线截面较大的导线一般都是多股的,必须要做接线端子,接线端子分为焊铜(铝)接线端子和压铜(铝)接线端子。接线端子的材质与导线材质相同,也就是说铜芯导线做铜质接线端子,铝芯导线做铝质接线端子。这种接线方式在预算中称为焊(压)接线端子。

根据现行预算定额子目,可以得出如下结论:

单芯导线截面积在 6 mm² 以内者,计算无端子外部接线,超过 6 mm² 时,视为截面较大,计算焊(压)接线端子;多芯导线截面在 6 mm² 以内者,计算有端子外部接线,超过 6 mm² 时,视为截面较大,计算焊(压)接线端子;接线端子的材质必须与导线材质相同;计算焊(压)接线端子之后,不得再计算有端子外部接线。

任务 5 任务示范操作

1. 低压电气工程量手工计算

照明配电箱的安装:

每层公用 1 台 PZ30-30 配电箱,A、B 户又各设有 1 台 PZ30-6 配电箱,6 层计有 PZ30-30 配电箱 6 台,PZ30-6 配电箱 12 台;

同理,DDS825 2.5(10)A:12 台;

C65N-C32A/2P 空气开关:6 个;

C65N-C16A/2P:12 个;

C65N-C16A/1P:(4×6+3×2×6)个=60 个。

板式开关的安装:

A 户型 9 只,B 户型 9 只,每层共 18 只开关,6 层共 108 只开关。

单相三孔插座的安装:

A 户型 20 只,B 户型 18 只,每层共 38 只插座,6 层共 228 只插座。

电表的安装:A 户型 1 只,B 户型 1 只,每层共 2 只,6 层共 12 只。

2. 低压电气工程量清单设置

低压电气工程量清单设置见表 3.3.5。

表 3.3.5 低压电气分部分项工程量清单

工程名称: 标段: 第 页共 页

序号	项目编码	项目名称	项目特征描述	计量单位	工程量
1	030404017001	配电箱	照明配电箱;PZ30-30;嵌入墙内	台	6

续表

序号	项目编码	项目名称	项目特征描述	计量单位	工程量
2	030404017002	配电箱	照明配电箱;PZ30-6;嵌入墙内	台	12
3	030404018001	控制开关	空气自动开关;C65N-C32A/2P	个	6
4	030404018002	控制开关	空气自动开关;C65N-C16A/2P	个	12
5	030404018003	控制开关	空气自动开关;C65N-C16A/1P	个	60
6	030404034001	照明开关	板式开关;单联;暗装	个	108
7	030404035001	插座	单相三孔插座;暗装	个	228
8	030404031001	小电器	电表;DDS825 2.5(10)A	个	12

3. 清单项目综合单价确定

假定本工程为三类工程,二类工工资为74元/工日,则030404031001的综合单价分析见表3.3.6。

表 3.3.6　(030404031001)工程量清单综合单价分析表

工程名称:　　　　　　　　　　标段:　　　　　　　　　　第　页共　页

项目编码	030404031001	项目名称	小电器	计量单位	个

清单综合单价组成明细

定额编号	定额名称	定额单位	数量	单价/元				合价/元			
				人工费	材料费	机械费	管理费和利润	人工费	材料费	机械费	管理费和利润
4-317	测量仪表	1个	1	25.90	11.31	0	13.73	25.90	11.31	0	13.73
人工单价		小　计						25.90	11.31	0	13.73
74元/工日		未计价材料费						25.00			
清单项目综合单价								75.94			

材料费明细	主要材料名称、规格、型号	单位	数量	单价/元	合价/元	暂估单价/元	暂估合价/元
	电表;DDS825 2.5(10)A	个	1	25.00	25.00		
	其他材料费			—	11.31	—	
	材料费小计			—	36.31	—	

任务 6　学员工作任务作业单

1. 学员工作任务作业单(一)

假定本工程为二类工程,二类工工资为74元/工日,将表3.3.5中其他7项的综合单价分析分别填入表3.3.7。

表 3.3.7 （ ）工程量清单综合单价分析表

工程名称：　　　　　　　　　　　　　标段：　　　　　　　　　　　　第 页共 页

项目编码		项目名称		计量单位		

清单综合单价组成明细

定额编号	定额名称	定额单位	数量	单价/元				合价/元			
				人工费	材料费	机械费	管理费和利润	人工费	材料费	机械费	管理费和利润
人工单价		小　　计									
74 元/工日		未计价材料费									
清单项目综合单价											

材料费明细	主要材料名称、规格、型号	单位	数量	单价/元	合价/元	暂估单价/元	暂估合价/元
	其他材料费				—	—	
	材料费小计				—	—	

2. 学员工作任务作业单（二）

编制子项目 3.1 学员工作任务作业单（二）中的低压电器安装工程量清单。

3. 学员工作任务作业单（三）

某照明配电箱内有瓷插式熔断器 3 个，三极自动空气开关 2 个，单相电能（度）表 2 个，配电箱接线及配电板尺寸如图 3.3.3 所示。配电板为木制板，包有铁皮；配电箱箱体为木箱。试计算配电箱的制作、安装工程量，并查取有关定额计算其综合单价（填入表 3.3.8）。

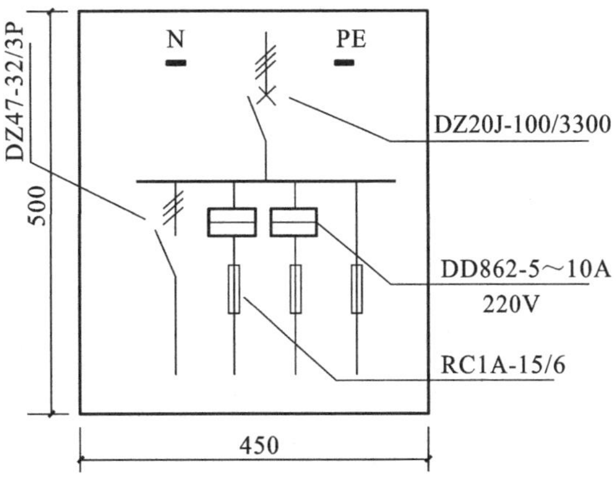

4. 学员工作任务作业单（四）

编制子项目 3.1 学员工作任务作业单（四）中的低压电器安装清单工程量。

图 3.3.3 配电箱主接线图

表 3.3.8　分部分项工程量清单与计价表

序号	项目编码	项目名称	项目特征描述	计量单位	工程量	金额/元		
						综合单价	合价	其中：暂估价
本页小计								

任务 7　情境学习小结

本学习情境仅涉及低压电器的工程量计算方法及其综合单价的确定方法，以此为基础进行报价不准确，存在漏项问题。因为防雷接地是每一项目必须具有的内容而本子项目未涉及。

【知识目标】

了解低压电器的种类，其相应的省定额子目基本内容及适用范围，熟悉识图知识及有关安装图集。

【能力目标】

掌握低压电器清单工程量计算、清单编制，分部分项工程综合单价计算的方法，能进行材料与材料损耗量及其市场价格的确定，以及分部分项工程计价。

任务 8　情境学习拓展——木板照明配电箱的制作、安装造价

1. 情境描述

现需制作一台供一梯三户使用的嵌墙式木板照明配电箱，设木板厚度为 10 mm，系统主接线如图 3.3.4 所示，每户有 2 个供电回路，即照明回路与插座回路分开。楼梯照明由单元配电箱供电，本照明配电箱不予考虑。试计算本照明配电箱的工程量并查取定额编号，列出分部分项工程量清单（设盘内配线均采用 BV-4 导线）。

2. 工程量手工计算

三相自动空气开关(DZ47-32/3P)安装，1 个，定额编号为 4-272。

单相交流电能表(DD862-5～10 A，220 V)安装，3 个，定额编号为 4-317。

瓷插式熔断器(RCIA-15/6)安装,6 个,定额编号为 4-289。

木配电板(500 mm×500 mm×10 mm)制作,半周长为 1 m,面积为 $0.5×0.5$ m² = 0.25 m²,定额编号为 4-449。

木配电板包铁皮,应按配电板尺寸,各边再加大 20 mm,即 540 mm×540 mm,则包铁皮使用面积为 $0.54×0.54$ m² = 0.292 m²,定额编号为 4-452。

木配电板安装,半周长为 1 m,1 块,定额编号为 4-453。

嵌墙式木配电箱制作,应按木配电板尺寸,各边长再加木板厚度 10 mm,配电箱外形尺寸为 520 mm

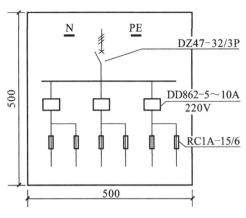

图 3.3.4 配电箱主接线图

×520 mm×180 mm(宽×高×深),半周长为 0.52×2 m=1.04 m,1 套,定额编号为 4-443。

盘内配线,可将配电箱主接线系统图 3.3.4 画成盘内接线示意图(见图 3.3.5 所示),以分析计算盘内配线回路数,即 $n=(3+3+4×3+2×3)$ 个=24 个(图 3.3.5 中打粗线的部分,其他未打粗线部分由外部线缆接入),这样计算盘内配线导线 BV-4 的总长度为:$L=(0.5+0.5)$(半周长)×24 m=24 m,定额编号为 4-405。

端子板安装以 10 个端头为 1 组。由图 3.3.5 可知,端子板共需 20 个端头,则工程量为 2 组,定额编号为 4-411。由于导线截面为 4 mm²,盘内导线接线可不用端子。

木配电箱(520 mm×520 mm×180 mm)安装,半周长为 0.52×2 m=1.04 m,即空配电箱安装,1 台,定额编号为 4-269。

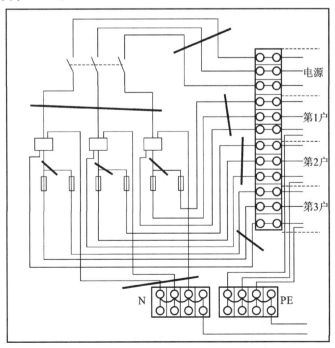

图 3.3.5 木制配电盘内接线示意图

3. 工程量清单设置

根据上述工程消耗量计算结果,列出照明配电箱制作、安装分部分项工程量清单,见表3.3.9。值得注意的是,盘内配线和端子板安装属于"控制设备及低压电器安装"中有关项目的工程内容之一,故不列入清单之中,而在工程量计价时再予以考虑。

表 3.3.9　照明配电箱制作、安装工程量清单

序号	项目编码	项目名称	计量单位	工程数量
1	030404019001	控制开关——三相自动空气开关 DZ47-32/3P 安装; 工程内容:①安装;②焊、压接线端子	个	1
2	030404020001	低压熔断器——瓷插式熔断器(RCIA-15/6)安装; 工程内容:①安装;②焊、压接线端子	个	6
3	030404031001	小电器——单相交流电能表(DD862-5A,220V)安装; 工程内容:①安装;②焊、压接线端子	个	3
4	03B001	木配电板制作(500 mm×500 mm×10 mm)半周长为1 m; 工程内容:①木配电板制作;②木配电板包铁皮;③木配电板安装;④盘内配线	m²	0.29
5	03B002	即嵌墙式木配电箱制作(520 mm×520 mm×180 mm); 工程内容:木配电箱制作	套	1
6	030404018001	配电箱安装,木配电箱(520 mm×520 mm×180 mm); 工程内容:安装(空配电箱)	台	1

子项目 3.4 防雷与接地装置计量与计价

任务 1 情境描述

防雷接地施工图见图3.4.1、图3.4.2和图3.4.3,引下线在距地0.3 m处设断接卡子,接地电阻要求小于30 Ω,接地极采用50 mm×50 mm×5 mm镀锌角钢2.5 m长,接地母线采用40 mm×4 mm镀锌扁钢,避雷网采用ϕ10镀锌圆钢。

施工说明如下。

(1)防雷网(避雷网)沿建筑物屋顶外檐敷设一周,标高为17.02 m。避雷针要与防雷网连接才可达到避雷的目的,因此避雷针底部要与防雷网连接。

(2)引下线上端要接避雷网,标高为17.02 m;下端要接接地母线,标高为0.3 m;整体连成闭合回路。

（3）接地极埋深一般为—0.75 m,接地母线从断接卡子算起。

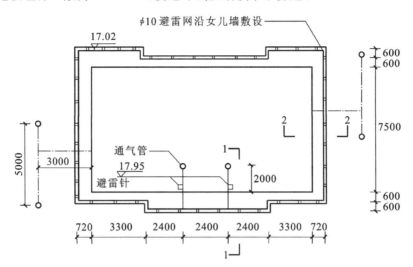

图 3.4.1　屋顶防雷平面布置图

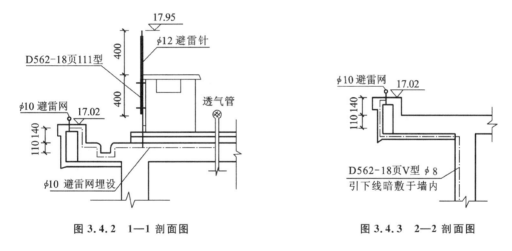

图 3.4.2　1—1 剖面图　　　　　图 3.4.3　2—2 剖面图

任务 2　情境任务分析

　　由于情境描述中未给出防雷与接地装置的分部分项清单工程量,因此对上述任务首先要设置清单项目和计算清单工程量;其次计算出计价工程量;最后确定每一工程量清单项目的综合单价。

任务 3　知识——清单项目设置与工程量计算

1. 防雷与接地装置的工程量清单设置

防雷与接地装置的工程量清单设置见表 3.4.1,即《计价规范》中表 D.9(编码:030409)。

表 3.4.1 配管、配线(编码:030409)

项目编码	项目名称	项 目 特 征	计量单位	工程量计算规则	工 作 内 容
030409001	接地极	①名称;②材质;③规格;④土质;⑤基础接地形式	根(块)	按设计图示数量计算	①接地极(板、桩)制作、安装;②基础接地网安装;③补刷(喷)油漆
030409002	接地母线	①名称;②材质;③规格;④安装部位;⑤安装形式	m	按设计图示尺寸以长度计算(含附加长度)	①接地母线制作、安装;②补刷(喷)油漆
030409003	避雷引下线	①名称;②材质;③规格;④安装部位;⑤安装形式;⑥断接卡子、箱材质、规格			①避雷引下线制作、安装;②断接卡子、箱制作、安装;③利用主钢筋焊接;④补刷(喷)油漆
030409004	均压环	①名称;②材质;③规格;④安装形式	m	按设计图示尺寸以长度计算(含附加长度)	①均压环敷设;②钢铝窗接地;③柱主筋与圈梁焊接;④利用圈梁钢筋焊接;⑤补刷(喷)油漆
030409005	避雷网	①名称;②材质;③规格;④安装部位;⑤混凝土块标号			①避雷网制作、安装;②跨接;③混凝土块制作;④补刷(喷)油漆
030409006	避雷针	①名称;②材质;③规格;④安装形式、高度	根	按设计图示数量计算	①避雷针制作、安装;②跨接;③补刷(喷)油漆
030409007	半导体少长针消雷装置	①型号;②高度	套		本体安装
030409008	等电位端子箱、测试板	①名称;②材质;③规格	台(块)		
030409009	绝缘垫	①名称;②材质;③规格	m²	按设计图示尺寸以展开面积计算	①制作;②安装
030409010	浪涌保护器	①名称;②规格;③安装形式;④防雷等级	个	按设计图示数量计算	①本体安装;②接线;③接地
030409011	降阻剂	①名称;②类型	kg	按设计图示质量计算	①挖土;②施放降阻剂;③回填土;④运输

156

2. 防雷与接地装置工程量清单编制

利用桩基础作接地极,应描述桩台下桩的根数及每桩台下需焊接柱筋的根数,其工程量按柱引下线计算;利用基础钢筋作接地极按均压环项目编码列项。

利用柱筋作引下线的,需描述柱筋焊接根数。

利用圈梁筋作均压环的,需描述圈梁筋焊接根数。

接地母线、引下线、避雷网附加长度分别按接地母线、引下线、避雷网全长的3.9%计算。

3. 接地知识

常见的接地类型如下。

(1)工作接地。根据电力系统正常运行的需要而设置的接地,例如三相系统中的中性点接地,双极直流输电系统中的中性点接地等。

(2)保护接地。本来不设保护接地,电力系统也能正常运行,但为了人身安全而将电力设备的金属外壳加以接地,这种保护接地是在故障条件下才发挥作用的。

(3)防雷接地。用来将雷电流顺利泄入地下,以减少它所引起的过电压。防雷接地的性质似乎介于前面两种接地之间,它是防雷保护装置不可或缺的组成部分,这点与工作接地有相同之处;但防雷接地又是保障人身安全的有力措施,而且只有在故障条件下才发挥作用,这点与保护接地有相似之处。

接地装置由接地体(见图3.4.4)和接地线(见图3.4.5)组成。接地体也称为接地极,指的是埋入大地以便与大地连接的一个导体或几个导体的组合。在电气工程中接地极是将多条长2.5 m,尺寸45 mm×45 mm的镀锌角钢,钉入800 mm深的沟底,再用引出线引出。

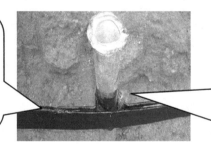

扁钢与扁钢搭接为扁钢宽度的2倍,不少于三面施焊;圆钢与圆钢搭接为圆钢直径的6倍,双面施焊

圆钢与扁钢搭接为圆钢直径的6倍,双面施焊;扁钢与钢管,扁钢与角钢焊接,紧贴角钢外侧两面,或紧贴3/4钢管表面,上下双侧施焊

图3.4.4 钢管接地体

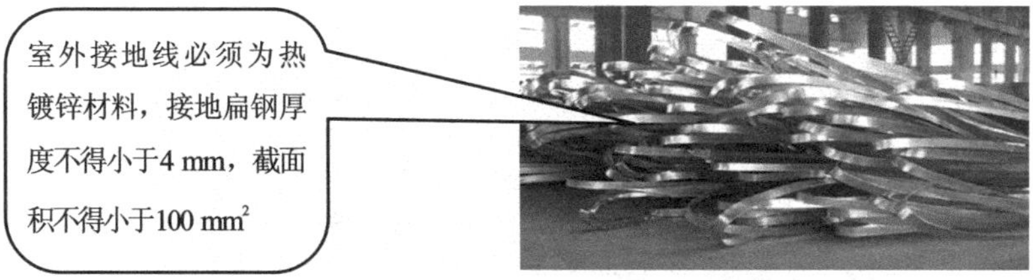

室外接地线必须为热镀锌材料,接地扁钢厚度不得小于4 mm,截面积不得小于100 mm²

图3.4.5 镀锌扁钢接地线

接地干线用于集中连接不同楼层的接地母线,它是用于同一建筑物不同楼层之间的公用接

地,通常垂直安装在不同楼层之间。接地干线应安装在不易受物理和机械损伤的安全处,建筑物内的水管及金属电缆屏蔽层不能作为接地干线使用。接地干线最好采用专门的屏蔽层保护,如装入钢管中。

当建筑物中使用两条或多条垂直接地干线时,各垂直接地干线间每隔 3 层其顶层需用与接地干线等截面的绝缘导线相焊接。接地干线应为绝缘铜芯导线,截面积应不小于 16 mm^2。

接地母线也称层接地端子,它是一条专门用于楼层内的公用接地端子,它的一端要直接与接地干线连接,另一端与楼层配线架、配线柜、钢管或金属线槽等设施所连接的接地线连接。

利用底板钢筋网作接地连接线时,接地跨接钢筋应采用不小于 ϕ12 的热镀锌圆钢,见图 3.4.6。当利用柱主筋作防雷引下线,主筋采用螺纹连接时,螺纹连接的两端应作跨接处理,见图 3.4.7。

图 3.4.6　底板钢筋跨接

图 3.4.7　柱钢筋跨接

屋顶接闪器如果采用混凝土支座(200 mm×200 mm),应将混凝土支座分档摆放,在两端支座间拉直线,然后将其他支座用水泥砂浆找平,间距不得大于 1.5 m(一般间距 1 m;第一个混凝土支座离女儿墙 0.5 m),见图 3.4.8 和图 3.4.9;当屋面为纯防水层时,支座下面应放置一层厚度不小于 3 mm 的橡胶垫,以防破坏防水层。

图 3.4.8　混凝土支座安装接闪器

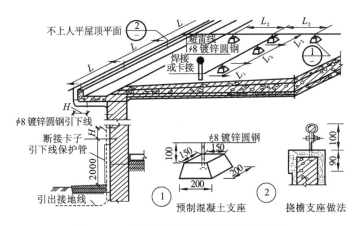

图 3.4.9　避雷网在平屋顶上安装示意图

任务 4　知识——安装计价定额

1. 计价说明

本说明适用于建筑物、构筑物的防雷接地,变、配电系统接地,设备接地以及避雷针的接地装置。

户外接地母线敷设定额是按自然地坪和一般土质综合考虑的,包括地沟的挖填土和夯实工作,执行定额时不应再计算土方量。如遇有石方、矿渣、积水、障碍物等情况时可另行计算。

注意:定额中的地沟底宽 0.4 m,上口宽 0.5 m,沟深 0.75 m,实际情况与此不符时,可以根据定额适当调整。

定额不适用于采用爆破法施工敷设接地线及安装接地极,也不包括高土壤电阻率地区采用换土或化学处理的接地装置及接地电阻的测定工作。

定额中,避雷针的安装、半导体少长针消雷装置的安装均已考虑了高空作业的因素。

独立避雷针的加工、制作执行"一般铁构件"制作定额或按成品计算。

防雷均压环安装定额是按利用建筑物圈梁内主筋作为防雷接地连接线考虑的。如果采用单独扁钢或圆钢明敷设作均压环时,可执行"户内接地母线敷设"定额。

2. 计价工程量计算规则

接地极的制作、安装按设计长度以"根"为计量单位计算,设计无规定时,每根按长度 2.5 m计算。若设计有管帽时,管帽另按加工件计算。

接地母线敷设,按设计长度以"m"为计量单位计算工程量。避雷线敷设按延长米计算,其长度按施工图设计中的水平和垂直规定长度另加 3.9% 的附加长度(包括转弯、上下波动、避绕障碍物、搭接头所占长度)计算。计算主材费时应另增加规定的损耗率。

接地跨接线以"处"为计量单位,按规定凡需做接地跨接线的工程内容,每跨接一次按一处计算,户外配电装置构架均需接地,每副构架按一处计算。

避雷针的加工、制作、安装,以"根"为计量单位,独立避雷针安装以"基"为计量单位。长度、高度、数量均按设计规定。

半导体少长针消雷装置安装以"套"为计量单位,按设计安装高度分别执行相应定额。装置本身由设备制造厂成套供货。

利用建筑物内主筋作接地引下线时,接地引下线安装以"10 m"为计量单位,按每一柱子内焊接两根主筋考虑,如果焊接主筋数超过两根,可按比例调整。

断接卡子的制作、安装以"套"为计量单位,按设计规定装设的断接卡子数计算,接地检查井内的断接卡子安装按每井一套计算。

高层建筑物屋顶的防雷接地装置应执行"避雷网安装"定额,电缆支架的接地线安装应执行"户内接地母线敷设"定额。

均压环敷设以"m"为计量单位,主要考虑利用圈梁内筋作均压环接地连线,焊接按两根主筋考虑,超过两根时,可按比例调整。长度按设计需要做均压接地的圈梁中心线长度,以延长米计算。

钢、铝窗接地以"处"为计量单位(高层建筑6层以上的金属窗设计一般要求接地),按设计规定接地的金属窗的个数进行计算。

柱子主筋与圈梁连接以"处"为计量单位,每处按两根主筋与两根圈梁钢筋分别焊接连接考虑。如果焊接主筋和圈梁钢筋超过两根时,可按比例调整,需要连接的柱子主筋和圈梁钢筋的"处"数按设计规定计算。

3. 补充说明

断接卡子的制作、安装按"处"计算,有几处测试点就计算几个断接卡子。断接卡子通常设在室外地坪标高为+500 mm处,它是竣工验收时进行电阻测试用的,接地平面图纸上应该有注明,见图3.4.10。

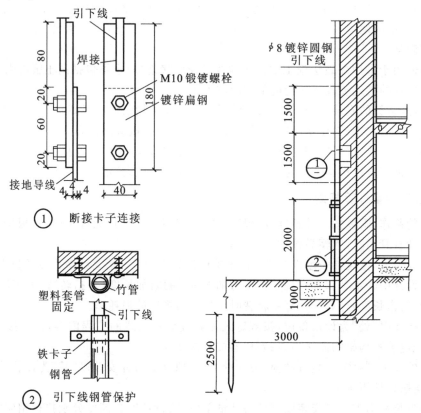

图 3.4.10 避雷引下线、接地装置安装示意图

避雷引下线,利用柱子主筋引下,定额是按照两根主筋考虑的,如果设计只要求利用两根主筋引下,则其长度为:$L=$柱高×引下的柱子根数;如果设计要求利用四根主筋引下,则其长度为:$L=$柱高×引下的柱子根数×2。

防雷接地中利用建筑物主筋作引下线时,套定额计算的是长度,不计主材费,跟建筑工程项目的钢筋不重复。防雷接地中利用建筑物主筋做引下线的工程内容是:平直、下料、测位、打眼、埋卡子、焊接、固定、刷漆。

利用柱子主筋作为避雷引下线,楼层中主筋的接头一般不需做跨接。利用建筑物主柱内的2 根截面积不小于 16 mm^2 的钢筋作为避雷引下线时,这两根钢筋的中间接头一般都是采用焊接连接的,此时也不需要进行跨接。

均压环一般是防止建筑物侧面被雷击,通常将均压环做在窗户下面利用圈梁主筋敷设。10层以上的高层建筑,第 10 层以上每隔 3 层做一道均压环。

均压环敷设所利用的圈梁钢筋之间是焊接时,不需考虑圈梁钢筋的跨接;否则要计算圈梁钢筋之间的跨接处数量。均压环的圈梁钢筋与作为引下线的柱钢筋是不能焊接的,因此柱与圈梁的连接处要计算跨接数,归到均压环子项中。

防雷等接地线应该形成一个闭合回路后接地,这时在两个接地网或接地点之间的连接线就是接地跨接线。计算跨接线的地方有:设备与接地线的连接、金属管道接地、钢铝窗接地、金属构架接地、基础和屋面伸缩缝处接地跨接、防雷引下线的柱筋与均压环的连接处等(见图3.4.11)。

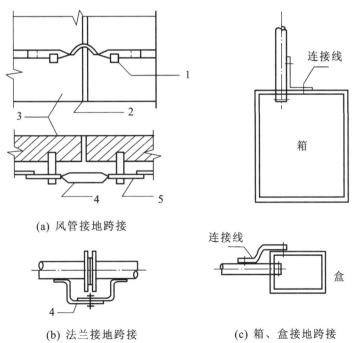

(a) 风管接地跨接

(b) 法兰接地跨接   (c) 箱、盒接地跨接

图 3.4.11 跨接示意图

1—接地母线卡子;2—伸缩(沉降)缝;3—墙体;4—跨接线;5—接地母线

任务 5　任务示范操作

1. 防雷接地工程量手工计算

防雷网按水平标注计算其长度,加上雨水沟剖面的高差,以及与避雷针之间的高差。

如图 3.4.2～图 3.4.3 所示尺寸,屋面标高为(17.02−0.14) m=16.88 m,避雷针标高 17.95 m,针长 0.8 m,所以避雷针下部标高为(17.95−0.8) m=17.15 m,避雷针下部距屋面的垂直高差为(17.15−16.88) m=0.27 m。

防雷网的水平长度为[(0.72+3.3+3×2.4+3.3+0.72+0.6×2)×2(水平女儿墙)+0.6×2+7.5+0.6)×2(垂直女儿墙)+(2+2×0.6)×2(接通气管)] m=57.88 m。

防雷网的垂直长度:(0.14+0.11×2+0.27)×2 m=1.26 m,见图 3.4.2。

防雷网的总长度:[57.88(水平长度)+1.26(垂直长度)] m×(1+3.9%)=59.14×(1+3.9%) m=61.45 m。

接地跨接线以"处"统计为 2 处。

避雷针安装以"根"统计为 2 根。

避雷针制作按设计要求计算。

避雷针的实际重量:0.8(针长)×2(数量)×0.888(理论重量) kg=1.42 kg(即 0.71 kg/根)。

避雷引下线工程量的计算,按房檐的标高 17.02 m 加上房檐距轴线的长度,因在距地 0.3 m 处设断接卡子,故应减去,则 0.3 m 以下的引下线已变成镀锌扁钢,将其数量列入接地母线中。具体计算如下。

避雷针引下线的垂直长度为(17.02−0.3)×2 m=33.44 m。

避雷针引下线的水平长度为 0.72×2 m=1.44 m。

避雷引下线工程量为(33.44+1.44) m×(1+3.9%)=34.88×(1+3.9%) m=36.24 m。

避雷针引下线的重量为 36.24×0.395 kg=14.31 kg。

断接卡子制作、安装,2 套(避雷引下线与接地母线的连接)。

接地极制作、安装,50 mm×50 mm×5 mm 的镀锌角钢,共计 4 根。

接地母线的水平长度为(3+5)×2 m=16 m。

接地母线的垂直长度为(0.3+0.75)×2 m=2.1 m(地上 0.3 m 和埋深 0.75 m)。

接地母线的工程量为(16+2.1) m×(1+3.9%)=18.1×(1+3.9%) m=18.81 m。

接地极调试,1 组。

2. 防雷接地工程量清单设置

防雷接地工程量清单设置见表 3.4.2。

表 3.4.2　防雷接地分部分项工程量清单

序号	项目编码	项目名称	项目特征描述	计量单位	工程量
1	030409001001	接地极	接地极;镀锌角钢;尺寸 50 mm×50 mm×5 mm;长 2.5 m;坚土埋深 0.75 m	根	4

序号	项目编码	项目名称	项目特征描述	计量单位	工程量
2	030409002001	接地母线	接地母线；40 mm×4 mm 镀锌扁钢；埋深 0.75 m	m	18.81
3	030409003001	避雷引下线	避雷引下线；φ8 钢筋；暗装于外墙面粉刷层内；40 mm×4 mm 镀锌扁钢；断接卡子 2 套	m	36.24
4	030409005001	避雷网	避雷网；φ10 镀锌圆钢；沿女儿墙安装；跨接 2 处	m	61.45
5	030409006001	避雷针	φ12 镀锌圆钢避雷针 0.8 m 高安装于墙壁上	根	2
6	030414011001	接地装置	接地极系统调试	组	1

3. 清单项目的综合单价确定

假定本工程为二类工程，二类工工资为 74 元/工日，则 030409003001 和 030409006001 的综合单价分析见表 3.4.3 和表 3.4.4。

表 3.4.3 （030409003001）工程量清单综合单价分析表

工程名称：　　　　　　　　　　　　标段：　　　　　　　　　　　　第　页　共　页

项目编码	030409003001	项目名称	避雷引下线	计量单位	m

清单综合单价组成明细

定额编号	定额名称	定额单位	数量	单价/元				合价/元			
				人工费	材料费	机械费	管理费和利润	人工费	材料费	机械费	管理费和利润
4-915	避雷引下线	10 m	3.624	91.02	5.32	31.33	48.24	329.86	19.28	113.54	174.82
4-964	断接卡子制作、安装	10 套	0.2	203.50	48.84	1.65	107.86	40.70	9.77	0.33	21.57
人工单价			小　计					370.56	29.05	113.87	196.39
74 元/工日			未计价材料费					74.44			
清单项目综合单价								784.31			

材料费明细	主要材料名称、规格、型号	单位	数量	单价/元	合价/元	暂估单价/元	暂估合价/元
	φ8 钢筋	kg	14.31	5.2	74.44		
	其他材料费			—	29.05		
	材料费小计			—	103.49	—	

表 3.4.4 （030409006001）工程量清单综合单价分析表

工程名称：　　　　　　　　　　　　标段：　　　　　　　　　　　　第　页　共　页

项目编码	030409006001	项目名称	避雷针	计量单位	根

清单综合单价组成明细

续表

定额编号	定额名称	定额单位	数量	单价/元				合价/元			
				人工费	材料费	机械费	管理费和利润	人工费	材料费	机械费	管理费和利润
4-941	避雷针安装	根	2	45.88	150.37	2.09	24.31	45.88	150.37	2.09	24.31
人工单价		小　计						45.88	150.37	2.09	24.31
74元/工日		未计价材料费						3.69			
清单项目综合单价								226.34			

材料费明细	主要材料名称、规格、型号	单位	数量	单价/元	合价/元	暂估单价/元	暂估合价/元
	φ12镀锌圆钢	kg	0.71	5.2	3.69		
	其他材料费			—	150.37	—	
	材料费小计			—	154.06	—	

任务 6　学员工作任务作业单

1. 学员工作任务作业单（一）

假定本工程为二类工程，二类工工资为74元/工日，将表3.4.2中其他4项的综合单价分析分别填入表3.4.5。

表 3.4.5　（　　）工程量清单综合单价分析表

工程名称：　　　　　　　　　　　标段：　　　　　　　　　　第　页共　页

项目编码		项目名称		计量单位	

清单综合单价组成明细

定额编号	定额名称	定额单位	数量	单价/元				合价/元			
				人工费	材料费	机械费	管理费和利润	人工费	材料费	机械费	管理费和利润

续表

项目编码		项目名称		计量单位	
人工单价		小　计			
74元/工日		未计价材料费			
清单项目综合单价					

	主要材料名称、规格、型号	单位	数量	单价/元	合价/元	暂估单价/元	暂估合价/元
材料费明细							
	其他材料费			—		—	
	材料费小计			—		—	

2. 学员工作任务作业单(二)

如图3.4.12所示某饲料厂主厂房,房顶的长和宽分别为30 m和11 m,层高4.5 m,共5层,女儿墙高度为0.6 m,室内外高差0.45 m。女儿墙顶敷设φ8镀锌圆钢避雷网,φ8镀锌圆钢引下线自两角引下,在距室外自然地坪1.8 m处断开,在距建筑物3 m处,设三根2.5 m长∟50 mm×5 mm镀锌角钢接地极,打入地下0.8 m,顶部用-40 mm×4 mm镀锌扁钢连通,在引下线断接处和引下线连接。请按图编制工程量清单及工程量清单计价(填入表3.4.6),最好给出计算过程。

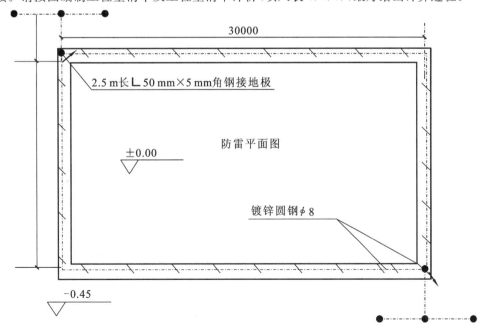

图3.4.12　防雷工程平面布置图

表 3.4.6 分部分项工程量清单与计价表

工程名称： 标段： 第 页共 页

序号	项目编码	项目名称	项目特征描述	计量单位	工程量	金额/元		
						综合单价	合价	其中:暂估价
		本页小计						

3. 学员工作任务作业单(三)

某住宅楼防雷工程平面布置见图 3.4.13。避雷网在平屋顶四周沿檐沟外折板支架敷设,其余沿混凝土块敷设。折板上口距室外地坪 19 m,避雷引下线均沿外墙引下,并在距室外地坪 0.5 m 处设置接地电阻测试断接卡子,土壤为普通土。请按图编制工程量清单及工程量清单计价(填入表 3.4.6)并写出计算过程。

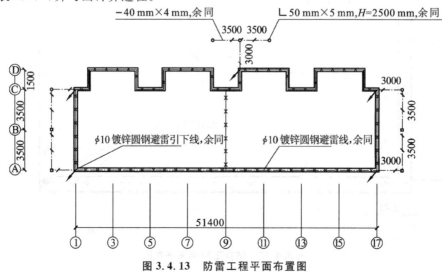

图 3.4.13 防雷工程平面布置图

4. 学员工作任务作业单(四)

图 3.4.14 是某综合楼(框架结构)屋面防雷工程图,请按图示编制工程量清单及工程量清单计价(将结果填入表 3.4.6),最好给出计算过程。

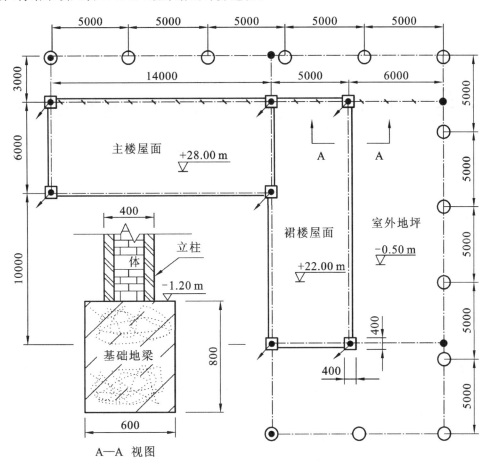

图 3.4.14　屋面防雷布置图

说明:避雷网采用 $\phi10$ 镀锌钢筋沿屋顶混凝土块敷设。利用各个立柱内的 2 根柱内主筋作引下线。接地网利用基础地梁的 2 根主筋并与室外增设的接地网连接,室外接地母线敷设深度为室外地坪下 0.75 m;地梁顶端标高－1.20 m。室外接地母线采用－40 mm×4 mm 镀锌扁钢与地梁引出钢筋连接。接地极采用 DN50 镀锌钢管($L=2\,500$ mm),打入地下坚土。

任务 **7** 情境学习小结

本情境学习了防雷接地的相关知识及其工程量计算、分部分项工程量清单编制、综合单价编制的方法。

【知识目标】

　了解防雷与接地装置的种类,其相应的省定额子目的基本内容及适用范围,熟悉识图知识及有关安装图集。

【能力目标】

　掌握防雷与接地装置的清单工程量计算、清单编制的方法,分部分项工程综合单价计算的方法,能进行材料与材料损耗量及其市场价格的确定,以及分部分项工程计价。

任务 **8** 情境学习拓展——柱内主筋作为引下线

1. 情境描述

　本工程为某小学教学楼,共2层,1、2层均为教学用,建筑主体高度为7.5 m,结构形式为框架结构,现浇混凝土楼板,女儿墙高900 mm,独立基础尺寸为2 000 mm×2 000 mm,其底板标高为−3.300 m。其防雷接地平面布置见图3.4.15、图3.4.16。

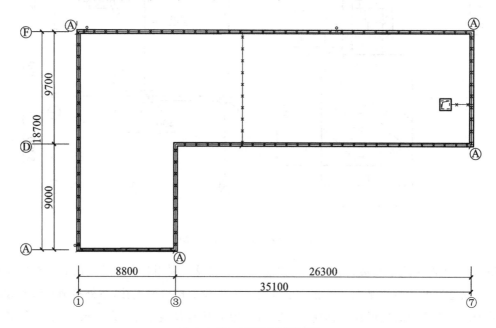

图 3.4.15　屋面防雷平面图

防雷及接地部分说明如下。

　(1) 本工程按第三类防雷建筑物设防,采用热镀锌圆钢沿女儿墙四周暗敷作为接闪器。

　(2) 利用混凝土柱内主筋(每处不少于4根)作为引下线,作为引下线的柱子主筋与避雷带连接后与接地装置焊接,引下线距地0.5 m处暗设接地电阻检测端子。

　(3) 用−40 mm×4 mm热镀锌扁钢把各独立基础连成一片形成钢筋网,把钢筋网和沿建筑物基础以外埋设的一圈−40 mm×4 mm热镀锌扁钢作为本建筑的防雷接地及电气、信

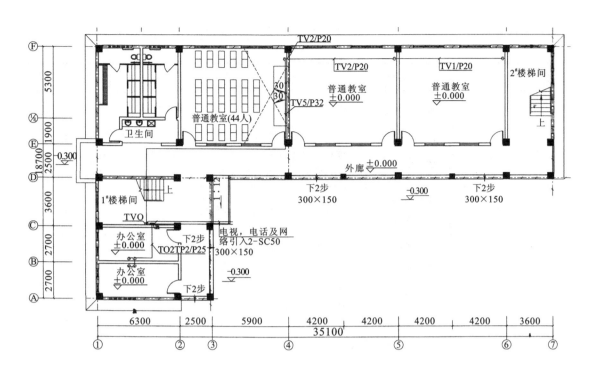

图 3.4.16 底层弱电及接地平面图

息等设备接地的共用接地装置,要求接地电阻不大于 1 Ω,如实测达不到要求,应补打垂直接地极直至满足要求为止。

(4)屋面以上所有金属体均与避雷带连接。

(5)可触及的固定设备外露可导电部分、金属管道、电缆金属外皮、建筑物金属构件、其他金属物体等均作总等电位联结。

(6)本建筑所有配线钢管及配电箱箱体均应连成电气通路,并与各配电箱内保护地线端子排相连。

(7)未尽事宜按国家现行有关电气施工及验收规范执行。

2.防雷接地工程量手工计算

避雷网(沿折板):$(35.1+18.7)\times2\times(1+3.9\%)$ m = 111.8 m。

避雷网(沿混凝土块):$[9.7+2(上人孔到女儿墙)+0.9]\times(1+3.9\%)$ m = 13.09 m。

每柱四根钢筋引下线单根高度:$(7.5+0.9+3.3)\times(1+3.9\%)$ m = 12.16 m。

本工程四根柱作为引下线,断接卡子四套,总长度:$12.16\times4\times2$ m = 97.28 m。

接地母线长度:$[(35.1+18.7)\times2(内圈)+(35.1+18.7)\times2+(1+1)\times4(外圈)+1\times4$ (两圈水平距离)$]\times(1+3.9\%)$ m = 236.06 m。

3.防雷接地工程量清单设置

防雷接地工程量清单设置见表3.4.7。

表 3.4.7 防雷接地分部分项工程量清单

序号	项目编码	项目名称	项目特征描述	计量单位	工程量
1	030409002001	接地母线	接地终线；-40 mm×4 mm 镀锌扁钢；埋深 3.15 m	m	236.06
2	030409003001	避雷引下线	避雷引下线；利用每根柱子；-40 mm×4 mm 镀锌扁钢主筋；断接卡子 4 套	m	97.28
3	030409005001	避雷网（沿折板）	避雷网；φ12 镀锌圆钢；沿女儿墙安装	m	111.8
4	030409005002	避雷网（沿混凝土块）	避雷网；φ12 镀锌圆钢；沿混凝土块安装；混凝土块 12 块	m	13.09
5	030409008001	等电位端子箱	等电位端子箱；25 mm×4 mm	套	1
6	030414011001	接地装置	接地极系统调试	组	1

情 境 4

通风、空调工程
工程量计量与计价

【正常情境】

　　某建筑安装工程公司欲承接某大楼的施工建设任务,公司(或项目)负责人组织有关技术员工编制投标文件对该项目进行投标活动。拿到暖通专业施工图纸和招标文件中的暖通专业单位工程清单工程量后,首先应检查图纸描述是否有问题,清单工程量是否存在少算、多算以及漏项问题;其次是针对清单工程量,其计价(定额)工程量是多少;最后是公司的工料机消耗量定额和单价是多少。

【异常情境】

　　(1) 小区内或办公楼等工程有制冷机房,专业厂家委托此公司承担该分部分项工程,因此也必须对它报价。

　　(2) 厂区工程很大,有锅炉设备房,而公司具有特种安装资质,锅炉设备房也作为暖通专业施工图纸中的一部分,因此也必须对它报价。

　　(3) 若承担材料计划编制和对专业施工队施工成本核算的工作,该怎样开展工作?

【情境任务分析】

　　通风、空调工程的造价编制;制冷机房或锅炉设备房的设备工程的造价编制。

子项目 *4.1* 通风、空调设备及其部件制作安装计量与计价

任务 1 情境描述

　　工程概况:本工程为某办公楼(一层部分房间)风机盘管工程。风机盘管布置平面图如图4.1.1所示,空调水管平面图如图 4.1.2 所示,空调水管道系统图如图 4.1.3 所示,风机盘管安装详图如图 4.1.4 所示。图中除标高以"m"计外,其余标注以"mm"计。

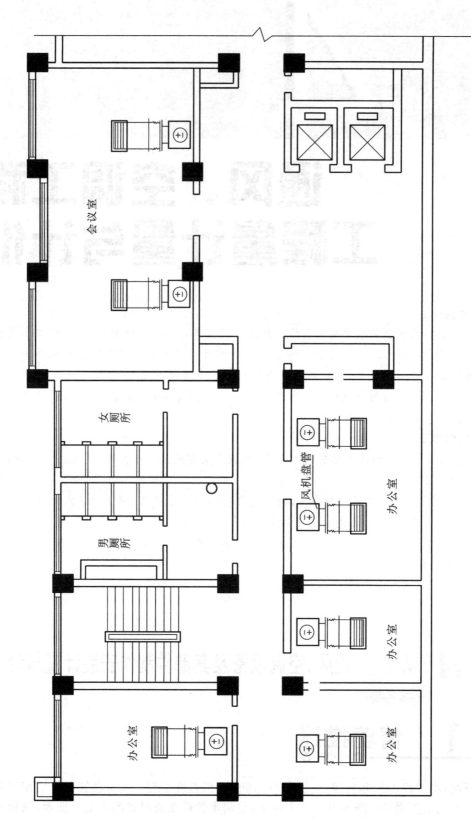

图 4.1.1 风机盘管布置平面图

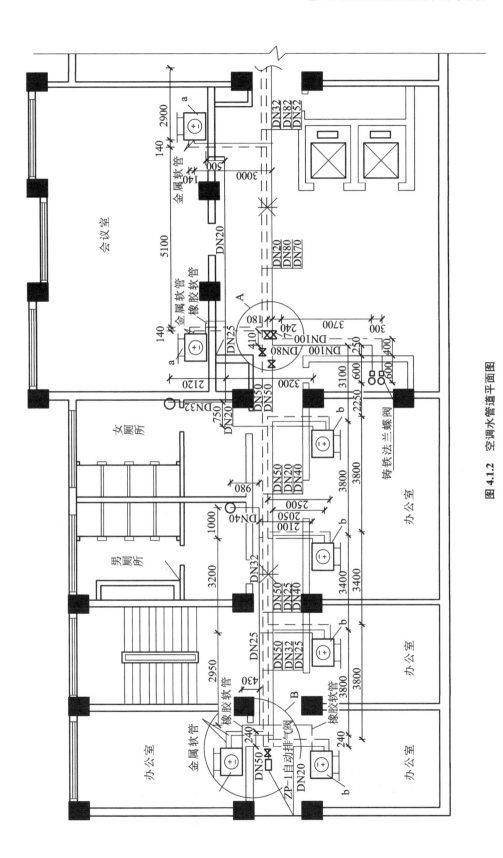

图 4.1.2 空调水管道平面图

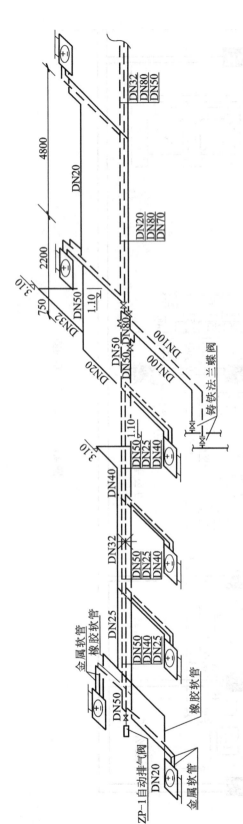

图 4.1.3 空调水管管道系统图

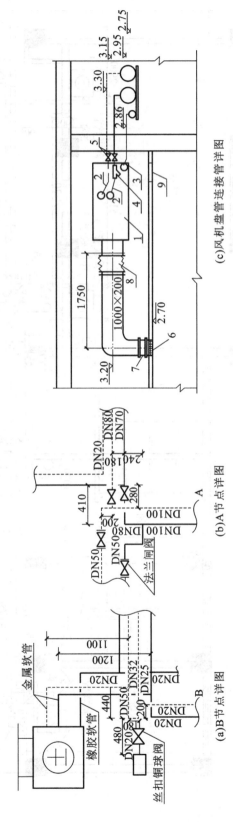

图 4.1.4 风机盘管安装详图

1—风机盘管；2—金属软管；3—橡胶软管；4—过滤器；5—螺纹铜球阀；6—铝合金双层百叶送风口，1000 mm×200 mm；7—帆布软管接口，长200 m；8—帆布软管接口，400 mm×250 mm；9—铝合金回风口，长300 m

（1）风机盘管采用卧式暗装（吊顶式），风机盘管连接管使用镀锌薄钢板，其铁皮厚度 $\delta=1.0$ mm，截面尺寸为 1 000 mm×200 mm。

（2）风机盘管送风口为铝合金双层百叶风口，回风口为铝合金单层百叶风口，送、回风口均采用成品安装。

（3）空调供水、回水及凝结水管均采用镀锌钢管（螺纹连接）。进、出风机盘管的供、回水支管均装金属软管（螺纹连接）各一个，凝结水管与风机盘管连接需装橡胶软管（螺纹连接）一个。

（4）图中阀门均采用铜球阀，规格同管径。管道穿墙均设一般钢套管。

（5）管道安装完毕后要求试压，空调系统试验压力为 1.3 MPa，凝结水管作灌水试验。

（6）未尽事宜均参照有关标准或规范执行。

任务 2　情境任务分析

由于情境描述中未给出通风、空调设备及其部件制作安装的分部分项清单工程量，因此首先要对上述任务设置清单项目和计算清单工程量；其次计算出计价工程量；最后要确定每一工程量清单项目的综合单价。

任务 3　知识——清单项目设置与工程量计算

通风、空调设备及其部件制作安装工程量清单、特征描述的内容、计量单位及工程量计算规则的设置，应按表 4.1.1，即《计价规范》中表 G.1（编码：030701）执行。

表 4.1.1　通风、空调设备及其部件制作安装（编码：030701）

项目编码	项目名称	项目特征	计量单位	工程量计算规则	工作内容
030701001	空气加热器（冷却器）	①名称；②型号；③规格；④质量；⑤安装形式；⑥支架形式、材质	台	按设计图示数量计算	①本体安装、调试；②设备支架制作、安装；③补刷（喷）油漆
030701002	除尘设备				
030701003	空调器	①名称；②型号；③规格；④安装形式；⑤质量；⑥隔振器、支架形式、材质	台（组）		①本体安装、调试；②设备支架制作、安装；③补刷（喷）油漆
030701004	风机盘管	①名称；②型号；③规格；④安装形式；⑤减振器、支架形式、材质；⑥试压要求	台		①本体安装、调试；②设备支架制作、安装；③试压；④补刷（喷）油漆
030701005	表冷器	①名称；②型号；③规格	个		①本体安装；②型钢制作、安装；③过滤器安装；④挡水板安装；⑤调试及运转；⑥补刷（喷）油漆
030701006	密闭门	①名称；②型号；③规格；④形式；⑤支架形式、材质			①本体制作；②本体安装；③支架制作、安装

续表

项目编码	项目名称	项目特征	计量单位	工程量计算规则	工作内容
030701007	挡水板	①名称;②型号;③规格;④形式;⑤支架形式、材质	个	按设计图示数量计算	①本体制作;②本体安装;③支架制作、安装
030701008	滤水器、溢水盘				
030701009	金属壳体				
030701010	过滤器	①名称;②型号;③规格;④类型;⑤框架形式、材质	①台;②m²	①以台计量,按设计图示数量计算;②以面积计量,按设计图示尺寸以过滤面积计算	①本体安装;②框架制作、安装;③补刷(喷)油漆
030701011	净化工作台	①名称;②型号;③规格;④类型	台	按设计图示数量计算	①本体安装;②补刷(喷)油漆
030701012	风淋室	①名称;②型号;③规格;④类型;⑤质量			
030701013	洁净室				
030701014	除湿机	①名称;②型号;③规格;④类型			本体安装
030701015	人防过滤吸收器	①名称;②规格;③形式;④材质;⑤支架形式、材质			①过滤吸收器安装;②支架制作、安装

任务 **4** 知识——项目名称释义

1. 风机盘管

风机盘管是中央空调理想的末端产品,由热交换器、水管、过滤器、风扇、接水盘、排气阀、支架等组成,其工作原理是机组不断地循环所在房间的空气,使空气通过冷水(热水)盘管后被冷却(加热),以保持房间温度的恒定,见图4.1.5。

按照国家标准《风机盘管机组》(GB/T 19232—2003)第4部分分类的规定,风机盘管结构形式可分为卧式(W)、立式(L)(含柱式,代号为LZ;低矮式,代号为LD)、卡式(K)和壁挂式(B);其安装形式分为明装(M)和暗装(A);进水方位分为左式(面对机组出风口,供、回水管在左侧,代号为Z)、右式(面对机组出风口,供、回水管在右侧,代号为Y)。风机盘管外形见图4.1.6;其型号格式见图4.1.7。

以三燕中央空调为例(下同),卧式暗装风机盘管外形尺寸、回风与出风口尺寸以及安装尺寸见图4.1.8和表4.1.2。风水管、电路安装见图4.1.9～图4.1.11。

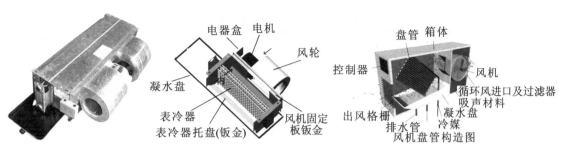

图 4.1.5　风机盘管构造图

挂机(SKFG)　卧式暗装(WA)　卧式明装(WM)　立式明装(LM)　卡式明装(KM)　柜机(SKFL)

图 4.1.6　风机盘管外形图

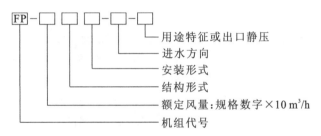

图 4.1.7　风机盘管型号格式

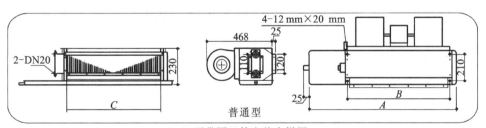

(a)不带回风箱安装大样图

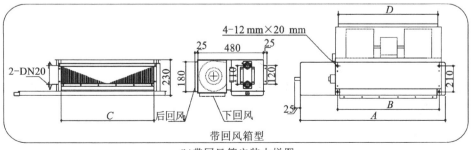

(b)带回风箱安装大样图

图 4.1.8　卧式暗装风机盘管安装大样图

表 4.1.2　卧式暗装风机盘管外形尺寸表

型　号	A/mm	B/mm	C/mm	D/mm	出风口尺寸/mm	回风口尺寸/mm	吊装尺寸/mm
FP-34	740	510	480	492	489×120	492×180	510×210
FP-51	840	610	580	592	580×120	592×180	592×210
FP-68	940	710	680	692	680×120	692×180	710×210
FP-85	1 040	810	780	792	780×120	792×180	810×210
FP-102	1 140	910	880	892	880×120	892×180	910×210
FP-136	1 540	1 310	1 280	1 292	1 280×120	1 292×180	1 310×210
FP-170	1 640	1 410	1 380	1 392	1 380×120	1 392×180	1 410×210
FP-204	1 840	1 550	1 520	1 532	1 520×120	1 532×180	1 550×210
FP-238	1 940	1 670	1 640	1 652	1 640×120	1 652×180	1 670×210

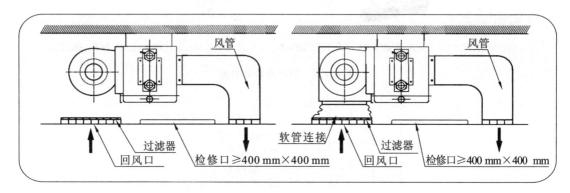

图 4.1.9　风管安装参考图

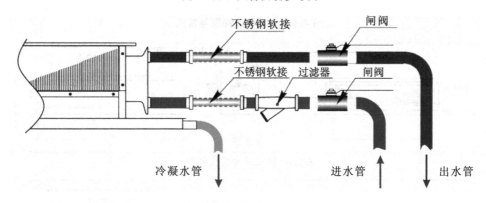

图 4.1.10　水管安装参考图

卧式明装风机盘管外形尺寸及安装尺寸见图 4.1.12。立式暗装风机盘管外形尺寸及安装尺寸见图 4.1.13。立式明装风机盘管外形尺寸及安装尺寸见图 4.1.14。卡式明装风机盘管外形尺寸及安装尺寸见图 4.1.15。

2. 空调机组

空调机组是一种对空气进行过滤和冷湿处理并内设风机的装置,有组合式空调机组、新风机组、整体式空调机组、组装立柜式空调机组、变风量空调机组等。

178

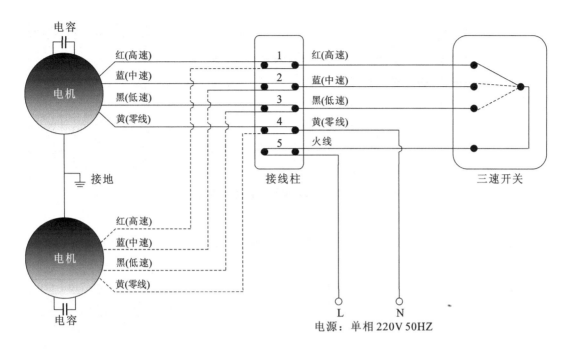

图 4.1.11 电路控制作、安装装参考图

组合式空调机组由过滤段、混合段、处理段、加热段、中间段、风机段等组成,是集中空调系统的空气处理设备,其外形见图 4.1.16、内部结构见图 4.1.17。

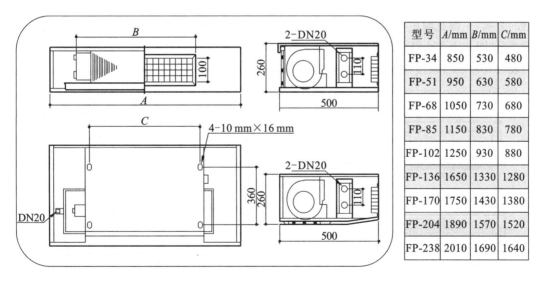

型号	A/mm	B/mm	C/mm
FP-34	850	530	480
FP-51	950	630	580
FP-68	1050	730	680
FP-85	1150	830	780
FP-102	1250	930	880
FP-136	1650	1330	1280
FP-170	1750	1430	1380
FP-204	1890	1570	1520
FP-238	2010	1690	1640

图 4.1.12 卧式明装风机盘管外形尺寸

3. 空调部件

表面式换热器分为表冷器和表面式加热器,有光管式和肋片式空气换热器两类,其冷、热媒均不与空气直接接触,用于空调的末端装置或空气处理室中。

表冷器有两种:一种是风机盘管的换热器,它的性能决定了风机盘管输送冷量的能力和对

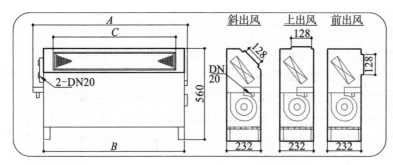

图 4.1.13　立式暗装风机盘管外形尺寸

型号	A/mm	B/mm	C/mm
FP-34	650	550	480
FP-51	750	650	580
FP-68	850	750	680
FP-85	950	850	780
FP-102	1050	950	880
FP-136	1450	1350	1280
FP-170	1550	1450	1380
FP-204	1690	1590	1520
FP-238	1810	1710	1640

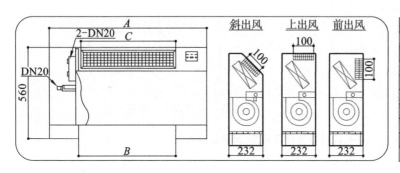

图 4.1.14　立式明装风机盘管外形尺寸

型号	A/mm	B/mm	C/mm
FP-34	850	510	480
FP-51	950	610	580
FP-68	1050	710	680
FP-85	1150	810	780
FP-102	1250	910	880
FP-136	1650	1310	1280
FP-170	1750	1410	1380
FP-204	1890	1550	1520
FP-238	2010	1770	1640

风量的影响,一般空调里都有这个设备;另一种是空调机组内的翅片冷凝器。表冷器分为蛇形盘管型(见图 4.1.18)和冷风机型两种。

　　表面式加热器以蒸汽或热水为热媒对空气进行加热。

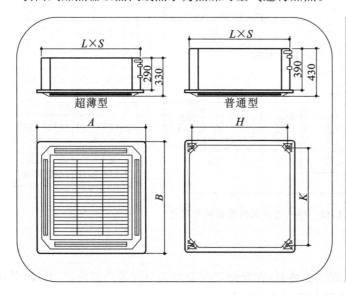

型号	面板尺寸 $A \times B$/mm	机体尺寸 $L \times S$/mm	吊杆尺寸 $H \times K$/mm
FP-34	620×620	530×530	478×478
FP-51	620×620	530×530	478×478
FP-68	790×790	670×670	618×618
FP-85	1040×790	920×670	868×618
FP-102	1040×790	920×670	868×618
FP-136	1140×890	1020×770	968×718
FP-170	1140×890	1020×770	968×718
FP-204	1140×990	1020×870	968×818
FP-238	1140×990	1020×870	968×818

图 4.1.15　卡式明装风机盘管外形尺寸

图 4.1.16　组合式空调机组外形

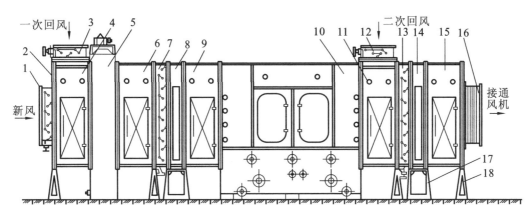

图 4.1.17　组合式空调机组内部结构

1—新风阀；2—混合室法兰盖；3、12—回风阀；4、11—混合室；5—过滤器；6、9、15—中间室；

7、13—混合阀；8——一次加热器；10—喷水室；14—二次加热室；16—风机接管；17—加热器支架；18—三角支架

挡水板是中央空调末端装置的一个重要部件（见图 4.1.19），它与中央空调相配套，用作汽水分离功能。挡水板材料多为 ABS 塑料或铝合金，其外形见图 4.1.20。

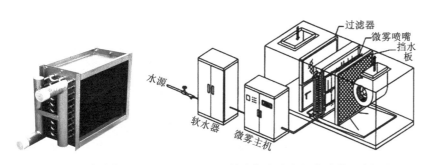

图 4.1.18　表冷器　　　图 4.1.19　挡水板中央空调末端装置在位置　　　图 4.1.20　挡水板外形

密闭门是一种能增加气密性的门，密闭门的材料有木质、钢质，其关键部件是密封装置。用于空调装置的密闭门见图 4.1.21。

滤水器是在使用循环水时，为了防止杂质堵塞喷嘴孔而设，在循环水管入口处装有圆筒形滤水器，内有滤网，滤网一般用黄铜丝网或尼龙丝网做成，其网眼的大小可以根据喷嘴孔径制定。

在夏季空气的冷却干燥过程中,由于空气中水蒸汽的凝结,以及喷水系统中不断加入冷冻水,空调底池水位将不断上升,为了保持一定的水位,必须设溢水盘,见图4.1.22。

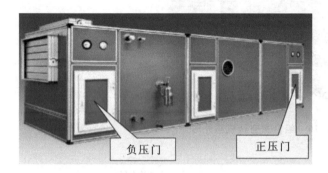

图 4.1.21 密闭门

图 4.1.22 溢水盘

4. 净化与除尘设备

1) 净化工作台

净化工作台广泛适用于医药卫生、生物制药、食品、医学科学实验室,光学、电子、无菌实验室,无菌微生物检验室等需要局部洁净无菌工作环境的科研和生产部门。它是一种能提供局部高洁净度工作环境且通用性较强的空气净化设备,其代表性外形见图4.1.23。

2) 风淋室

风淋室(见图4.1.24)是现代工业洁净厂房中必不可少的洁净配套设备,它能除去人和物体表面的尘埃,同时又对风淋室两侧的洁净区和非洁净区起到了缓冲与隔离作用,该设备广泛应用于食品、医药、生物工程及精密电子等领域。

图 4.1.23 净化工作台

图 4.1.24 风淋室

3) 洁净室

洁净室,亦称无尘车间、无尘室或清净室。洁净室的主要功能是室内污染控制,没有洁净室,污染敏感零件不可能批量生产。洁净室是将一定空间范围内空气中的微粒子、有害空气、细菌等污染物排除,并将室内温度、洁净度、室内压力、气流速度与气流分布、噪声振动及照明、静电控制在某一需求范围内。

4）除尘技术

除尘技术一般包括机械式除尘、湿式除尘、静电除尘和袋式除尘。

机械式除尘是利用粉尘的重力沉降、惯性或离心力分离粉尘,其除尘效率一般在90％以下,特点是除尘效率低、阻力低、节省能源。

湿式除尘是利用气液接触洗涤原理,将含尘气体中的粉尘分离到液体中,以除去气体中的粉尘,其除尘效率稍高于机械式除尘,但易造成洗涤液体的二次污染。

静电除尘是将含尘气体通过强电场,使粉尘颗粒带电,当粉尘颗粒通过除尘电极时,带正/负电荷的微粒分别被负/正电极板吸附,从而除去气体中的粉尘。静电除尘器除尘效率较高,但其除尘效率不稳定。

袋式除尘较静电除尘在节能减排方面具有更大的优势,在国家排放标准越来越严格的形势下,使用袋式除尘器将成为控制粉尘污染的重要选择。

任务 5　知识——安装计价定额

1. 通风、空调设备、制作、安装定额计价内容

通风、空调设备安装的工作内容:(1)开箱检查设备、附件、底座螺栓;(2)吊装、找平、找正、垫垫、灌浆、螺栓固定、装梯子。

通风机安装项目内包括电动机安装,其安装形式包括 A、B、C 或 D 型,也适用于不锈钢和塑料风机安装。

设备安装项目的基价中不包括设备费和应配备的地脚螺栓价格。

诱导器安装执行风机盘管安装项目。

2. 空调部件及设备支架制作、安装定额计价内容

金属空调器壳体安装工作内容:(1)制作,包含放样、下料、调直、钻孔,制作箱体、水槽,焊接、组合、试装;(2)安装,包含就位、找平、找正、连接、固定、表面清理。

3. 挡水板制作、安装定额计价内容

挡水板制作、安装工作内容:(1)制作,包含放样、下料,制作曲板、框架、底座、零件,钻孔、焊接、成型;(2)安装,包含找平、找正,上螺栓、固定。

4. 滤水器、溢水盘制作、安装定额计价内容

滤水器、溢水盘制作、安装工作内容:(1)制作,包含放样、下料、配制零件,钻孔、焊接、上网、组合成型;(2)安装,包含找平、找正,焊接管道、固定。

5. 密闭门制作、安装定额计价内容

密闭门制作、安装工作内容:(1)制作,包含放样、下料、制作门框、零件、开视孔,填料、铆焊、组装;(2)安装,包含找正、固定。

6. 设备支架制作、安装定额计价内容

设备支架制作、安装工作内容：(1)制作,包含放样、下料、调直、钻孔,焊接、成型;(2)安装,包含测位、上螺栓、固定、打洞、埋支架。

7. 过滤器、净化工作台、风淋室制作、安装定额计价内容

高、中、低效过滤器,净化工作台,风淋室安装包含开箱、检查、配合钻孔、垫垫、口缝涂密封胶、试装、正式安装。过滤器安装项目中包括试装,如设计不要求试装者,其人工、材料、机械不变。

低效过滤器指 M-A 型、WL 型、LWP 型等系列。

中效过滤器指 ZKL 型、YB 型、W 型、M 型、ZX-1 型等系列。

高效过滤器指 GB 型、GS 型、JX-20 型等系列。

净化工作台指 XHK 型、BZK 型、SXP 型、SZP 型、SZX 型、SW 型、SZ 型、SXZ 型、TJ 型、CJ 型等系列。

8. 定额计价说明

本说明是按空气洁净度为 100 000 级编制的。

洁净室安装以重量为计量单位计算,执行分段组装式空调器安装项目。

清洗槽、浸油槽、晾干架、LWP 滤尘器支架的制作、安装执行设备支架项目。

风机减震台座执行设备支架项目,定额中不包括减震器用量,应按设计图纸按实计算。

玻璃挡水板执行钢板挡水板相应项目,其材料、机械均乘以系数 0.45,人工不变。

保温钢板密闭门执行钢板密闭门项目,其材料乘以系数 0.5,机械乘以系数 0.45,人工不变。

9. 定额工程量计算规则

风机安装按设计不同型号以"台"为计量单位。

整体式空调机组安装,空调器按不同重量和安装方式以"台"为计量单位;分段组装式空调器,按重量以"kg"为计量单位。

风机盘管安装按不同安装方式以"台"为计量单位。

空气加热器、除尘设备安装按不同重量以"台"为计量单位。

高、中、低效过滤器,净化工作台安装以"台"为计量单位,风淋室安装按不同重量以"台"为计量单位。

挡水板制作、安装按空调器断面面积计算。

钢板密闭门制作、安装以"个"为计量单位。

电加热器外壳制作、安装按图示尺寸以"kg"为计量单位。

任务 6   任务示范操作

1. 查风机盘管资料

通过查阅有关厂家风机盘管资料(见图 4.1.25、图 4.1.26,表 4.1.3、表 4.1.4),得到风机盘管 42CE002、42CE003 和 42CE010 的出风口尺寸分别为 480 mm×125 mm、480 mm×125 mm、1 200 mm×125 mm。

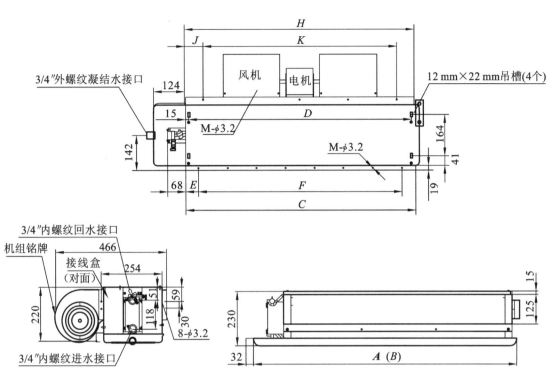

图 4.1.25 风机盘管安装图

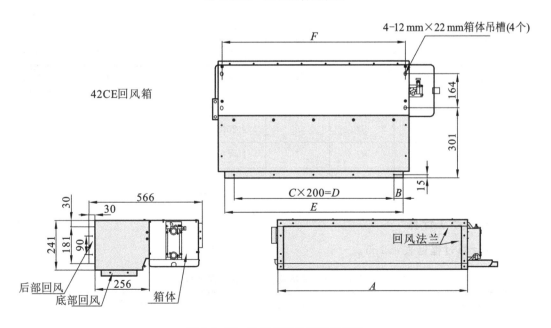

图 4.1.26 风机盘管回风箱安装图

表 4.1.3   风机盘管尺寸表

型 号	尺寸/mm										
	A	B	C	D	E	F	H	J	K	M	N
42CE002	890	770	550	520	35	480	550	75	400	10	6
42CE003	770	890	630	600	75	480	630	115	400	12	6
42CE004	890	970	750	720	75	600	750	75	600	14	6
42CE005	970	1 090	830	800	55	720	830	115	600	16	8
42CE008	1 170	1 410	1 030	1 000	95	840	1 030	115	800	18	8
42CE008	1 410	1 530	1 270	1 240	95	1 080	1 270	35	1 200	26	10
42CE010	1 530	1 770	1 390	1 360	95	1 200	1 390	95	1 200	28	10
42CE012	1 770	2 010	1 630	1 600	95	1 440	1 630	115	1 400	32	12
42CE014	2 010	2 250	1 870	1 840	95	1 680	1 870	136	1 600	36	14

注:B 为加长水量尺寸。

表 4.1.4   风机盘管回风箱尺寸表

42CE 回风箱零件号	尺寸/mm						适用于
	A	B	C	D	E	F	
42CE402900	554	47	2	400	494	520	42CE002
42CE403900	634	87	2	400	574	600	42CE003
42CE404900	764	47	3	600	694	720	42CE004
42CE405900	834	87	3	600	774	800	42CE005
42CE406900A	1 034	87	4	800	974	1 000	42CE006
42CE409900	1 274	107	5	1 000	1 214	1 240	42CE008
42CE410900	1 384	67	6	1 200	1 334	1 360	42CE010
42CE412900	1 634	87	7	1 400	1 574	1 600	42CE012
42CE414900	1 874	107	8	1 600	1 814	1 840	42CE014

2. 工程量手工计算

工程量计算过程见表 4.1.5。

表 4.1.5   风机盘管工程量计算过程

项 目 名 称	单位	数量	计 算 公 式
风机盘管暗装(42CE002)	台	2	—
风机盘管暗装(42CE003)	台	4	—

续表

项 目 名 称	单位	数量	计 算 公 式
风机盘管暗装(42CE010)	台	1	
镀锌钢管(纹接)DN100(管井内)	m	1.20	管井内:0.60(供水)+0.60(回水)
镀锌钢管(螺纹连接)DN100	m	8.77	(0.25+3.70)(供水)+(0.40+0.30+3.70+0.24+0.18)(回水)
镀锌钢管(螺纹连接)DN80	m	9.21	(0.24+0.41)(供水)+(0.28+0.14+5.10+0.14+2.90)(回水)
镀锌钢管(螺纹连接)DN70	m	5.38	(0.14+5.10+0.14)(供水)
镀锌钢管(螺纹连接)DN50	m	21.51	2.90(供水右)+(3.10+0.24)(供水左)+(0.40+0.20+0.60+2.25+3.80+3.40+3.80+0.20+0.18+0.44)(回水左)
镀锌钢管(螺纹连接)DN40	m	11.18	(3.40+3.80)(供水左)+[1.00+0.98+(3.10-1.10)](凝结水)
镀锌钢管(螺纹连接)DN32	m	14.16	3.80(回水左)+(0.14+2.90)(回水右)+[3.20+2.12+(3.10-1.10)](凝结水)
镀锌钢管(螺纹连接)DN25	m	13.49	(3.80+0.24)(供水左)+3.40(回水左)+(2.95+3.10)(凝结水)
镀锌钢管(螺纹连接)DN20	m	53.21 (合计)	0.48(供水左)+5.10(回水右)+4.60(凝结水) a 盘管支管(0.21+3.00+3.00+0.14+0.50)×2 b 盘管支管(2.05+2.50+2.10)×4 c 盘管支管(1.20+1.10+0.43)
钢制法兰蝶阀 DN100(管井内)	个	2	—
法兰闸阀 DN80	个	2	—
法兰闸阀 DN50	个	2	—
螺纹铜球阀 DN20	个	15	—
Y 形过滤器 DN20	个	7	—
自动排气阀 DN20	个	1	—
金属软管(螺纹连接)	个	14	
橡胶软管(螺纹连接)	个	7	
一般穿墙套管 DN100	个	2	—

项 目 名 称	单位	数量	计 算 公 式
一般穿墙套管 DN20	个	21	
风机盘管连接管 （咬口 $\delta=1.0$ mm）	m²	29.40	风管截面：1 000 mm×200 mm $L=1.75-0.30+(3.20-0.20-2.70)\times7$ $F=2\times(1.00+0.20)\times12.25$
铝合金百叶送风口安装	个	7	周长：$2\times(1\,000+200)$
铝合金百叶回风口安装	个	7	周长：$2\times(400+250)$
帆布软管接口制作安装	m²	8.40	1 000 mm×200 mm×200 mm：$2\times(1.00+0.20)\times$ 0.20×7 1 000 mm×200 mm×300 mm：$2\times(1.00+0.20)\times$ 0.30×7

图纸中有固定支架 2 处未计算其工程量。

3. 工程量清单设置

工程量清单设置见表 4.1.6。

表 4.1.6　通风及空调及部件制作安装分部分项工程量清单

序号	项目编码	项目名称	项目特征描述	计量单位	工程量
1	030701004001	风机盘管	风机盘管暗装（42CE002）	台	2
2	030701004002	风机盘管	风机盘管暗装（42CE003）	台	4
3	030701004003	风机盘管	风机盘管暗装（42CE010）	台	1
4	030702001001	碳钢通风管道	镀锌薄钢板厚度 $\delta=1.0$ mm，截面尺寸为 1 000 mm×200 mm	m²	29.40
5	030703011001	铝合金风口	铝合金百叶送风安装（周长 2 400 mm）	个	7
6	030703011002	铝合金风口	铝合金百叶回风安装（周长 1 300 mm）	个	7
7	030703019001	柔性接口	帆布软管接口制作安装	m²	8.40
			（其他省略）		

4. 清单项目综合单价确定

假定本工程为二类工程，二类工工资为 74 元/工日，风机盘管 42CE002 单价为 1 000 元/台，则 030701004001 的综合单价分析见表 4.1.7。

表 4.1.7 （030701004001）工程量清单综合单价分析表

项目编码	030701004001		项目名称	风机盘管	计量单位		台

清单综合单价组成明细

定额编号	定额名称	定额单位	数量	单价/元				合价/元			
				人工费	材料费	机械费	管理费和利润	人工费	材料费	机械费	管理费和利润
7-34 换	吊顶式	台	1	70.30	84.52	7.54	40.07	70.30	84.52	7.54	40.07
人工单价		小　计						70.30	84.52	7.54	40.07
74 元/工日		未计价材料费						1 000.00			
清单项目综合单价								1 202.43			

材料费明细	主要材料名称、规格、型号			单位	数量	单价/元	合价/元	暂估单价/元	暂估合价/元
				台	1.0	1 000.00	1 000.00		
	其他材料费					—	84.52	—	
	材料费小计					—	1 084.52	—	

任务 **7** 学员工作任务作业单

1. 学员工作任务作业单（一）

假定本工程为二类工程，二类工工资为 74 元/工日，查询有关产品价格，编制表 4.1.6 中未完成的项目清单，填入表 4.1.8，并计算表 4.1.6 和 4.1.8 中项目的综合单价，填入表 4.1.9。

表 4.1.8 通风及空调及部件制作安装分部分项工程量清单

工程名称：　　　　　　　　　　　　标段：　　　　　　　　　　　第　页共　页

序号	项目编码	项目名称	项目特征描述	计量单位	工程量
8					
9					
10					
11					
12					
13					
14					
15					
16					

序号	项目编码	项目名称	项目特征描述	计量单位	工程量
17					
18					
19					
20					
21					
22					
23					
24					
25					
26					
27					
28					
29					

表 4.1.9 （　　　　　）工程量清单综合单价分析表

项目编码		项目名称		计量单位	

清单综合单价组成明细

定额编号	定额名称	定额单位	数量	单价/元				合价/元			
				人工费	材料费	机械费	管理费和利润	人工费	材料费	机械费	管理费和利润
人工单价		小　计									
74 元/工日		未计价材料费									
清单项目综合单价											

材料费明细	主要材料名称、规格、型号		单位	数量	单价/元	合价/元	暂估单价/元	暂估合价/元
	其他材料费				—		—	
	材料费小计				—		—	

2. 学员工作任务作业单（二）

工程概况:本工程为某办公楼风机盘管工程。图中标高以"m"计,其余以"mm"计。工程设计与施工说明见图 4.1.27,1 层空调水管道平面图见图 4.1.28,2 层空调水管道平面图见图 4.1.29,空调水管道系统图见图 4.1.30,图例与主要设备材料表见图 4.1.31。

编制其工程量清单并计算其预算价格,填入表 4.1.10 中。

表 4.1.10　分部分项工程量清单与计价表

工程名称：　　　　　　　　　　　标段：　　　　　　　　　　　第　页共　页

序号	项目编码	项目名称	项目特征描述	计量单位	工程量	金额/元		
						综合单价	合价	其中：暂估价
				本页小计				

3. 学员工作任务作业单（三）

工程概况：本工程为某大厦多功能厅通风空调工程，图中标高以"m"计，其余以"mm"计。通风平面图见图 4.1.32，通风剖面图见图 4.1.33，通风系统图见图 4.1.34。

如图 4.1.32，空气处理由位于图中①轴和②轴间的空气处理室内的变风量整体空调箱（机组）完成，其规格为 8 000(m³/h)/0.6(t)。在图中Ⓐ轴外墙上，安装了一个 630 mm×1 000 mm 的铝合金防雨单层百叶新风口（带过滤网），其底部距地面 2.8 m，在图中②轴线内墙上距地面 1.0 m 处，装有一个 1 600 mm×800 mm 的铝合金百叶回风口，其后面接一阻抗复合消声器，两者组成回风管。室内大部分空气由此消声器吸回到空气处理室，与新风混合后吸入空调箱，处理后经风管送入多功能厅内。

本工程中风管采用镀锌薄钢板，咬口连接，其中方形风管尺寸为 240 mm×240 mm、250 mm×250 mm，铁皮厚度 $\delta=0.75$ mm；矩形风管尺寸为 800 mm×250 mm、800 mm×500 mm、630 mm×250 mm、500 mm×250 mm 的，铁皮厚度 $\delta=1.0$ mm；主风管尺寸为 1 250 mm×500 mm 的，铁皮厚度 $\delta=1.2$ mm。

阻抗复合消声器采用现场制作、安装，送风管上的管式消声器为成品安装。

图中风管防火阀、对开多叶风量调节阀、铝合金新风口、铝合金回风口、铝合金方形散流器均为成品安装。

主风管(1 250 mm×500 mm)上，设置温度测定孔和风量测定孔各一个。

风管保温材料采用岩棉板，其厚度 $\delta=25$ mm，外缠玻璃丝布一道，玻璃丝布不涂油漆，做保温时需使用粘结剂、保温钉。风管在现场按先绝热后安装的施工顺序进行安装。

设计及施工说明

一、设计内容及设计依据

(一)设计内容

1.本工程为干式真空泵厂办公楼。地上2层。总建筑高为5 m。总建筑面积为586.74 m²。

2.本施工图设计内容包括办公楼内的末端空调设计,其主机部分由甲方自理。

(二)设计依据

1.本工程设计任务书;

2.建设单位提供的建筑物周围市政条件资料;

3.建筑和有关工种提供的作业图及设计资料;

4.《采暖通风与空气调节设计规范》(GB 50019—2003);

5.业主对本工程的意见和要求。

二、室内外设计计算参数

(一)室外设计计算参数

1.夏季:空调干球温度为34.7℃,空调湿球温度为26.6℃,通风温度为31℃,室外风速为2.3 m/s;

2.冬季:空调干球温度为-12℃,相对湿度为60%,通风温度为-3℃,室外风速为2.6 m/s。

(二)室内设计计算参数

室内设计计算参数:办公楼 夏季24~26℃ 相对湿度50%~60%

冬季18~20℃ 相对湿度50%~60%

会议室 夏季24~26℃ 相对湿度50%~60%

夏季18~20℃ 相对湿度50%~60%

三、空调冷热源

1.空调主机形式由甲方自理,本次设计不涉及主机的选择。

2.空调主机以冬季室外,夏季空调主机提供7~12℃的冷水,冬季提供50℃~60℃的热水;

3.办公室空调冷负荷指标为100 w/m²,空调面积为338.52 m²;

活动室空调冷负荷指标为80 w/m²,空调面积为28.5 m²;

会议室空调冷负荷指标为250 w/m²,空调面积为41.04 m²。

四、空调水系统

1.空调形式为独立风机盘管式系统;

2.空调水系统的定压及补水设备均由甲方自理。

五、施工安装

1.所有基础设备的基础均应在设备到货并校核其尺寸无误后方可施工,其基础施工应按设备的要求预留地脚螺栓孔(二次浇筑)。

2.设备订货时应核对产品的各项性能参数。如与图纸不符请与甲方或设计院协商。

3.本设计按照走廊设计装修吊顶来考虑,装修时应在风阀、水管及风机盘管等需要检修的设备及附件下部的吊顶上预留600 mm×600 mm的检修孔。

4.凝水管安装时要保持不小于0.003的坡度,并坡向地漏;

5.风机盘管冷热水出水管采用蝶阀,回水口处设手动跑风阀,凝水管口与水管相连时,设200 mm的透明软管。

6.水路软接头采用橡胶软接头。

7.空调管路采用镀锌钢管,凝水管采用PP-R管。

8.空调管道的保温材料为橡塑外缠铝箔,DN<40 mm,取30 mm;40 mm<DN<80 mm,取40 mm;凝结水管的保温厚度为25 mm。

9.凝结水保温前应先除锈和清洁表面,然后刷防锈漆两道,再做保温。空调冷水供、回水管与其支架吊架之间应垫上与保温层厚度相同的经过防腐处理的木垫块,安装完成后,支架吊架均做保温处理喷漆。

10.除图中特殊说明外,本设计图中所标注的标高均为水管柱中心标高。

11.管道安装完工后,应进行水压试验,试验压力按系统顶点工作压力加0.1 MPa,但不低于0.3 MPa。在10min内压降<20 KPa为合格。

12.本说明与图纸具有同等效力,如与其他专业发生冲突请与甲方或者设计院协商,管道穿越楼板的防水做法,风道所用的板材厚度及安装法均应按照国家标准执行。

13.以上未说明之处如有同等均均按施工验收规范执行。

《建筑给水排水及采暖工程施工质量验收规范》(GB 50242—2002)

《制冷设备、空气分离设备安装工程施工及验收规范》(GB 50274—2010)

《通风与空调工程施工质量验收规范》(GB 50243—2002)

使用标准图目录

序号	标准图集编号	标准图集名称	页次	备注
1	L04T801	空调设备安装	全部	

图 4.1.27 工程设计与施工说明

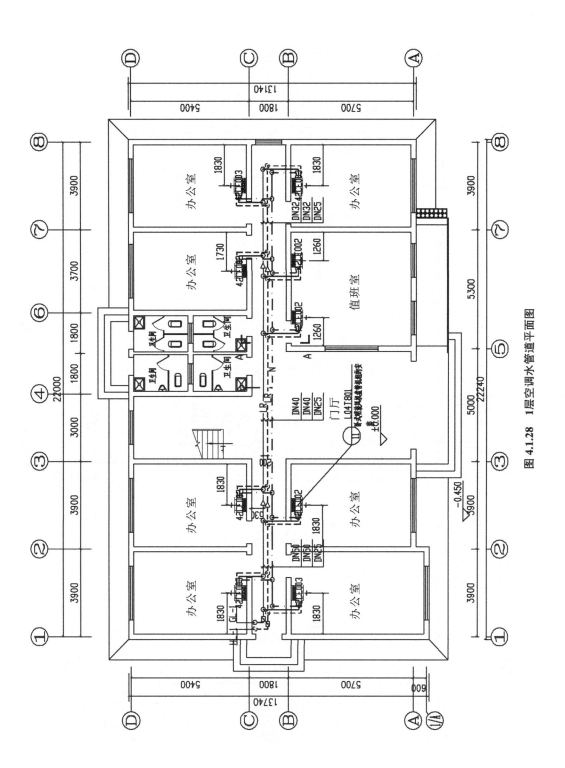

图 4.1.28　1层空调水管道平面图

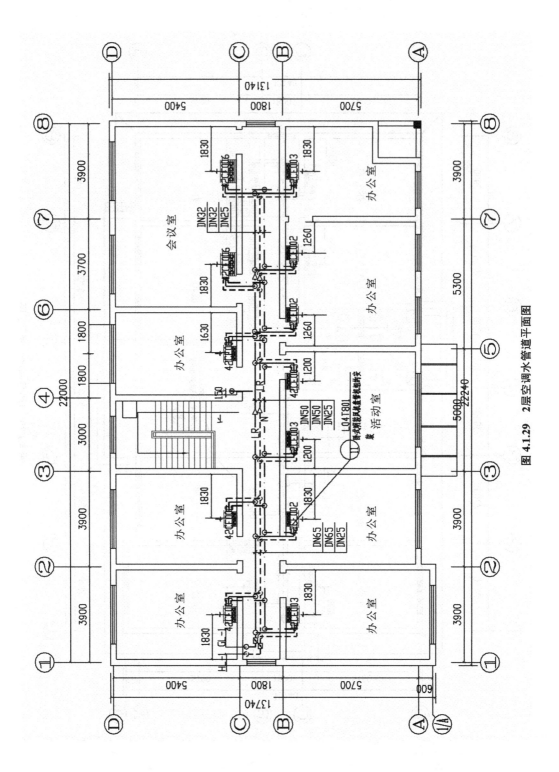

图 4.1.29 2层空调水管道平面图

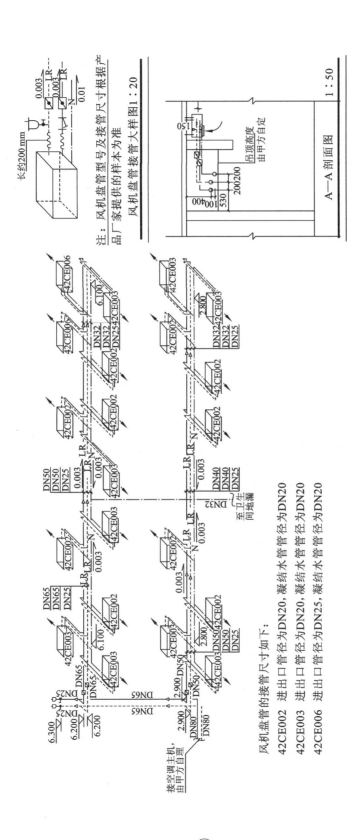

图 4.1.30 空调水管道系统图

安装工程清单计量与计价

主要设备材料表

序号	设备器材名称	规格型号	单位	数量
1	风机盘管	42CE002(卧式明装型，自带回风箱) 制冷量：2.30 kW，风量340 m³/h 制热量：3.91 kW，3排管 水流量：6.6 L/min，水压降14 KPa	台	10
		42CE003(卧式明装型，自带回风箱) 制冷量：3.2 kW，风量510 m³/h 制热量：5.33 kW，3排管 水流量：9 L/min，水压降25 KPa	台	9
		42CE006(卧式明装型，自带回风箱) 制冷量：5.9 kW，风量1020 m³/h 制热量：9.84 kW，3排管 水流量：17 L/min，水压降35 KPa	台	2
2	自动排气阀ZP-Ⅱ	DN25	个	2
3	蝶阀	DN20	个	42
		DN50	个	2
		DN65	个	2
4	截止阀	DN25	个	2
5	镀锌钢管	DN20	m	35
		DN32	m	10
		DN40	m	25
		DN50	m	25
		DN65	m	30
		DN80	m	10
6	PP-R管	DN25	m	40
		DN32	m	8

图例

序号	名称	图例		序号	名称	图例
①	供水管	——		⑥	自动排气阀	⇧
②	回水管	—·—·—		⑦	蝶阀	⊡
③	凝水管	—··—··—		⑧	风机盘管	42CE003
④	截止阀DN≥05	▷◁		⑨	金属软管	∿
⑤	截止阀DN<05	▶●		⑩		

图 4.1.31　图例与主要设备材料表

进行通风空调工程量计算(填入表 4.1.11)，编制分部分项工程量清单(填入表 4.1.12)，检查其计算过程和列项是否合理，完成其项目编码并分析每项综合单价。

表 4.1.11　通风空调工程量计算书

项目名称	单位	数量	计算公式
变风量整体空调箱(机组)8 000(m³/h)/0.6(t)	台	1	
(待续)			

表 4.1.12　分部分项工程量清单

序号	项目编码	项目名称	单位	数量
1				

4. 学员工作任务作业单(四)

工程概况：本工程为某工厂车间送风系统的安装工程，其施工图见图 4.1.35、图 4.1.36，其通风管网系统图见图 4.1.37。

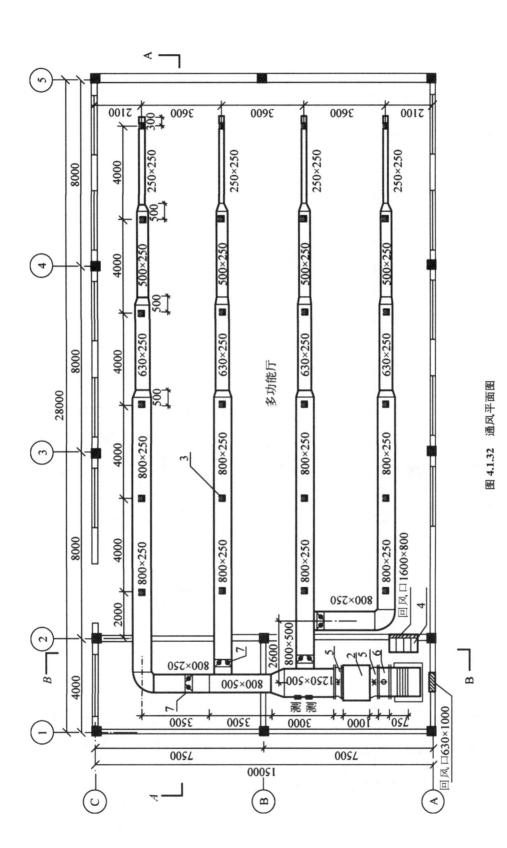

图 4.1.32　通风平面图

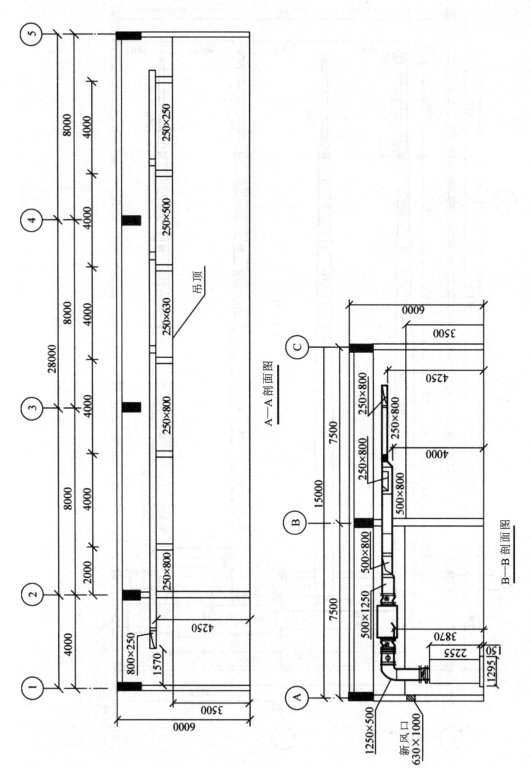

图 4.1.33 通风剖面图

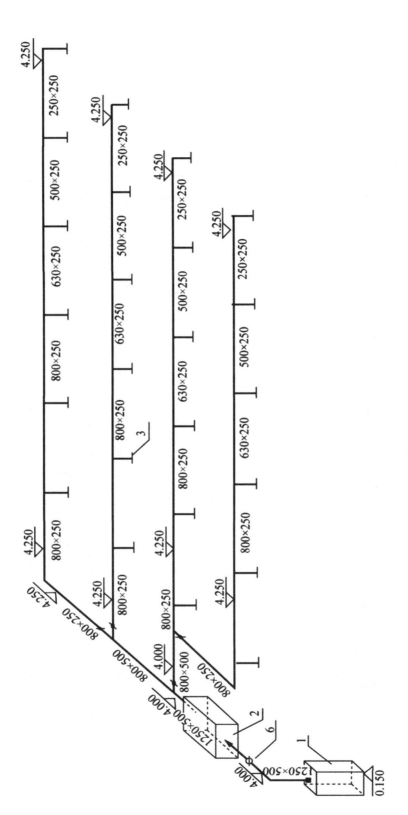

图 4.1.34　通风系统图

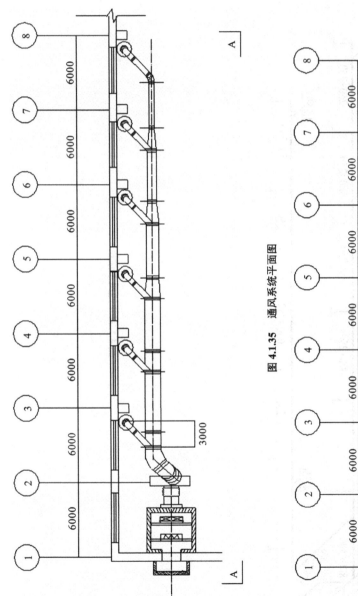

图 4.1.35　通风系统平面图

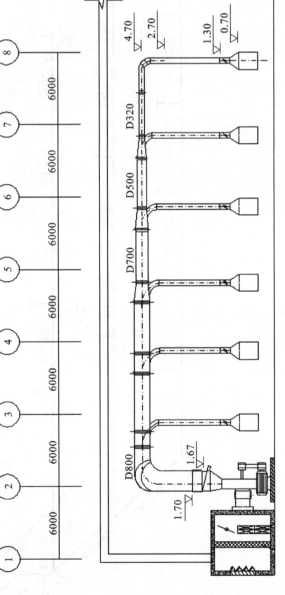

图 4.1.36　通风系统A—A剖面图

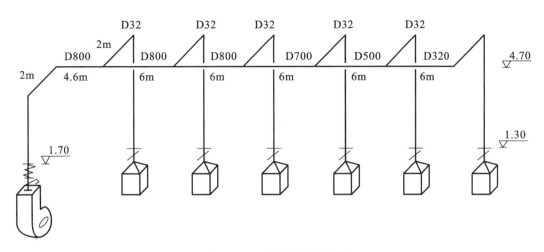

图 4.1.37 通风管网系统图

室外空气由空调箱的固定式钢百叶窗引入,经保温阀进入空气过滤器过滤;再由上通阀,进入空气加热器(冷却器),加热或降温后的空气由帆布软管,经风机圆形瓣式启动阀进入风机,由风机驱动进入主风管;再由六根支管上的空气分布器送入室内。空气分布器前均设有圆形蝶阀,供调节风量用。

施工说明:(1)风管采用热轧薄钢板,风管壁厚:DN500,$\delta = 0.75$ mm;DN500 以上,$\delta = 1.0$ mm;(2)风管角钢法兰规格:DN500,∟ 25 mm×4 mm;DN500 以上,∟ 30 mm×4 mm;(3)风管内外表面除锈后刷红丹酚醛防锈漆两道,外表面再刷灰色酚醛调和漆两道;(4)所有钢部件内外表面除锈后刷红丹酚醛防锈漆两道,外表面再刷灰色厚漆两道;(5)风管、部件的制作、安装执行国家施工验收规范中的有关规定。

设备部件一览表见表 4.1.13。

表 4.1.13 设备部件一览表

编号	名　称	型号及规格	单位	数量	备　注
1	钢百叶窗	500 mm×400 mm	个	1	20 kg
2	保温阀	500 mm×400 mm	个	1	
3	空气过滤器	LWP-D(I 型)	台	1	
	空气过滤器框架		个	1	41 kg
4	空气加热器(冷却器)	SRZ-12×6D	台	2	139 kg
	空气加热器支架				$G = 9.64$ kg
5	空气加热器上通阀	1 200 mm×400 mm	个	1	
6	风机圆形瓣式启动阀	D800	个	1	
7	帆布软接头	D600	个	1	$L = 300$ mm

续表

编号	名　　称	型号及规格	单位	数量	备　　注
8	离心式通风机	T4-72-11	台	1	
	电动机	Y200 L-4	台	1	
	皮带防护罩	C式Ⅱ型	个	1	$G=15.5$ kg
	风机减震台	CG327	kg	291.3	
9	天圆地方管	D800　560 mm×640 mm	个	1	$H=400$ mm
10	密闭式斜插板阀	D800	个	1	$G=40$ kg/个
11	帆布软接头	D800	个	1	$L=300$ mm
12	圆形蝶阀	D320	个	6	
13	天圆地方管	D320　600 mm×300 mm	个	6	$H=200$ mm
14	空气分布器	4# 600 mm×300 mm	个	6	
	空气分布器支架		个	6	

通风、空调设备及其部件制作、安装工程量计算见表 4.1.14。

表 4.1.14　通风、空调设备及其部件制作、安装工程量计算表

序号	分项工程名称	计　算　式	单位	工程量
1	离心式风机			
	离心式风机安装	查表 4.1.13	台	1
	风机减震台制作安装	291.3(风机减震台,查表 4.1.13)	kg	291.3
	风机减震台除锈刷油	291.3	kg	291.3
2	电动机	查表 4.1.13	台	1
3	空气加热器			
	空气加热器安装	139 kg/台	台	2
	空气加热器支架制作安装(50kg 以下)	9.64(空气加热器金属支架)	kg	9.64
	空气加热器金属支架除锈刷油	查表 4.1.13	kg	9.64
4	空气过滤器			
	空气过滤器安装	查表 4.1.13	台	1
	过滤框架制作安装	查表 4.1.13 查得其单体重量为 41 kg/个	kg	41
	过滤框架除锈刷油		kg	41
	(待续)			

针对表 4.1.14 计算出的内容,编制其分部分项工程量清单,填入表 4.1.10;查询有关设备和材料价格,假定工程类别为三类,对每项内容进行组价,填入表 4.1.9。

任务 8　情境学习小结

本学习情境仅涉及通风、空调及其部件制作、安装的分部分项清单工程量计算方法以及综合单价确定方法。若仅以此报价不准确,存在漏项问题,因为通风管道制作、安装,通风管道部件制作问题未涉及。

【知识目标】

了解通风、空调及其部件的种类,其相应的省定额子目基本内容及适用范围,熟悉识图知识及有关安装图集。

【能力目标】

掌握通风、空调及其部件制作、安装清单工程量计算、清单编制的方法,能进行分部分项工程综合单价计算,材料损耗量及其市场价格的确定,以及分部分项工程计价。

子项目 4.2　通风管道制作、安装计量与计价

任务 1　情境描述

某地下室通风工程施工图见图 4.2.1～图 4.2.5。

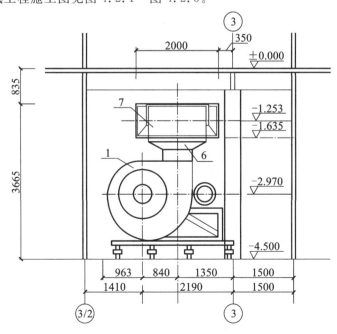

图 4.2.1　通风管道剖面图

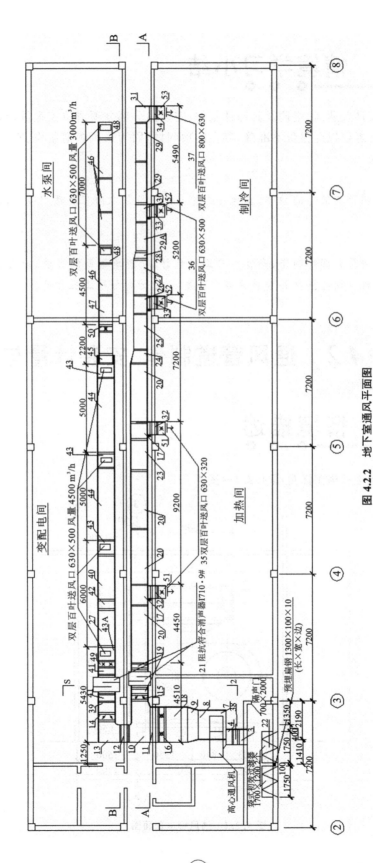

图 4.2.2　地下室通风平面图

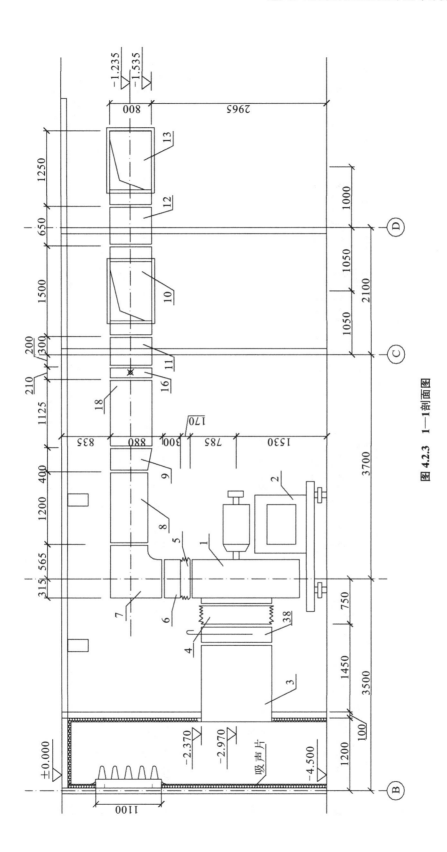

图 4.2.3　1—1剖面图

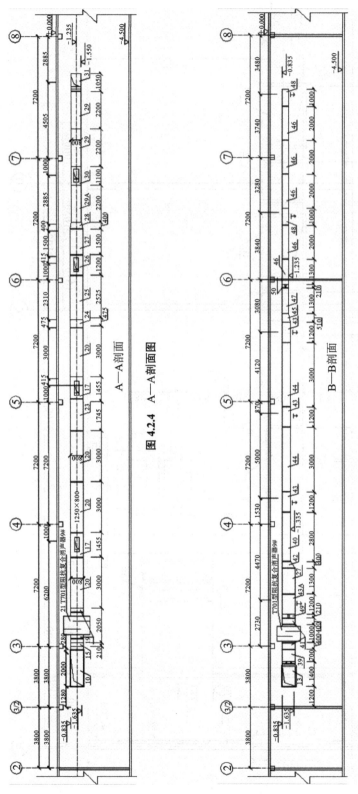

图 4.2.4 A—A剖面图

图 4.2.5 B—B剖面图

图纸设计施工说明:夏季通风温度为32 ℃,冬季通风温度为70 ℃,夏季通风相对湿度为57%。地下室设备层有大量的余热产生,故设 T4-72-11 玻璃钢风机一台进行全面通风,由窗井自然排风。为防止腐蚀,风管均采用阻燃玻璃钢风管,风管穿墙处设有防火阀,以满足防火要求。图纸中的主要设备及材料见表4.2.1。

表 4.2.1 设备及主要材料表

序号	名 称	型 号 规 格	单位	数量	备 注
1	玻璃钢离心通风机	T4-72-11,$L=49\ 500\ \text{m}^3/\text{h}$,$H=88\ \text{mm}$	台	1	
	配套电动机	Y200L1-6,18.5 kW	台	1	$N=710\ \text{r/min}$
2	通风机减震台座	配套电动	个	1	
3	进风消声器	D1 200,$L=1\ 240\ \text{mm}$	个	1	
4	柔性短管	D1 200,$L=300\ \text{mm}$,涂胶帆布	个	1	
5	柔性短管	840 mm×960 mm,$L=170$,涂胶帆布	个	1	
6	矩形变径管	840 mm×960 mm/630 mm×1 600 mm,$L=300\ \text{mm}$	个	1	
7	内弧外方矩形弯头	90 ℃,$A×B=630\ \text{mm}×1\ 600\ \text{mm}$,10#	个	1	带导流片
8	矩形风管	1 600 mm×630 mm,$L=1\ 200\ \text{mm}$	个	1	
9	矩形变径管	1 600 mm×630 mm/2 000 mm×800 mm,$L=400\ \text{mm}$	个	1	
10	矩形整体式三通	$A1=2\ 000\ \text{mm}$,$A2=1\ 000\ \text{mm}$,$A3=1\ 250\ \text{mm}$,$B=800\ \text{mm}$	个	1	576#
11	矩形风管	2 000 mm×800 mm,$L=500\ \text{mm}$	个	1	
12	矩形风管	1 000 mm×800 mm,$L=650\ \text{mm}$	个	1	
13	内弧外方矩形弯头	90 ℃,$A×B=1\ 000\ \text{mm}×800\ \text{mm}$,33#	个	1	
14	对开多叶调节阀	1 000 mm×800 mm,HG-35,A-34-M	个	1	
15	对开多叶调节阀	1 250 mm×800 mm,HG-35,A-34-M	个	1	
16	对开多叶调节阀	FH-01,SFM,2 000 mm×800 mm,1/14	个	1	
17	矩形插管三通	$A=1\ 250\ \text{mm}$,$A3=630\ \text{mm}$,$B=800\ \text{mm}$,$B3=320\ \text{mm}$,$L=800\ \text{mm}$	个	2	
18	矩形风管	2 000 mm×800 mm,$L=1\ 125\ \text{mm}$	个	1	
19	矩形变径管	1 250 mm×800 mm/1 330 mm×970 mm,$L=500\ \text{mm}$	个	2	
20	矩形风管	1 250 mm×800 mm,$L=3\ 000\ \text{mm}$	个	4	
21	阻抗复合消声器	T701 NO.9 玻璃钢	个	2	
22	布袋式粗效过滤器	$A=1\ 750\ \text{mm}$,安装时用长 1 300 mm,宽 100 mm,厚 10 mm,$B=1\ 200\ \text{mm}$	个	2	

序号	名 称	型 号 规 格	单位	数量	备 注
23	矩形风管	1 250 mm×800 mm，$L=1$ 745 mm	个	1	
24	矩形变径管	1 250 mm×800 mm/1 000 mm×800 mm，$L=475$ mm	个	1	
25	矩形风管	1 000 mm×800 mm，$L=2$ 525 mm	个	1	
26	矩形插管三通	$A=1$ 000 mm，$A3=630$ mm，$B=800$ mm，$B3=500$ mm，$L=1$ 200 mm	个	1	
27	矩形风管	1 000 mm×800 mm，$L=1$ 500 mm	个	1	
28	矩形变径管	1 250 mm×800 mm/800 mm×630 mm，$L=400$ mm	个	1	
29/29A	矩形风管	800 mm×630 mm，$L=2$ 200 mm/2 200 mm	个	2/1	
30	矩形插管三通	$A=800$ mm，$A3=630$ mm，$B=630$ mm，$B3=500$ mm，$L=1$ 100 mm	个	1	
31	内斜线矩形弯头	90 ℃，$A×B=800$ mm×630 mm	个	1	
32	矩形风管	630 mm×320 mm，$L=500$ mm	个	2	
33	矩形风管	630 mm×500 mm，$L=500$ mm	个	2	
34	矩形风管	630 mm×800 mm，$L=300$ mm	个	1	
35	双层百叶风口	630 mm×320 mm	个	4	
36	双层百叶风口	630 mm×500 mm	个	6	
37	双层百叶风口	630 mm×800 mm	个	1	
38	离心风机吸口插板阀	$D=1$ 200，$L=400$，$F=1$ 230，法兰加宽50	个	1	
39	矩形风管	1 000 mm×800 mm，$L=700$ mm	个	1	
40	矩形风管	1 000 mm×500 mm，$L=2$ 900 mm	个	1	
41	矩形变径管	1 000 mm×800 mm/1 330 mm×970 mm，$L=400$ mm	个	2	
42	矩形变径管	1 000 mm×500 mm/1 000 mm×800 mm，$L=400$ mm	个	1	
43/43A	矩形管件	1 000 mm×500 mm/1 000 mm×800 mm，$L=1$ 200 mm，开口630 mm×500 mm	个	3/1	双层百叶风口
44	矩形风管	1 000 mm×500 mm，$L=3$ 800 mm	个	2	
45	矩形变径管	1 000 mm×500 mm/800 mm×400 mm，$L=510$ mm	个	1	
46/47	矩形风管	800 mm×400 mm，$L=2$ 000 mm/1 500 mm	个	5/1	

序号	名 称	型号规格	单位	数量	备 注
48	矩形管件	800 mm×400 mm，L＝1 000 mm，开口630 mm×320 mm	个	2	双层百叶风口
49	矩形防火调节阀	FH-01SFW,1 000 mm×800 mm	个	1	
50	矩形防火调节阀	FH-01SFW,800 mm×400 mm	个	1	
51	矩形防火调节阀	FH-01SFW,630 mm×320 mm	个	2	
52	矩形防火调节阀	FH-01SFW,630 mm×500 mm	个	2	
53	矩形防火调节阀	FH-01SFW,800 mm×630 mm	个	1	

任务 2　情境任务分析

由于情境描述中未给出通风管道的分部分项清单工程量,因此对上述任务首先要设置清单项目并计算清单工程量;其次计算出计价工程量;最后确定每一工程量清单项目的综合单价。

任务 3　知识——清单项目设置与工程量计算

1. 通风管道制作安装工程量清单设置

通风管道制作安装工程量清单设置见表 4.2.2,即《计价规范》中表 G.2(编码:030702)。

表 4.2.2　通风管道制作安装(编码:030702)

项目编码	项目名称	项目特征	计量单位	工程量计算规则	工作内容
030702001	碳钢通风管道	①名称;②材质;③形状;④规格;⑤板材厚度;⑥管件、法兰及支架设计要求;⑦接口形式	m²	按设计图示内径尺寸以展开面积计算	①风管、管件、法兰、零件、支吊架制作、安装;②过跨风管落地支架制作、安装
030702002	净化通风管道				
030702003	不锈钢通风管道	①名称;②形状;③规格;④板材厚度;⑤管件、法兰及支架设计要求;⑥接口形式			
030702004	铝板通风管道				
030702005	塑料通风管道				
030702006	玻璃钢通风管道	①名称;②形状;③规格;④板材厚度;⑤支架形状、材质;⑥接口形式	m²	按设计图示外径尺寸以展开面积计算	①风管、管件安装;②支吊架制作、安装;③过跨风管落地支架制作、安装

项目编码	项目名称	项目特征	计量单位	工程量计算规则	工 作 内 容
030702007	复合型风管	①名称;②形状;③规格;④板材厚度;⑤支架形状、材质;⑥接口形式	m²	按设计图示外径尺寸以展开面积计算	①风管、管件安装;②支吊架制作、安装;③过跨风管落地支架制作、安装
030702008	柔性软风管	①名称;②材质;③规格;④风管接头、支架形状、材质;	①m;②节	①以米计量,按设计图示中心线长度计算;②以节计量,按设计图示数量计算	①风管安装;②风管接头安装;③支吊架制作、安装
030702009	弯头导流叶片	①名称;②材质;③规格;④形式	①m²;②组	①以面积计量,按设计图示以展开面积计算;②以组计量,按设计图示数量计算	①制作;②组装
030702010	风管检查孔	①名称;②材质;③规格	①kg;②个	①以千克计量,按风管检查孔质量计算;②以个计量,按设计图示数量计算	①制作;②安装
030702011	温度、风量测定孔	①名称;②材质;③规格;④设计要求	个	按设计图示数量计算	①制作;②安装

2. 通风管道制作、安装清单工程量编制

风管展开面积,不扣除检查孔、测定孔、送风口、吸风口等所占面积;风管长度一律以设计图示中心线长度为准(主管与支管以其中心线交点划分),包括弯头、三通、变径管等管件的长度,但不包括部件所占长度(见表 4.2.3)。风管展开面积不包括风管、管口重叠部分面积。风管渐缩管、圆形风管按平均直径计算展开面积;矩形风管按平均周长计算展开面积。

表 4.2.3　部分通风部件的长度

部件名称	蝶阀	止回阀	密闭式对开多叶调节阀	圆形风管防火阀	矩形风管防火阀
部件长度 L/mm	150	300	210	风管直径 $D+240$	风管高度 $B+240$

穿墙套管按展开面积计算,计入通风管道工程量中。通风管道的法兰垫料或封口材料,应在项目特征中描述。

净化通风管的空气洁净度按 10 000 级标准编制,净化通风管使用的型钢材料如要求镀锌时,工作内容应注明支架镀锌。

弯头导流叶片数量,按设计图纸或规范要求计算。

风管检查孔、温度测定孔、风量测定孔的数量,按设计图纸或规范要求计算。

任务 4 知识——项目名称释义

1. 通风管道的概念

通风管道是使空气流通,降低有害气体浓度的一种设施。通风管道制作与安装所用板材、型材以及其他主要成品材料,应符合设计及相关产品的国家现行标准的规定,并应有出厂检验合格证明,材料进场时应按国家现行有关标准进行验收。通风管道组装效果见图4.2.6。

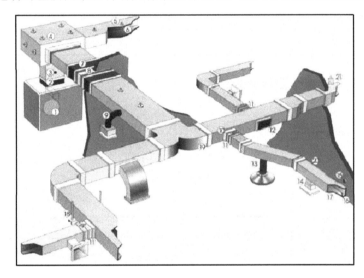

图 4.2.6 通风管道组装效果

通风管道按材质分为钢板风管(普通钢板)、镀锌板(白铁)风管、不锈钢通风管、玻璃钢通风管、塑料通风管、复合材料通风管、彩钢夹心保温板通风管、双面铝箔保温通风管、单面彩钢保温通风管、涂胶布通风管(如矿用风筒)、矿用塑料通风管等。

通风管道按用途分为净化空调系统用通风管、中央空调系统用通风管、环境控制系统用通风管、工业通风系统用通风管和特殊使用场合用通风管。

通风管道规格的验收,风管以外径或外边长为准,风道以内径或内边长为准。通风管道的规格宜按照表4.2.4、表4.2.5的规定。圆形风管应优先采用基本系列。非规则椭圆形风管参照矩形风管,并以长径平面边长及短径尺寸为准。

表 4.2.4 矩形风管规格

风管边长/mm								
120	200	320	500	800	1 250	2 000	3 000	4 000
160	250	400	630	1 000	1 600	2 500	3 500	

表 4.2.5 圆形风管规格

风管直径 D/mm

基本系列	辅助系列	基本系列	辅助系列	基本系列	辅助系列	基本系列	辅助系列
100	80	220	210	500	480	1 120	1 060
	90	250	240	560	530	1 250	1 180
120	110	280	260	630	600	1 400	1 320
140	130	320	300	700	670	1 600	1 500
160	150	360	340	800	750	1 800	1 700
180	170	400	380	900	850	2 000	1 900
200	190	450	420	1 000	950		

2. 通风管道形式及部分面积计算公式

1）正三通、斜三通

正、斜三通的形状见图 4.2.7 和图 4.2.8。

主管展开面积为 $\qquad S_1 = \pi \cdot D_1 \cdot L_1$

支管展开面积为 $\qquad S_2 = \pi \cdot D_2 \cdot L_2$

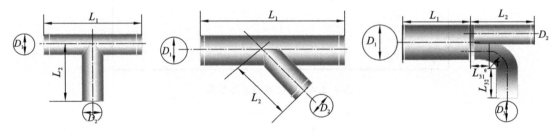

图 4.2.7 正三通形状　　　图 4.2.8 斜三通形状　　　图 4.2.9 三通管弯头形状

2）三通管弯头

三通管弯头形状见图 4.2.9。

主管展开面积为 $\qquad S_1 = \pi \cdot D_1 \cdot L_1$

支管 2 展开面积为 $\qquad S_2 = \pi \cdot D_2 \cdot L_2$

支管 3 展开面积为 $\qquad S_3 = \pi \cdot D_3 \cdot (L_{31} + L_{32} + r\theta)$

3）异径管

圆形、矩形异径管形状见图 4.2.10 和图 4.2.11。

$$F_{圆} = \pi \cdot [(D_1 + D_2)/2] \cdot L$$

$$F_{矩} = (A + B + a + b) \cdot L$$

4）管弯头

圆形管、矩形管弯头形状见图 4.2.12 和图 4.2.13。

212

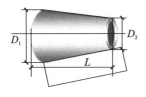 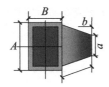 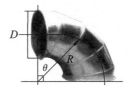 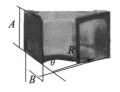

图 4.2.10　圆形异径管形状　图 4.2.11　矩异径管形状　图 4.2.12　圆形管弯头　图 4.2.13　矩形管弯头

5）管三通

圆形管、矩形管三通形状见图 4.2.14 和图 4.2.15。

6）天圆地方

天圆地方形状见图 4.2.16。

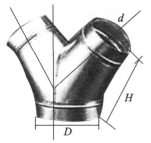 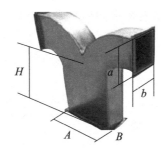 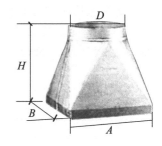

图 4.2.14　圆形管三通形状　　　图 4.2.15　矩形管三通形状　　　图 4.2.16　天圆地方形状

3. 柔性软风管

柔性软风管是用在不易于设置刚性风管位置的挠性风管,属通风管道系统。其采用镀锌皮卡子连接,用吊托支架固定;长度一般在 0.5～2.5 m 左右;材质多是由金属,涂塑化纤织物,聚酯、聚乙烯、聚氯乙烯薄膜,铝箔等。

柔性软风管安装定额分无保温套管、有保温套管两种形式,均按图示管道中心线长度以"m"为计算单位。

4. 弯头导流叶片

当空气从调节主机压出后变为通过交换的冷气,冷气顺着风管从风口排出,当冷气通过风管弯头处时,如果不对其进行导流,势必产生涡流影响冷气传导,因此风管弯头处必须安装导流叶片。

风管导流叶片总面积的确定步骤如下。

（1）根据风管长边规格尺寸选择相对应导流叶片的片数（见表 4.2.6）;

（2）根据风管短边规格尺寸选择相对应导流叶片单片面积数（见表 4.2.7）;

（3）风管导流叶片总面积等于（1）中片数与（2）中单片面积数的乘积。

表 4.2.6　风管导流叶片长边与片数对应表

长边规格/mm	500	630	800	1 000	1 250	1 600	2 000
导流叶片数/片	4	4	6	7	8	10	12

表 4.2.7　风管导流叶片短边与单片面积对应表

短边规格/mm	200	250	320	400	500	630	800	1 000	1 250	1 600	2 000
每片面积/mm²	0.075	0.091	0.114	0.14	0.17	0.216	0.273	0.425	0.502	0.623	0.755

5. 风管检查孔

风管检查孔主要用于通风空调系统的调试和测定。检查孔有测温用的温度测定孔和测风量用的风量测定孔两种。检查孔的位置由设计人员确定，或由调试人员根据系统性质和调试内容在现场确定。

一般在住宅空调净化系统中的低、中、高效过滤器的前后风道上，设风量测定孔，并连接 U 形管，以便在运行中根据前后压力差，来确定过滤器是否要清洗和更换。

风管检查孔一般用于通风空调系统中需要经常检修的地方，如电加热器、中效过滤器等。检查孔的设置数量，应在保证能正常清扫和检查的前提下尽量减少，以免增加风道的漏风量并减少保温工程的施工麻烦。为此，有时用可拆卸的软管替代检查孔。

任务 5　知识——安装计价定额

1. 薄钢板通风管道制作、安装计价内容说明

薄钢板通风管道制作、安装的内容包含风管制作和风管安装。

风管制作包含放样、下料、卷圆、折方、轧口、咬口，制作直管、管件、法兰、吊托支架，钻孔、铆焊、上法兰、组对。

风管安装包含找标高、打支架墙洞、配合预留孔洞、埋设吊托支架，组装、风管就位、找平、找正，制垫、垫垫，上螺栓、紧固。

整个通风系统设计采用渐缩管均匀送风者，圆形风管按平均直径，矩形风管按平均周长执行相应规格项目，其人工乘以系数 2.5。

镀锌薄钢板风管项目中的板材是按镀锌薄钢板编制的，如设计要求不用镀锌薄钢板者，板材可以换算，其他不变。

风管导流叶片不区分单叶片或香蕉形双叶片均执行同一项目。

若制作空气幕送风管，按矩形风管平均周长执行相应风管规格项目，其人工乘以系数 3，其他不变。

薄钢板通风管道制作、安装项目中，包括弯头、三通、变径管、天圆地方等管件及法兰、加固框和吊托支架的制作用工，但不包括过跨风管落地支架，落地支架执行设备支架项目。

薄钢板风管项目中的板材，如与设计要求厚度不同者，可以换算，但人工、机械不变。

软管接头使用人造革而不使用帆布者可以换算。

项目中的法兰垫料如与设计要求使用的材料品种不同者，可以换算，但人工不变。使用泡沫塑料者每千克橡胶板换算为泡沫塑料 0.125 kg，使用闭孔乳胶海绵者每千克橡胶板换算为闭孔乳胶海绵 0.5 kg。

柔性软风管适用于由金属、涂塑化纤织物，聚酯、聚乙烯、聚氯乙烯薄膜，铝箔等材料制成的

软风管。

柔性软风管安装按图示中心线长度以"m"为单位计算;柔性软风管阀门安装以"个"为单位计算。

2. 净化通风管道制作、安装计价内容说明

净化通风管道制作、安装的内容包含风管制作、风管安装、部件制作和部件安装。

风管制作包含放样、下料、折方、轧口、咬口,制作直管、管件、法兰、吊托支架,钻孔、铆焊、上法兰、组对,口缝外表面涂密封胶、风管内表面清洗、风管两端封口。

风管安装包含找标高、找平、找正、配合预留孔洞、打支架墙洞、埋设支吊架,风管就位、组装,制垫、垫垫,上螺栓、紧固,风管内表面清洗、管口封闭、法兰口涂密封胶。

部件制作包含放样、下料、零件、法兰、预帮预埋,钻孔、铆焊、制作、组装、擦洗。

部件安装包含测位、找平、找正、制垫、垫垫、上螺栓、清洗。

净化通风管道制作、安装项目包括弯头、三通、变径管、天圆地方等管件及法兰、加固框和吊托支架,不包括过跨风管落地支架。落地支架执行设备支架项目。

净化风管项目中的板材,如与设计要求厚度不同者可以换算,但人工、机械不变。

圆形风管执行本章矩形风管相应项目。

风管涂密封胶是按全部口缝外表面涂抹考虑的,如设计要求口缝不涂抹而只在法兰口处涂抹者,每 10 m² 风管应减去密封胶 1.5 kg 和人工 0.37 工日。

风管及部件项目中,型钢未包括镀锌费,如设计要求镀锌时,另加镀锌费。

3. 不锈钢板通风管道制作、安装计价内容说明

不锈钢板通风管道制作、安装的内容包含不锈钢风管制作、安装和部件制作、安装。

不锈钢风管制作包含放样、下料、卷圆、折方,制作管件、组对焊接、试漏、清洗焊口。

不锈钢风管安装包含找标高、清理墙洞、风管就位、组对焊接、试漏、清洗焊口、固定。

部件制作包含下料、平料、开孔、钻孔,组对、铆焊、攻丝、清洗焊口、组装固定,试动、短管、零件、试漏。

部件安装包含制垫、垫垫,找平、找正、组对、固定、试动。

风管凡以电焊考虑的项目,如需使用手工氩弧焊者,其人工乘以系数 1.238,材料乘以系数 1.163,机械乘以系数 1.673。

风管制作、安装项目中包括管件,但不包括法兰和吊托支架,法兰和吊托支架应单独列项计算执行相应项目。

风管项目中的板材,如与设计要求厚度不同者可以换算,但人工、机械不变。

4. 铝板通风管道制作、安装计价内容说明

铝板通风管道制作、安装的内容包含铝板风管制作、安装和部件制作、安装。

铝板风管制作包含放样、下料、卷圆、折方,制作管件、组对焊接、试漏,清洗焊口。

铝板风管安装包含找标高、清理墙洞、风管就位、组对焊接、试漏、清洗焊口、固定。

部件制作包含下料、平料、开孔、钻孔,组对、焊铆、攻丝、清洗焊口、组装固定,试动、短管、零件、试漏。

部件安装包含制垫、垫垫,找平、找正、组对、固定、试动。

风管凡以电焊考虑的项目,如需使用手工氩弧焊者,其人工乘以系数 1.154,材料乘以系数 0.852,机械乘以系数 9.242。

风管制作安装项目中包括管件,但不包括法兰和吊托支架,法兰和吊托支架应单独列项计算执行相应项目。

风管制作安装项目中的板材,如与设计要求厚度不同者可以换算,但人工、机械不变。

5. 塑料通风管道制作、安装计价内容说明

塑料通风管道制作、安装的内容包含:塑料风管制作和塑料风管安装。

塑料风管制作包含放样、锯切、坡口、加热成型,制作法兰、管件、钻孔、组合焊接。

塑料风管安装包含就位、制垫、垫垫、法兰连接、找正、找平、固定。

风管项目规格表示的直径为内径,周长为内周长。

风管制作安装项目中包括管件、法兰、加固框,但不包括吊托支架,吊托支架执行相应项目。

风管制作安装项目中的主体板材,如与设计要求厚度不同者可以换算,但人工、机械不变。

风管制作安装项目中的法兰垫料,如与设计要求使用品种不同者,可以换算,但人工不变。

塑料风管管件制作的胎具摊销材料费,未包括在定额内,按以下规定另行计算:风管工程量在 30 m² 以上的,每 10 m² 风管的胎具摊销木材为 0.06 m³,按地区预算价格计算胎具材料摊销费;风管工程量在 30 m² 以下的,每 10 m² 风管的胎具摊销木材为 0.09 m³。

6. 玻璃钢通风管道制作、安装计价内容说明

玻璃钢通风管道制作、安装的内容包含风管和部件的安装。

风管安装包含找标高、打支架墙洞、配合预留孔洞、吊托支架制作及埋没、风管配合修补、粘接、组装就位、找平、找正、制垫、垫垫、上螺栓、紧固。

部件安装包含组对、组装、就位、找正、制垫、垫垫、上螺栓、紧固。

玻璃钢通风管道安装项目中,包括弯头、三通、变径管、天圆地方等管件的安装及法兰、加固框和吊托架的制作、安装,不包括过跨风管落地支架。落地支架执行设备支架项目。

玻璃钢风管及管件按计算工程量加损耗外加工定做,其价值按实际价格;风管修补应由加工单位负责,其费用按实际价格发生,计算在主材费内。

定额内未考虑预留铁件的制作和埋设,如果设计要求用膨胀螺栓安装吊托支架,膨胀螺栓可按实际调整,其余不变。

7. 复合型通风管道制作、安装计价内容说明

复合型通风管道制作、安装的内容包含复合型风管制作和复合型风管安装。

复合型风管制作包含放样、切割、开槽、成型、粘合、制作管件、钻孔、组合。

复合型风管安装包含就位、制垫、垫垫、连接、找正、找平、固定。

风管项目规格表示的直径为内径,周长为内周长。

风管制作、安装项目中包括管件、法兰、加固框、吊托支架。

8. 计价工程量计算规则

风管制作、安装按不同规格以展开面积计算,不扣除检查孔、测定孔、送风口、吸风口等所占面积。

圆管展开面积为
$$F = \pi \cdot D \cdot L$$

式中,F——圆形风管展开面积(m^2);

$\quad\quad D$——圆形风管直径(m);

$\quad\quad L$——管道中心线长度(m)。

矩形风管展开面积:按图示周长乘以管道中心线长度计算。

风管长度一律以施工图示中心线长度为准(主管与支管以其中心线交点划分),包括弯头、三通、变径管、天圆地方等管件的长度,但不得包括部件所占长度。直径和周长按图示尺寸展开,咬口重叠部分已包括在定额内,不得另行增加。

风管导流叶片制作、安装项目按图示叶片的面积计算。

整个通风系统设计采用渐缩管均匀送风者,圆形风管按平均直径计算,矩形风管按平均周长计算。

塑料风管、复合型材料风管制作、安装定额所列规格中的直径为内径,周长为内周长。

柔性软风管安装,按图示管道中心线长度以"m"为计量单位,柔性软风管阀门安装以"个"为计量单位。

软管(帆布接口)制作、安装,按图示尺寸以"m"为计量单位。

风管测定孔制作、安装,按其型号以"个"为计量单位。

薄钢板通风管道、净化通风管道、玻璃钢通风管道、复合型材料通风管道的制作、安装中已包括法兰、加固框和吊托支架,不得另行计算。

不锈钢通风管道、铝板通风管道的制作、安装中不包括法兰和吊托支架,如需计算,可按相应定额以"kg"为计量单位另行计算。

塑料通风管道制作、安装,不包括吊托支架,可按相应定额以"kg"为计量单位另行计算。

任务 6 任务示范操作

1. 查阅资料工程量手工计算

情境中未给出 T4-72 型玻璃钢离心通风机的通风机减震台座重量,查阅图集《通风机安装》(K101-1~4)第52~54页,粗略计算[16 mm 槽钢 21.58 m 的用量、L75 mm×8 mm 角钢 10.54 m 的用量、L63 mm×6 mm 角钢 10.08 m 的用量,则通风机减震台座重量为[21.58×19.74＋10.54×11.5＋10.08×7.3＋0.3(减震器重量)×6] kg＝ 622.58 kg。

2. 工程量手工计算

风管(含通风、空调设备及其部件制作、安装)工程量计算见表 4.2.8。

表 4.2.8 风管(含通风、空调设备及其部件制作、安装)工程量计算表

序号	分项工程名称	计 算 式	单位	工程量
1	离心式风机			
1.1	玻璃钢离心通风机安装,T4-72-11	查表 4.2.1(设备 1)	台	1
1.2	通风机减震台制作、安装	622.58(设备 2)	kg	622.58

序号	分项工程名称	计 算 式	单位	工程量
1.3	通风机减震台除锈刷油	622.58	kg	622.58
2	电动机,Y200L1-6,18.5 kW	查表5.2.1(设备1配套)	台	1
3	空气过滤器			
3.1	初级袋装安装,1 700 mm×1 200 mm		台	2
3.2	支架制作、安装(50 kg以下)	1.3×7.85	kg	10.21
	支架除锈刷油		kg	10.21
4	阻燃玻璃钢风管			
4.1	矩形变径管(设备6),840 mm×960 mm/630 mm×1 600 mm,$L=300$ mm	$(0.84+0.96+0.63+1.6)×0.3$	m²	1.21
4.2	内弧外方矩形弯头(设备7),90 ℃,$A×B=630$ mm×1 600 mm,10♯	$1.13×(1.6+0.63)×2-0.2×1.6×2+(\pi×0.2/4)×1.6$	m²	4.65
4.3	矩形风管1 600 mm×630 mm,$L=1 200$ mm(设备8)	$1.6×(1.6+0.63)×2$	m²	7.14
4.4	矩形变径管(设备9),1 600 mm×630 mm/2 000 mm×800 mm,$L=400$ mm	$(1.6+0.63+2.0+0.8)×0.4$	m²	2.01
4.5	矩形风管(设备18)2 000 mm×800 mm,$L=1 125$ mm	$(2.0+0.8)×2×1.125$	m²	6.3
4.6	矩形风管(设备11),2 000 mm×800 mm,$L=500$ mm	$(2.0+0.8)×2×0.5$	m²	2.8
4.7	矩形整体式三通(设备10),$A_1=2 000$ mm,$A_2=1 000$ mm,$A_3=1 250$ mm,$B=800$ mm	A_1:$(2.0+0.8)×2×(1.5-0.1)+(2.0-1.0)×0.8$ A_2:$(1.0+0.8)×2×0.1$ A_3:$(1.25+0.8+1.35+0.8)×0.15$	m²	9.63
	合计	$0.36+0.63+8.64$		
4.8	矩形变径管,1 250 mm×800 mm/1 330 mm×970 mm,$L=500$ mm(设备19)2组	$(1.25+0.8+1.33+0.97)×0.5×2$	m²	4.35
4.9	矩形风管,1 250 mm×800 mm,$L=3 000$ mm(设备20)4组	$(1.25+0.8)×2×3.0×4$	m²	49.2
4.10	矩形插管三通(设备17)2组,$A=1 250$ mm,$A_3=630$ mm,$B=800$ mm,$B_3=320$ mm,$L=800$ mm	A:$(1.25+0.8)×2×0.8$ A_3:$(0.63+0.32+0.73+0.32)×0.15$	m²	7.16
	合计	$(3.28+0.3)×2$		

续表

序号	分项工程名称	计　算　式	单位	工程量
4.11	矩形风管(设备32) 2组,630 mm×320 mm, $L=500$ mm	$(0.63+0.32)×2×0.5×2$	m²	1.9
4.12	矩形风管(设备23),1 250 mm×800 mm, $L=1\ 745$ mm	$(1.25+0.8)×2×1.745$	m²	7.15
4.13	矩形变径管(设备 24),1 250 mm×800 mm/1 000 mm×800 mm, $L=475$ mm	$(1.25+0.8+1.0+0.8)×0.475$	m²	1.83
4.14	矩形风管(设备25),1 000 mm×800 mm, $L=2\ 525$ mm	$(1.0+0.8)×2×2.525$	m²	9.09
4.15	矩形插管三通(设备26),$A=1\ 000$ mm, $A_3=630$ mm,$B=800$ mm,$B_3=500$ mm, $L=1\ 200$ mm	A：$(1.0+0.8)×2×1.2$ A_3：$(0.63+0.5+0.73+0.5)×0.15$	m²	4.67
	合计	$4.32+0.35$		
4.16	矩形风管(设备33) 2组,630 mm×500 mm, $L=500$ mm	$(0.63+0.5)×2×0.5×2$	m²	2.26
4.17	矩形风管(设备27),1 000 mm×800 mm, $L=1\ 500$ mm	$(1.0+0.8)×2×1.5$	m²	5.4
4.18	矩形变径管(设备28),1 250 mm×800 mm/800 mm×630 mm,$L=400$ mm	$(1.25+0.8+0.8+0.63)×0.4$	m²	1.39
4.19	矩形风管(设备29) 2组,800 mm×630 mm, $L=2\ 200$ mm	$(0.8+0.63)×2×2.2×2$	m²	12.58
4.20	矩形风管(设备29A),800 mm×630 mm, $L=2\ 200$ mm	$(0.8+0.63)×2×2.2$	m²	6.29
4.21	矩形插管三通(设备 30),$A=800$ mm, $A_3=630$ mm,$B=630$ mm,$B_3=500$ mm, $L=1\ 100$ mm	A:$(0.8+0.63)×2×1.1$ A_3:$(0.63+0.5+0.73+0.5)×0.15$	m²	3.5
	合计	$3.15+0.35$		
4.22	内斜线矩形弯头(设备31),$A×B=800$ mm×630 mm	$(0.8+0.63)×2×[(0.4+0.2)×2]$	m²	3.20
	两内边面积	$0.63×(0.4+0.2)×2$		
	内斜线边面积	$0.63×(0.4+0.2)×2^{1/2}$		
	合计	$3.43-0.756+0.53$		
4.23	矩形风管(设备34) 630 mm×800 mm, $L=300$ mm	$(0.8+0.63)×2×0.3$	m²	0.86
4.24	矩形风管(设备12),1 000 mm×800 mm, $L=650$ mm	$(1.0+0.8)×2×0.65$	m²	2.34

序号	分项工程名称	计　算　式	单位	工程量
4.25	内弧外方矩形弯头（设备 13），$A \times B = 1\,000\ \text{mm} \times 800\ \text{mm}$	$(1.0 + 0.8) \times 2 \times [(1.25 - 0.5) \times 2]$	m²	5.33
	两内边面积	$0.2 \times 0.8 \times 2$		
	内弧边面积	$(\pi \times 0.2/4) \times 1.6$		
	合计	$5.4 - 0.32 + 0.25$		
4.25A	矩形风管（设备 39），$1\,000\ \text{mm} \times 800\ \text{mm}$，$L = 700\ \text{mm}$	$(1.0 + 0.8) \times 2 \times 0.7$	m²	2.52
4.26	矩形变径管（设备 41）2 组，$1\,000\ \text{mm} \times 800\ \text{mm}/1\,330\ \text{mm} \times 970\ \text{mm}$，$L = 400\ \text{mm}$	$(1.0 + 0.8 + 1.33 + 0.97) \times 0.4 \times 2$	m²	3.28
4.27	矩形管件（设备 43 A），$1\,000\ \text{mm} \times 800\ \text{mm}$，$L = 1\,200\ \text{mm}$	$(1.0 + 0.8) \times 2 \times 1.2$	m²	4.32
4.28	矩形风管（设备 27），$1\,000\ \text{mm} \times 800\ \text{mm}$，$L = 1\,500\ \text{mm}$	$(1.0 + 0.8) \times 2 \times 1.7$	m²	6.12
4.29	矩形变径管（设备 42），$1\,000\ \text{mm} \times 500\ \text{mm}/1\,000\ \text{mm} \times 800\ \text{mm}$，$L = 400\ \text{mm}$	$(1.0 + 0.8 + 1.0 + 0.5) \times 0.4$	m²	1.32
4.30	矩形风管（设备 40），$1\,000\ \text{mm} \times 500\ \text{mm}$，$L = 2\,900\ \text{mm}$	$(1.0 + 0.5) \times 2 \times 2.9$	m²	8.7
4.31	矩形管件（设备 43）3 组，$1\,000\ \text{mm} \times 500\ \text{mm}$，$L = 1\,200\ \text{mm}$	$(1.0 + 0.5) \times 2 \times 1.2 \times 3$	m²	10.8
4.32	矩形风管（设备 44）2 组，$1\,000\ \text{mm} \times 500\ \text{mm}$，$L = 3\,800\ \text{mm}$	$(1.0 + 0.5) \times 2 \times 3.8 \times 28$	m²	22.8
4.33	矩形变径管（设备 45），$1\,000\ \text{mm} \times 500\ \text{mm}/800\ \text{mm} \times 400\ \text{mm}$，$L = 510\ \text{mm}$	$(1.0 + 0.5 + 0.8 + 0.4) \times 0.51$	m²	1.38
4.34	矩形风管（设备 47），$800\ \text{mm} \times 400\ \text{mm}$，$L = 1\,500\ \text{mm}$	$(0.8 + 0.4) \times 2 \times 1.5$	m²	3.6
4.35	矩形风管（设备 46）5 组，$800\ \text{mm} \times 400\ \text{mm}$，$L = 2\,000\ \text{mm}$	$(0.8 + 0.4) \times 2 \times 2.0 \times 5$	m²	24.00
4.36	矩形管件（设备 48）2 组，$800\ \text{mm} \times 400\ \text{mm}$，$L = 1\,000\ \text{mm}$	$(0.8 + 0.4) \times 2 \times 1.0 \times 2$	m²	4.80
5	弯头导流片			
5.1	内弧外方矩形弯头（设备 7）$A \times B = 630\ \text{mm} \times 1\,600\ \text{mm}$	10×0.216	m²	2.16
5.2	内斜线矩形弯头（设备 31）$A \times B = 800\ \text{mm} \times 630\ \text{mm}$（因长边 $\geqslant 630\ \text{mm}$）	6×0.216	m²	1.30

续表

序号	分项工程名称	计　算　式	单位	工程量
5.3	内弧外方矩形弯头(设备 13)$A \times B$=1 000 mm×800 mm(因长边≥630 mm)	7×0.273	m²	1.91
6	柔性接口			
6.1	柔性短管(设备 4),D1 200,L=300 mm,涂胶帆布	3.14×0.6²×0.3	m²	0.34
6.2	柔性短管(设备 5),840 mm×960 mm,L=170 mm,涂胶帆布	2×(0.84+0.96)×0.17	m²	0.61
	合计	0.34+0.61	m²	0.95
7	玻璃钢蝶阀			
7.1	对开多叶调节阀(设备 14),HG-35 A-34-M,1 000 mm×800 mm		个	1
7.2	对开多叶调节阀(设备 15),HG-35 A-34-M,1 250 mm×800 mm		个	1
7.3	对开多叶调节阀(设备 16),FH-01 SFM,2 000 mm×800 mm 1/14		个	1
7.4	矩形防火调节阀(设备 49),FH-01 SFW,1 000 mm×800 mm		个	1
7.5	矩形防火调节阀(设备 50),FH-01 SFW,800 mm×400 mm		个	1
7.6	矩形防火调节阀(设备 51),FH-01 SFW,630 mm×320 mm		个	2
7.7	矩形防火调节阀(设备 52),FH-01 SFW,630 mm×500 mm		个	2
7.8	矩形防火调节阀(设备 53),FH-01 SFW,800 mm×630 mm		个	1
8	风口			
8.1	双层百叶风口(设备 35),630 mm×320 mm		个	4
8.2	双层百叶风口(设备 36),630 mm×500 mm		个	6
8.3	双层百叶风口(设备 36),630 mm×800 mm		个	1
9	阻抗复合消声器(设备 21),T701 NO.9 玻璃钢		个	2
10	通风工程检测、调试		系统	1
	(待续)			

3. 工程量清单设置

表 4.2.8 风管合并归类见表 4.2.9。

表 4.2.9 风管合并归类

序号	分项工程名称	计算式	单位	工程量
1	矩形风管周长 4000 以上	1.21(序号 4.1)＋ 4.65(序号 4.2)＋7.14(序号 4.3)＋2.01(序号 4.4)＋6.3(序号 4.5)＋ 2.8(序号 4.6)＋9.63(序号 4.7)＋4.35(序号 4.8)＋49.2(序号 4.9)＋7.16(序号 4.10)＋7.15(序号 4.12)＋1.83(序号 4.13)＋1.39(序号 4.18)	m²	104.82
2	矩形风管周长 4000 以下	9.09(序号 4.14)＋ 4.67(序号 4.15)＋ 2.26(序号 4.16)＋5.4(序号 4.17)＋ 12.58(序号 4.19)＋6.29(序号 4.20)＋3.5(序号 4.21)＋3.20(序号 4.22)＋0.86(序号 4.23)＋2.34(序号 4.24)＋5.33(序号 4.25)＋2.52(序号 4.25A)＋3.28(序号 4.26)＋ 4.32(序号 4.27)＋6.12(序号 4.28)＋1.32(序号 4.29)＋8.7(序号 4.30)＋10.8(序号 4.31)＋22.8(序号 4.32)＋1.38(序号 4.33)＋3.6(序号 4.34)＋24.00(序号 4.35)＋4.80(序号 4.36)	m²	149.16
3	矩形风管周长 2000 以下	1.24(序号 4.11)	m²	1.24
4	矩形风管周长 800 以下	—	m²	

通风机在《通用安装工程工程量计算规范》(GB 50856—2013)附录 G"通风空调工程"中无此项目编码,而在附录 A"机械设备安装"中有此项目编码。但《江苏省安装工程计价定额》(2014 版)第 7 册"通风空调工程"认为通风空调工程中的通风机有别于工业用通风机,通风空调工程中的通风机需套用第 7 册相关定额,因此此处通风机不能引用国标附录 A 的项目编码,需补充项目编码 03B001,则其工程量清单设置见表 4.2.10。

表 4.2.10 (含通风、空调设备及其部件制作、安装)分部分项工程量清单

工程名称：　　　　　　　　标段：　　　　　　　　　　第 页共 页

序号	项目编码	项目名称	项目特征描述	计量单位	工程量
1	03B001	通风机	玻璃钢离心通风机 T4-72-11 安装； 电动机 Y200L1-6,18.5 kW 安装； 风机减震台制作安装,622.58 kg； 设备支架除锈刷油,622.58 kg	台	1
2	030701010001	过滤器	空气过滤器；初级袋装安装 1 700 mm×1 200 mm； 支架制作安装,10.21 kg； 支架除锈刷油	台	2
3	030702006001	玻璃钢风管	矩形风管周长在 4 000 mm 以上	m²	104.82
4	030702006002	玻璃钢风管	矩形风管周长在 4 000 mm 以下	m²	149.16
5	030702006003	玻璃钢风管	矩形风管周长在 2 000 mm 以下	m²	1.24
6	030702009001	弯头导流片	弯头导流片制作、安装	m²	5.37

4. 清单项目综合单价确定

假定本工程为三类工程,二类工工资为 74 元/工日,玻璃钢离心通风机 T4-72-11 的价格为 19 500.00 元,电动机 Y200L1-6 的价格为 5 273.00 元,支架表面除锈后刷红丹酚醛防锈漆两道,外表面再刷灰色厚漆两道,则 03B001 的综合单价分析见表 4.2.11(离心通风机安装定额已包含电动机安装内容)。

任务 7　学员工作任务作业单

1. 学员工作任务作业单(一)

假定本工程为二类工程,二类工工资为 74 元/工日,自行咨询有关项目材料与设备价格,将表 4.2.10 中其他五项的综合单价分别填入见表 4.2.12。

表 4.2.11　(030411001001)工程量清单综合单价分析表

工程名称:　　　　　　　　　　　标段:　　　　　　　　　　　第　页共　页

项目编码	03B001			项目名称		通风机	计量单位		台	
清单综合单价组成明细										
定额编号	定额名称	定额单位	数量	单价/元				合价/元		
				人工费	材料费	机械费	管理费和利润	人工费	材料费	机械费	管理费和利润
7-22	离心通风机安装	台	1	888.00	137.67	0	470.64	888.00	137.67	0.00	470.64
7-68	支架制作 50 kg 上	100 kg	6.23	228.66	37.39	31.89	121.19	1 424.55	232.94	198.67	755.01
7-69	支架安装 50 kg 上	100 kg	6.23	37.74	0.79	1.70	20.00	235.12	4.92	10.59	124.60
11-7	钢结构轻锈	100 kg	6.23	21.46	2.41	8.05	11.37	133.70	15.01	50.15	70.84
11-117	防锈漆第一遍	100 kg	6.23	14.80	3.19	8.05	7.45	92.20	19.89	50.15	46.41
11-118	防锈漆第二遍	100 kg	6.23	14.06	2.77	8.05	7.45	87.59	17.26	50.15	46.41
11-124	厚漆第一遍	100 kg	6.23	14.06	10.97	8.05	7.45	87.59	68.34	50.15	46.41
11-125	厚漆第二遍	100 kg	6.23	14.06	9.80	8.05	7.45	87.59	61.05	50.15	46.41
人工单价		小　计						3 036.35	557.07	460.02	1 606.74
74 元/工日		未计价材料费						27 986.86			
		清单项目综合单价						33 647.05			

续表

项目编码	03B001	项目名称		通风机		计量单位		台	
材料费明细	主要材料名称、规格、型号		单位	数量	单价/元	合价/元		暂估单价/元	暂估合价/元
	T4-72-11 玻璃钢离心通风机		台	1	19 500.00	19 500.00			
	电动机 Y200L1-6,18.5 kW		台	1	5 273.00	5 273.00			
	型钢,1.04×622.58		kg	647.48	4.00	2 589.92			
	红丹酚醛防锈漆,(1.16+0.95)×6.23		kg	13.15	18.00	236.70			
	厚漆,(0.58+0.53)×6.23		kg	6.92	56.00	387.52			
	其他材料费				—	557.07		—	
	材料费小计				—	28 544.21		—	

表 4.2.12 （　　　）工程量清单综合单价分析表

项目编码		项目名称		计量单位	
清单综合单价组成明细					

定额编号	定额名称	定额单位	数量	单价/元				合价/元			
				人工费	材料费	机械费	管理费和利润	人工费	材料费	机械费	管理费和利润
人工单价		小　计									
74 元/工日		未计价材料费									
清单项目综合单价											

材料费明细	主要材料名称、规格、型号		单位	数量	单价/元	合价/元	暂估单价/元	暂估合价/元
	其他材料费				—		—	
	材料费小计				—		—	

2. 学员工作任务作业单（二）

图 4.2.17～图 4.2.20 为某高层建筑中第 3 层空调机房 7 及其相邻商场空调的工程图,即空调机房 7 的平面图、1—1 剖面图、2—2 剖面图、第 3 层商场空调平面图及留洞图,该图样的设备材料,如表 4.2.13 和表 4.2.14 所示。

224

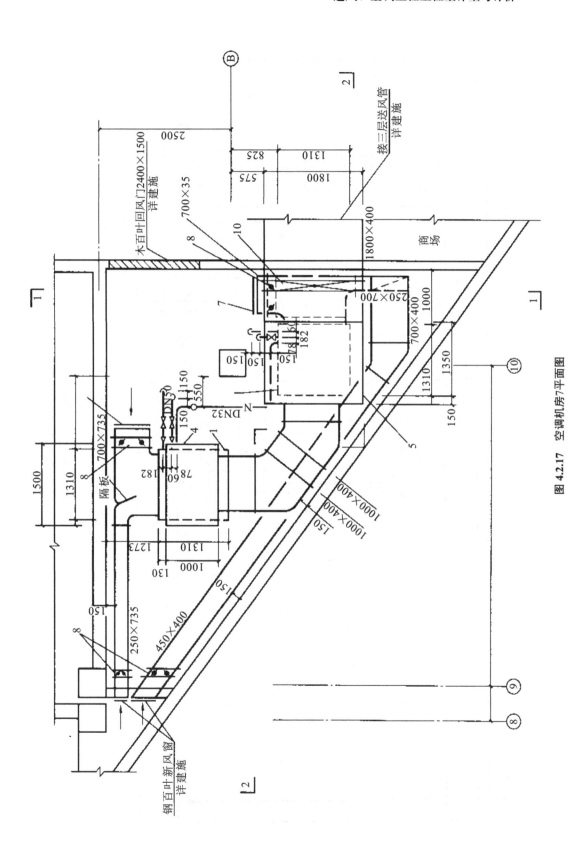

图 4.2.17　空调机房7平面图

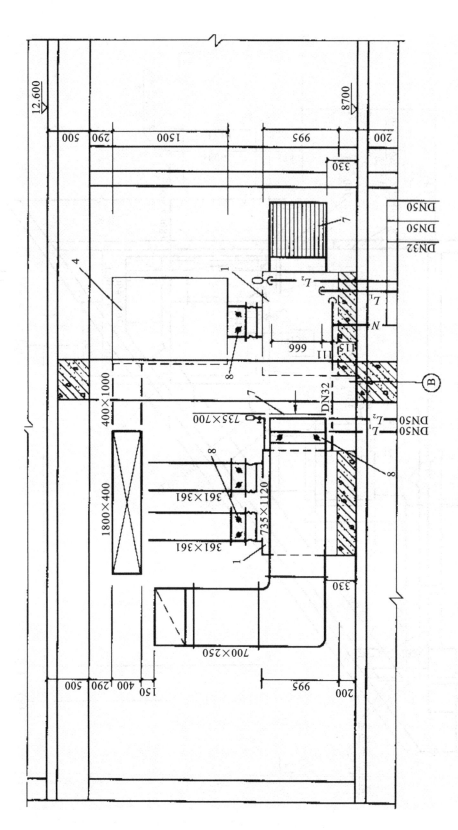

图 4.2.18　1—1剖面图

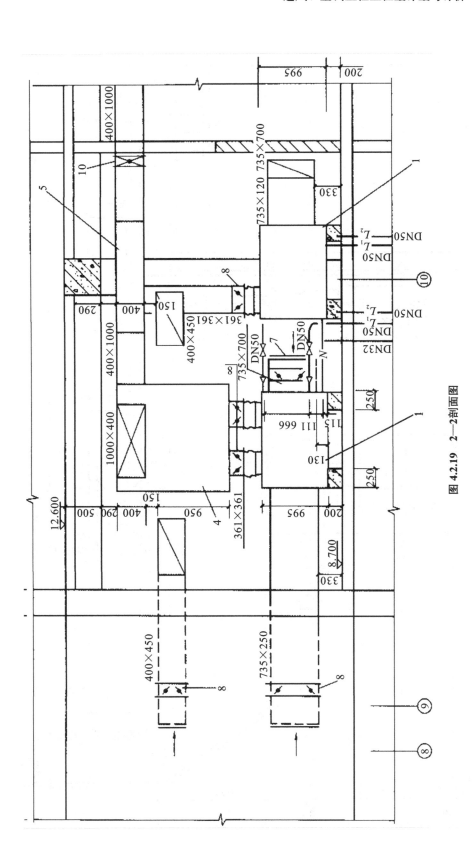

图 4.2.19 2—2剖面图

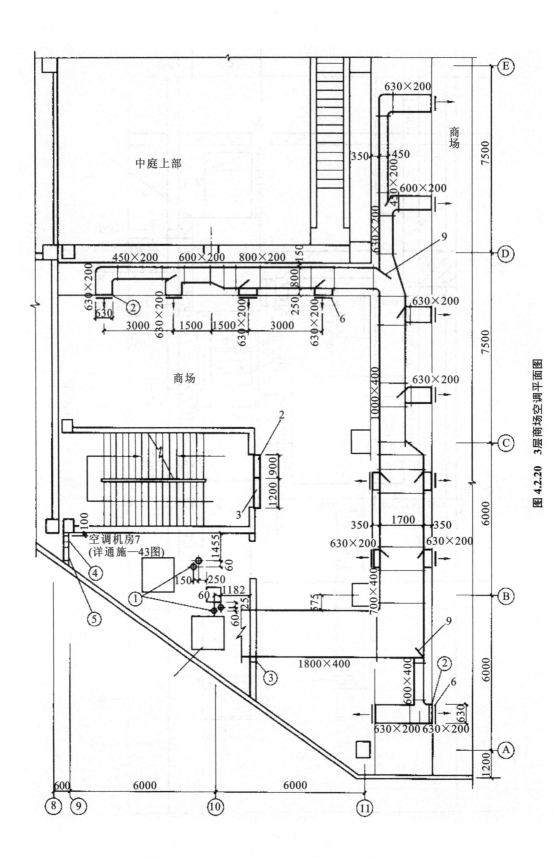

图 4.2.20 3层商场空调平面图

施工说明：

（1）空调风管用镀锌钢板制作，板材厚度为：风管长边长为220～500 mm时，0.75 mm；风管长边长为560～1 120 mm时，1.00 mm；风管长边长为1 250～2 000 mm时，1.50 mm；

（2）风口材料全部采用铝合金；

（3）空调风管保温材料采用带铝箔的离心玻璃棉毡（表观密度为40 kg/m³），厚度为50 mm。冷水供、回水管保温材料采用带铝箔离心玻璃棉管壳（表观密度40 kg/m³），规格为DN32、DN50的管道保温厚度分别为35 mm、40 mm。

表4.2.13　设备及主要材料

序号	名　称	型号	规格及性能	单位	数量	备注
1	变风量空调器	BFP10-L	冷量52.34 kW，风量10 000 m³/h，余压400 Pa，配风机11-62No3.5，2台，电动机功率1.1×2 kW	台	2	上边出风
2	空气幕	FM-1509	风量1 250 m³/h，出风风速8～9 m/s，功率120 kW，噪声60 dB(A)	台	1	
3	空气幕	FM-1512	风量4 300 m³/h，出风风速10.2～10.6 m/s，功率180 kW，噪声68 dB(A)	台	1	
4	静压箱		长×宽×高＝1 500 mm×1 000 mm×1 500 mm	台	1	
5	静压箱		长×宽×高＝1 800 mm×1 500 mm×400 mm	台	1	
6	双层铝合金百叶送风口	HFK-4S	A×B＝630 mm×250 mm	只	14	带调节阀
7	单层铝合金百叶送风口	HFK-3S	A×B＝700 mm×735 mm	只	2	
8	密闭式对开多叶调节阀		735 mm×700 mm，361 mm×361 mm 400 mm×450 mm，250 mm×735 mm	只	2，4 1，1	
9	防火调节阀	TF-M72	72°熔断，1 800 mm×400 mm	只	1	

表4.2.14　预留孔洞尺寸表

编　号	孔洞尺寸/mm	洞底距地高度/mm	数量/个	备注
1	φ200	0	4	
2	630×200	2 550	14	
3	1 900×500	2 660	1	
4	350×385	280	1	
5	550×500	250	1	

编制本工程的通风、空调及其部件制作、安装的分部分项清单工程量和通风管道的分部分项清单工程量，计算过程填入表4.2.15和表4.2.16。

安装工程清单计量与计价

表 4.2.15　工程量计算书

项目名称	单位	数量	计算公式

表 4.2.16　通风空调分部分项工程量清单

序号	项目编码	项目名称	项目特征	单位	数量

3. 学员工作任务作业单（三）

续子项目 4.1 学员工作任务作业单（三）。

工程量计算如表 4.2.17 所示,编制分部分项工程量清单（填入表 4.2.16）,检查其计算过程和列项是否合理,完成其项目编码和分析其每项综合单价。

表 4.2.17　工程量计算书

项目名称	单位	数量	计算公式
镀锌薄钢板风管（咬口）,$\delta=1.2$ mm	m²	18.24	风管截面:1 250 mm×500 mm; $L=[(3.87-2.255-0.2+0.63\div2)(\text{垂直部分})+(0.75+3)(\text{水平部分})]m=5.48$ m; $F=2\times(1.25+0.5)\times5.21$ m²$=18.24$ m²
镀锌薄钢板风管（咬口）,$\delta=1.0$ mm	m²	182.47	风管截面:800 mm×500 mm; $L=(3.5+2.6)$m$=6.1$ m; $F=2\times(0.8+0.5)\times6.1$ m²$=15.86$ m²
			风管截面:800 mm×250 mm; $L=[3.5+(4\div2+2+4+4+0.5)\times3+(4\div2+2+4+4+0.5-2.6)+3.6]m=54.5$ m; $F=2\times(0.8+0.25)\times54.5$ m²$=114.45$ m²
			风管截面:630 mm×250 mm; $L=(4+0.5-0.5)\times4$ m$=16$ m; $F=2\times(0.63+0.25)\times16$ m²$=28.16$ m²
			风管截面:500 mm×250 mm; $L=(4+0.5-0.5)\times4$ m$=16$ m; $F=2\times(0.5+0.25)\times16$ m²$=24$ m²
镀锌薄钢板风管（咬口）,$\delta=0.75$ mm	m²	36.96	风管截面:250 mm×250 mm; $L=(4+0.5-0.3)\times4$ m$=16.8$ m; $F=2\times(0.25+0.25)\times16.8$ m²$=16.8$ m²
			风管截面:240 mm×240 mm（接散流器支管）; $L=(4.25-3.5+0.25\div2)\times24$ m²$=21$ m; $F=2\times(0.24+0.24)\times21$ m²$=20.16$ m²
温度测定孔	个	1	
风量测定孔	个	1	
（待续）			

4. 学员工作任务作业单（四）

续子项目 5.1 学员工作任务作业单（四）。

通风管道制作、安装工程量计算见表 4.2.18。

表 4.2.18　通风管道制作、安装工程量计算

序号	分项工程名称	计　算　式	单位	工程量
	（前续表 4.1.14）			
	D500 以下通风管道制作、安装、除锈刷油			
5	薄钢板圆形风管 D500（$\delta=0.75$ mm，咬口）	$[6-0.5($大小头长度$)]\times0.5\times3.1416$	m²	8.64
	D700×500（大小头）	$0.5\times[(0.7+0.5)/2]\times3.1416$	m²	0.95
	薄钢板圆形风管 D320（$\delta=0.75$ mm 咬口）	$[6-0.5($大小头长度$)]($主管水平长度$)+2\times6(6$根支管水平长度$)+(4.7-1.3)\times6(6$根支管标高差$)\times0.32\times3.1416$	m²	38.00
	D500×320（大小头）	$0.5\times[(0.5+0.32)/2]\times3.1416$	m²	0.64
	天圆地方管 D320/600×300,6 个。	$[(0.32\times3.1416)/2+0.6+0.3]\times0.2\times6$	m²	1.68
5.1	D500 以下薄钢板圆形风管 D500（$\delta=0.75$ mm 咬口）合计	$8.64+0.95+38.10+0.65+1.69$	m²	50.03
5.2	风管内外面除锈刷红丹酚醛防锈漆	50×2（组价需乘定额系数 1.1）	m²	100
5.3	风管表面刷灰色酚醛调和漆	50（组价需乘定额系数 1.2）	m²	50
	D1 120 以下通风管道制作、安装、除锈刷油			
6	薄钢板圆形风管 D800（$\delta=1$ mm 咬口）	$[(4.7-1.7)($标高差$)+2($水平长度$)+(4.6+6+6)($水平长度$)]\times0.8\times3.1416$	m²	54.29
	天圆地方管 D800/560×640,$H=400$ mm,1 个	$[(0.8\times3.1416)/2+0.56+0.64]\times0.4$	m²	0.98
	薄钢板圆形风管 D700（$\delta=1$ mm 咬口）	$[6-0.5($大小头长度$)]\times0.7\times3.1416$	m²	12.10
	D800×700（大小头）	$0.5\times(0.8+0.7)/2\times3.1416$	m²	1.18
6.1	D1 120 以下薄钢板圆形风管（$\delta=1$ mm 咬口）合计	$54.29+0.98+12.10$	m²	67.55
6.2	风管内外面除锈刷红丹酚醛防锈漆	67.55×2（组价需乘定额系数 1.1）	m²	135.1
6.3	风管表面刷灰色酚醛调和漆	67.55（组价需乘定额系数 1.2）	m²	67.55
	（待续）			

针对表 4.2.18 计算出的内容,编制其分部分项工程量清单,填入表 4.2.16;查询有关设备和材料价格,假定工程类别为三类,对每项内容计算其综合单价,填入表 4.2.12。

任务 8　情境学习小结

本学习情境仅涉及通风管道制作、安装分部分项工程量及其综合单价的计算方法,以此报价不准确,存在漏项问题,因为通风管道部件的制作问题未涉及。

【知识目标】

了解通风管道的种类,其相应的省定额子目基本内容及适用范围,熟悉识图知识及有关安装图集。

【能力目标】

掌握通风管道清单工程量计算、清单编制的方法,能进行分部分项工程综合单价计算,材料与材料损耗量及其市场价格的确定,以及分部分项工程计价。

子项目 4.3 通风管道部件制作、安装计量与计价

任务 1 情境描述

续子项目 4.2 中情境描述。

任务 2 情境任务分析

由于情境描述中未给出通风管道部件的分部分项清单工程量,因此对上述任务首先要设置清单项目和计算清单工程量;其次计算出计价工程量;最后确定每一工程量清单项目的综合单价。

任务 3 知识——清单项目设置与工程量计算

1. 通风管道部件制作、安装工程量清单设置

通风管道部件制作、安装工程量清单设置见表 4.3.1,即《计价规范》中表 G.3(编码:030703)。

表 4.3.1 通风管道部件制作、安装(编码:030703)

项目编码	项目名称	项目特征	计量单位	工程量计算规则	工作内容
030703001	碳钢阀门	①名称;②型号;③规格;④质量;⑤类型;⑥支架形式、材质	个	按设计图示数量计算	①阀体制作;②阀体安装;③支架制作、安装
030703002	柔性软风管阀门	①名称;②规格;③材质;④类型			阀体安装
030703003	铝蝶阀	①名称;②规格;③质量;④类型			
030703004	不锈钢阀门				

项目编码	项目名称	项目特征	计量单位	工程量计算规则	工作内容
030703005	塑料阀门	①名称;②型号;③规格;④类型	个	按设计图示数量计算	阀体安装
030703006	玻璃钢蝶阀				
030703007	碳钢风口、散流器、百叶窗	①名称;②型号;③规格;④质量;⑤类型;⑥形式	个	按设计图示数量计算	①风口制作、安装;②散流器制作、安装;③百叶窗制作、安装
030703008	不锈钢风口、散流器、百叶窗	①名称;②型号;③规格;④质量;⑤类型;⑥形式	个	按设计图示数量计算	①风口制作、安装;②散流器制作、安装;③百叶窗制作、安装
030703009	塑料风口、散流器、百叶窗				
030703010	玻璃钢风口	①名称;②型号;③规格;④类型;⑤形式	个	按设计图示数量计算	风口安装
030703011	铝及铝合金风口、散流器				①风口制作、安装;②散流器制作、安装;
030703012	碳钢风帽	①名称;②规格;③质量;④类型;⑤形式;⑥风帽筝绳、泛水设计要求	个	按设计图示数量计算	①风帽制作、安装;②筒形风帽滴水盘制作、安装;③风帽筝绳制作、安装;④风帽泛水制作、安装
030703013	不锈钢风帽				
030703014	塑料风帽				①板伞形风帽制作、安装;②风帽筝绳制作、安装;③风帽泛水制作、安装
030703015	铝板伞形风帽				①玻璃钢风帽安装;②筒形风帽滴水盘安装;③风帽筝绳安装;④风帽泛水安装
030703016	玻璃钢风帽				
030703017	碳钢罩类	①名称;②型号;③规格;④质量;⑤类型;⑥形式	个	按设计图示数量计算	①罩类制作;②罩类安装
030703018	塑料罩类				
030703019	柔性接口	①名称;②规格;③材质;④类型;⑤形式	m²	按设计图示尺寸以展开面积计算	①柔性接口制作;②柔性接口安装;
030703020	消声器	①名称;②规格;③材质;④形式;⑤质量;⑥支架形式、材质	个	按设计图示数量计算	①消声器制作;②消声器安装;③支架制作、安装

续表

项目编码	项目名称	项目特征	计量单位	工程量计算规则	工作内容
030703021	静压箱	①名称;②规格;③形式;④材质;⑤支架形式、材质	①个;②m²	①以个计量,按设计图示数量计算②以面积计量,按设计图示以展开面积计算	①静压箱制作、安装;②支架制作、安装
030703022	人防超压自动排气阀	①名称;②型号;③规格;④类型	个	按设计图示数量计算	安装
030703023	人防手动密闭阀	①名称;②型号;③规格;④支架形式、材质	个		①密闭阀制作、安装;②支架制作、安装
030703024	人防其他部件	①名称;②型号;③规格;④类型	个(套)	按设计图示数量计算	安装

2. 通风管道部件制作、安装工程量清单编制

碳钢阀门包括:空气加热器上通阀、空气加热器旁通阀、圆形瓣式启动阀、风管蝶阀、风管止回阀、密闭式斜插板阀、矩形风管三通调节阀、对开多叶调节阀、风管防火阀、各型风罩调节阀等。

塑料阀门包括:塑料蝶阀、塑料插板阀、各型风罩塑料调节阀。

碳钢风口、散流器、百叶窗包括:百叶风口、矩形送风口、矩形空气分布器、风管插板风口、旋转吹风口、圆形散流器、方形散流器、流线型散流器、送吸风口、网式风口、钢百叶窗等。

碳钢罩类包括:支带防护罩、电动机防雨罩、侧吸罩、中小型零件焊接台排气罩、整体分组式槽边侧吸罩、吹吸式槽边通风罩、条缝槽边抽风罩、泥心烘炉排气罩、升降式回转排气罩、上下吸式圆形回转罩、升降式排气罩、手锻炉排气罩。

塑料罩类包括:塑料槽边侧吸罩、塑料槽边风罩、塑料条缝槽边抽风罩。

柔性接口包括:金属、非金属软接口及伸缩节。

消声器包括:片式消声器、矿棉管式消声器、聚酯泡沫管式消声器、卡普隆纤维管式消声器、弧形声流式消声器、阻抗复合式消声器、微穿孔板消声器、消声弯头。

通风部件按图纸要求制作、安装或用成品部件只安装不制作,这类特征在项目特征中应明确描述。

静压箱的面积计算:按设计图示尺寸以展开面积计算,不扣除开口的面积。

3. 通风工程检测、调试工程量清单设置

通风工程检测、调试工程量清单设置见表4.3.2,即《计价规范》中表G.4(编码:030704)。

表 4.3.2　《计价规范》表 G.4)通风工程检测、调试(编码:030704)

项目编码	项目名称	项目特征	计量单位	工程量计算规则	工作内容
030704001	通风工程检测、调试	风管工程量	系统	按通风系统计算	①通风管道风量测定;②风压测定;③湿度测定;④各系统风口、阀门调整
030704002	风管漏光试验、漏风试验	漏光试验、漏风试验、设计要求	m²	按设计图纸或规范要求以展开面积计算	通风管道漏光试验、漏风试验

任务 4　知识——项目名称释义

1. 阀门

1)调节阀

调节阀的作用是保持系统风量平衡,一般支管用风管蝶阀的情况比较多,多叶调节阀主要设置在新风管和回风管上。在具体房间的风量调节上,如果风口没有自带调节阀时设置蝶阀,见图 4.3.1(a)。

T308-1、2 型号对开多叶调节阀[见图 4.3.1(b)]分为手动和电动,电动可以自动调节风量,与自控系统配套;手动可直接安装在风管管道上,与风管相连接,调节室内风量,其调节方便、灵巧。

T302-3、4 型号矩形单叶调节阀[见图 4.3.1(c)]和 T302-1、2 型号圆形单叶蝶阀为控制风速、调节风量之用,其操作方便,结构灵巧,可直接装在风管上。风阀采用优质钢板制成,表面颜色可根据需要选择。

2)防火阀

防烟防火阀[见图 4.3.1(d)]主要应用于通风和空调系统,防烟防火阀一般安装在通风系统和空调系统机房的防火分隔处,是 70 ℃防火阀,平时常开,当风管中烟气温度达到 70℃时自动关闭。

(a)蝶阀　　　　　(b)对开多叶调节阀　　　　　(c)单叶调节阀　　　　　(d)防烟防火阀

图 4.3.1　通风管道常见阀门

排烟防火阀主要应用于机械排烟系统中,是 280 ℃ 防火阀,平时为常闭,火灾发生时接收到火灾自动报警联动信号后自动开启,同时具备手动执行机构,可手动开启,也可在消防控制中心远程开启,一般安装于排烟口、风管穿越防火防烟分区分隔处和排烟机房风管穿墙处,当风管中烟气温度达到 280 ℃ 时开启。

在通风系统和排烟系统中使用的只有防烟防火阀和排烟防火阀这两种阀门组。

2. 风口

风口是为了向室内送入或排出空气,在通风管上设置的各种形式的送风口或吸风口,以调节送入或吸出的空气量。风口常用的类型是装有网状和条形格栅的矩形风口,其设有联动调节装置,其他的类型没有联动调节装置。按照使用要求的不同,可设置各种形式的风口,常见的几种见图 4.3.2。

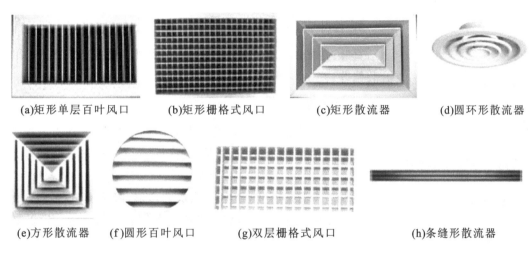

(a)矩形单层百叶风口 (b)矩形栅格式风口 (c)矩形散流器 (d)圆环形散流器

(e)方形散流器 (f)圆形百叶风口 (g)双层栅格式风口 (h)条缝形散流器

图 4.3.2 常见管道风口

1)双层活动百叶风口

双层百叶风口广泛应用于空调系统中作为送风口,通过调节水平、垂直方向的叶片角度,调整气流的扩散面,以改变气流方向和射程,需要时可在风口后配风量调节阀。

2)单层百叶风口

单层百叶风口广泛应用于空调系统中作为回风口,有时也用于送风口;作回风口时,配有过滤器,且风口是活动的,可以打开清洗过滤网;作送风口时,可通过调节叶片角度来控制气流方向。

3)散流器

散流器广泛应用于空调系统中作为下送风口,其结构多样,有四面吹风、三面吹风等形式;常用的有方形、圆形和矩形等形状,散流器的外框和内芯可分离,方便安装和检修。根据需要可在散流器的后端配制风量调节阀(人字阀)。

4) 蛋格式回风口

蛋格式回风口外形为方格状,其安装方便,外形美观,可与装潢配色,但缺点是长时间使用后滤网过脏影响美观,且清洗时没有单层百叶方便。

5) 旋流风口

风口中有起旋器,空气通过风口后成为旋转气流,并贴附于顶棚上流动。这种风口诱导室内空气的能力大,温度和风速衰减快,适宜在送风温差大,层高较低的空间中使用。其价格较高,一般场合较少采用。

6) 喷口

在大空间建筑的空调系统中,一般较多采用喷口送风,其特点是风速高、风量大、需要的风口数量少,可通过选择合适的喷口口径和风速,达到需要的气流射程。另外,还有一种球形转动喷口,可以调节送风角度。

图 4.3.3 百叶窗

3. 百叶窗

百叶窗(如图 4.3.3 所示)用于阻挡室外杂物进入室内、避雨、配合装修等。

4. 消声器

消声器是防止噪声传入室内所采用的装置。在空调工程中常用的有阻性消声器、抗性消声器、共振性消声器和宽频带复合式消声器等。

阻性消声器是通过吸声材料来吸收声能、降低噪声,一般的微穿孔板消声器就属于这个类型。阻性消声器包括直管式、片式、折板式、声流式、蜂窝式、弯头式等形式。

5. 风帽与风罩

风帽用于排风系统的末端,它的作用是向室外排除污浊空气、防止空气倒灌及雨水灌入排风管,其按形式分包括适用于一般机械排风系统的伞形风帽,适用于除尘系统的锥形风帽,适用于自然排风系统的简形风帽。

风罩可排除有害气体和水蒸气,降低室内温度。风帽与风罩见图 4.3.4。

(a)风帽

(b)风罩

图 4.3.4 风帽与罩图

任务 5　知识───安装计价定额

1. 调节阀制作、安装计价内容说明

调节阀制作、安装工作内容包含调节阀制作和调节阀安装。

调节阀制作:放样、下料,制作短管、阀板、法兰、零件,钻孔、铆焊、组合成型。

调节阀安装:号孔、钻孔、对口、校正,制垫、垫垫,上螺栓、紧固、试动。

2. 风口制作、安装计价内容说明

风口制作、安装工作内容包含风口制作和风口安装。

风口制作:放样、下料、开孔,制作零件、外框、叶片、网框、调节板、拉杆、导风板、弯管、天圆地方管、扩散管、法兰,钻孔、铆焊、组合成型。

风口安装:对口、上螺栓,制垫、垫垫,找正、找平,固定、试动、调整。

铝制孔板风口如需电化处理时,另加电化费。

3. 风帽制作、安装计价内容说明

风帽制作、安装工作内容包含风帽制作和风帽安装。

风帽制作:放样、下料、咬口,制作法兰、零件,钻孔、铆焊、组装。

风帽安装:安装、找正、找平,制垫、垫垫,上螺栓、固定。

4. 风罩制作、安装计价内容说明

风罩制作、安装工作内容包含罩类制作和罩类安装。

风罩制作:放样、下料、卷圆,制作罩体、来回弯、零件、法兰,钻孔、铆焊、组合成型。

风罩安装:埋设支架、吊装、对口、找正,制垫、垫垫,上螺栓,固定配重环及钢丝绳、试动、调整。

5. 消声器制作、安装计价内容说明

消声器制作、安装工作内容包含消声器制作和消声器安装。

消声器制作:放样、下料、钻孔,制作内外套管、木框架、法兰,铆焊,粘贴,填充消声材料,组合成型。

消声器安装:组对、安装、找正、找平,制垫、垫垫,上螺栓、固定。

6. 计价工程量计算规则

标准部件的制作,按其成品重量以"kg"为计量单位,根据设计型号、规格,按定额标准计算重量,非标准部件按图示成品重量计算。部件的安装按图示规格尺寸(周长或直径)以"个"为计量单位,分别执行相应定额。

钢百叶窗及活动金属百叶风口制作以"m²"为计量单位,安装按规格尺寸以"个"为计量单位。

风帽制作、安装按图示规格、长度,以"kg"为计量单位。

风帽泛水制作、安装按图示展开面积以"m²"为计量单位。

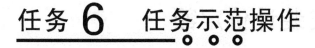

任务 6　任务示范操作

1. 工程量手工计算

通风管道部件制作、安装工程量计算见表 4.3.3。

2. 工程量清单设置

工程量清单设置见表 4.3.4（由于缺乏必要信息，双层百叶风口设为成品安装）。

3. 清单项目综合单价确定

假定本工程为三类工程，二类工工资为 74 元/工日，对开多叶调节阀 HG-35 A-34-M 的单价为 140 元，则 030411001001 的综合单价分析见表 4.3.5。

表 4.3.3　通风管道部件制作、安装工程量计算表

序号	分项工程名称	计　算　式	单位	工程量
	（续表 4.2.18）			
6.4	柔性接口制作、安装	柔性短管为涂胶帆布材质，故归纳柔性接口	m²	0.95
	柔性短管 D1 200，$L=300$ mm，涂胶帆布	$3.14\times0.6^2\times0.3$	m²	0.34
	柔性短管 840 mm×960 mm，$L=170$ mm，涂胶帆布	$2\times(0.84+0.96)\times0.17$	m²	0.61
	合计	$0.34+0.61$	m²	0.95
7	玻璃钢蝶阀			
7.1	对开多叶调节阀（设备 14）	—	个	1
7.2	对开多叶调节阀（设备 15）	—	个	1
7.3	对开多叶调节阀（设备 16）	—	个	1
7.4	矩形防火调节阀（设备 49）	—	个	1
7.5	矩形防火调节阀（设备 50）	—	个	1
7.6	矩形防火调节阀（设备 51）	—	个	2
7.7	矩形防火调节阀（设备 52）	—	个	2
7.8	矩形防火调节阀（设备 53）	—	个	1
8	风口			
8.1	双层百叶风口（设备 35）	—	个	4
8.2	双层百叶风口（设备 36）	—	个	6
8.3	双层百叶风口（设备 36）	—	个	1

续表

序号	分项工程名称	计 算 式	单位	工程量
9	阻复合消生器(设备21)	—	个	2
10	通风工程检测、调试	—	系统	1

表 4.3.4　通风管道部件制作、安装分部分项工程量清单

序号	项目编码	项目名称	项目特征描述	计量单位	工程量
1	030703001001	碳钢阀门	对开多叶调节阀 HG-35 A-34-M,成品安装;1 000 mm×800 mm,周长 3600 mm	个	1
2	030703001002	碳钢阀门	对开多叶调节阀 HG-35 A-34-M,成品安装;1 250 mm×800 mm,周长 3 900 mm	个	1
3	030703001003	碳钢阀门	对开多叶调节阀 FH-01 SFM,成品安装;2 000 mm×800 mm,周长 5 600 mm	个	1
4	030703001004	碳钢阀门	矩形防火调节阀 FH-01SFW,成品安装;1 000 mm×800 mm	个	1
5	030703001005	碳钢阀门	矩形防火调节阀 FH-01SFW,成品安装;800 mm×400 mm	个	1
6	030703001006	碳钢阀门	矩形防火调节阀 FH-01SFW,成品安装;630 mm×320 mm	个	2
7	030703001007	碳钢阀门	矩形防火调节阀 FH-01SFW,成品安装;630 mm×500 mm	个	2
8	030703001008	碳钢阀门	矩形防火调节阀 FH-01SFW,成品安装;800 mm×630 mm	个	1
9	030703007001	碳钢风口	双层百叶风口,成品安装;630 mm×320 mm	个	4
10	030703007002	碳钢风口	双层百叶风口,成品安装;630 mm×500 mm	个	6
11	030703007003	碳钢风口	双层百叶风口,成品安装;630 mm×800 mm	个	1
12	030703019001	柔性接口	柔性短管 D1200,$L=300$ mm,840 mm×960 mm,$L=170$ mm,涂胶帆布	m²	0.95
13	030703020001	消声器	阻抗复合消声器,T701 NO.9 玻璃钢,1330 mm×970 mm	kg	252.54
14	030704001001	通风工程检测、调试	风管工程量	系统	1

表 4.3.5 （030703001001）工程量清单综合单价分析表

工程名称： 标段： 第 页 共 页

项目编码	030703001001	项目名称	碳钢阀门	计量单位	个

清单综合单价组成明细

定额编号	定额名称	定额单位	数量	单价/元				合价/元			
				人工费	材料费	机械费	管理费和利润	人工费	材料费	机械费	管理费和利润
7-317	对开多叶	个	1	28.86	19.62	0.00	15.30	28.86	19.62	0.00	15.30
人工单价		小 计						28.86	19.62	0.00	15.30
74 元/工日		未计价材料费						140.00			
清单项目综合单价								203.78			

材料费明细	主要材料名称、规格、型号			单位	数量	单价/元	合价/元	暂估单价/元	暂估合价/元
	对开多叶调节阀 HG-35 A-34-M			个	1	140.00	140.00		
	其他材料费					—	19.62	—	
	材料费小计					—	159.62	—	

任务 7 学员工作任务作业单

1. 学员工作任务作业单（一）

假定本工程为二类工程，二类工工资为 74 元/工日，查询有关产品价格，将表 4.3.4 中其他项目的综合单价分析分别填入表 4.3.6。

表 4.3.6 （ ）工程量清单综合单价分析表

工程名称： 标段： 第 页 共 页

项目编码		项目名称		计量单位	m

清单综合单价组成明细

定额编号	定额名称	定额单位	数量	单价/元				合价/元			
				人工费	材料费	机械费	管理费和利润	人工费	材料费	机械费	管理费和利润
人工单价		小 计									

续表

项目编码	030703001001	项目名称	碳钢阀门	计量单位		个
74元/工日		未计价材料费				
清单项目综合单价						

	主要材料名称、规格、型号	单位	数量	单价/元	合价/元	暂估单价/元	暂估合价/元
材料费明细							
	其他材料费			—		—	
	材料费小计			—		—	

2. 学员工作任务作业单(二)

某高层(21层)写字楼通风空调工程按设计图示需要安装的工程量计算见表4.3.7,分部分项工程量清单见表4.3.8,检查其列项是否合理,完成其项目编码并分析其每项的综合单价。

表4.3.7 设计图示计算工程量

序号	名 称	规格、型号	单位	数 量
1	空调器	ZK系列组装式,10 000 m³/h,3 500 kg	台	7
2	风机盘管	吊顶式,YSFP-300,软管接口5.5 m²	台	35
3	镀锌铁皮圆形风管	咬口,直径=1 200 mm,δ=1.2 mm,	m²	319
		直径=100 mm,δ=1 mm,支架防锈银粉漆各一遍	m²	1 100
4	风管圆形止回阀	安装,直径=1 200 mm,	个	7
		直径=100 mm	个	7
5	风口	双层百叶,安装,400 mm×400 mm	个	1 050
6	钢百叶窗	安装,1 000 mm×1 000 mm	个	7
7	检查调试	通风工程系统	个	1

表4.3.8 分部分项工程量清单

序号	项目编码	项目名称	单位	数 量
1		空调器,ZK系列组装式,10 000 m³/h,3 500 kg	台	7
2		风机盘管,吊顶式,YSFP-300软管接口5.5 m²	台	35

续表

序号	项目编码	项目名称	单位	数量
3		镀锌圆形咬口风管,直径=1 200 mm,δ=1.2 mm	m²	319
4		镀锌圆形咬口风管,直径=100 mm,δ=1 mm	m²	1 100
5		止回阀,直径=1 200 mm	个	7
6		止回阀,直径=100 mm	个	7
7		双层百叶风口,安装,400 mm×400 mm	个	1 050
8		钢百叶窗安装,1 000 mm×1 000 mm	个	7
9		高层建筑增加费	项	1
10		通风空调检查、试调	系统	1

3. 学员工作任务作业单(三)

续子项目4.1和4.2中学员工作任务作业单(三),工程量计算如表4.3.9所示,编制分部分项工程量清单(填入表4.3.10),检查其计算过程和列项是否合理,完成其项目编码并分析其每项综合单价。

表 4.3.9　通风空调工程量计算表

项目名称	单位	数量	计算公式
阻抗复合消声器制作、安装 T701-6 型 5 号	组	1	
管式消声器安装	组	1	周长=2×(1 250+500) mm=3 500 mm
风管防火阀安装	个	1	周长=2×(1 250+500) mm=3 500 mm
对开多叶风量调节阀安装	个	4	周长=2×(800+250) mm=2 100 mm
铝合金防雨单层百叶新风口安装	个	1	周长=2×(630+1 000) mm=3 260 mm
铝合金百叶回风口安装	个	1	周长=2×(1 600+800) mm=4 800 mm
铝合金方形散流器安装(240 mm×240 mm)	个	24	周长=2×(240+240) mm=960 mm
帆布软管接口	m²	2.1	$F=2×(1.25+0.5)×0.2×3=2.1$ m²

表 4.3.10　分部分项工程量清单

序号	项目编码	项目名称	单位	数量
1				
2				
3				
4				

序号	项目编码	项目名称	单位	数量
5				
6				
7				
8				
9				
10		通风空调检查、试调	系统	1

4. 学员工作任务作业单(四)

续子项目4.1和子项目4.2学员工作任务作业单(四),通风管道部件制作、安装工程量计算见表4.3.11。

针对表4.3.11计算出的内容,编制其分部分项工程量清单,填入表4.3.10;查询有关设备和材料价格,假定工程类别为三类,对每项内容进行组价,填入表4.3.6。

表 4.3.11　通风管道制作、安装工程量计算

序号	分项工程名称	计　算　式	单位	工程量
	(前续表4.2.18)			
7	帆布软接口制作、安装	$3.141\,6×(0.6×0.3+0.8×0.3)$	m²	1.32
8	空气加热器上通阀制作、安装			
	空气加热器上通阀,1 200 mm×400 mm,1个	查国标通风部件 T101-1 标准重量表得单体重量为 23.16 kg／个		
	制作	$23.16×1$	kg	23.16
	安装	周长＝$2×(1\,200+400)$	个	1
	除锈、刷油	(组价时需乘系数 1.15)	kg	23.16
9	风机圆形瓣式启动阀制作、安装			
	风机圆形瓣式启动阀 D800,1个	查国标通风部件 T301-5 标准重量表得单体重量为 42.38 kg/个		
	制作	$42.38×1$	kg	42.4
	安装	直径为 800 mm	个	1
	除锈、刷油	(组价时需乘系数 1.15)	kg	42.4

续表

序号	分项工程名称	计　算　式	单位	工程量
10	密闭式斜插板阀制作、安装			
	密闭式斜插板阀 D800,1 个	由设备部件一览表查得其单体重量为 40 kg		
	制作	40×1	kg	40
	安装	直径为 800 mm	个	1
	除锈、刷油	(组价时需乘系数 1.15)	kg	40
11	圆形蝶阀制作、安装			
	圆形蝶阀 D320,6 个。	查国标通风部件 T302-1 标准重量表得单体重量为为 5.78 kg/个		
	制作	5.78×6	kg	34.68
	安装	直径为 320 mm	个	6
	除锈、刷油	(组价时需乘系数 1.15)	kg	34.7
12	矩形空气分布器制作、安装			
	矩形空气分布器制作、安装 600 mm×300 mm,6 个	查国标通风部件 T206-1 标准重量表得单体重量为 12.42 kg		
	制作	12.42×6	kg	74.52
	安装	周长=2×(600+300)	个	6
	除锈、刷油		kg	74.5
	矩形空气分布器支架制作、安装	[(0.41+0.2)×2+0.61](角钢长度)×6×2.42(角钢每米重量)	kg	26.57
	支架除锈、刷油		kg	26.57
13	钢百叶窗 500 mm×400 mm			
	制作	0.5×0.4	m²	0.2
	安装	0.5 m² 以内	个	1
	除锈、刷油	查表 4.1.13 得单体重量为 20 kg/个	kg	20
14	皮带防护罩	查表 4.1.13 得其单体重量为 15.5 kg		
	制作、安装	15.5×1	kg	15.5
	除锈、刷油		kg	15.5
15	系统检测、调试	工程人工费×13%,其中人工费占 25%	系统	1

任务 8 情境学习小结

本学习情境仅涉及通风管道部件制作、安装分部分项工程量及其综合单价的计算方法,但仅以此报价不准确,存在漏项问题,需要我们方方面面考虑问题。

【知识目标】

了解通风管道部件的种类,其相应的省定额子目基本内容及适用范围,熟悉识图知识及有关安装图集。

【能力目标】

掌握通风管道部件清单工程量计算、清单编制的方法,能进行分部分项工程综合单价计算,材料与材料损耗量及其市场价格的确定,以及分部分项工程计价。

情境 5

消防工程工程量计量与计价

【正常情境】

某消防安装工程公司欲承接某大楼施工建设任务,公司(或项目)负责人组织有关技术员工编制投标文件对该项目进行投标活动。拿到消防专业施工图纸和招标文件中的消防专业单位工程清单工程量后,首先应想到的是图纸描述是否有问题,清单工程量是否存在少算、多算以及漏项问题;其次是针对清单工程量,其计价(定额)工程量是多少;最后是公司的工料机消耗量定额和单价是多少。

【异常情境】

(1) 小区住宅或办公楼等工程有消防系统,建设公司有消防设施工程方面资质,投标报价时必须对消防工程进行报价。

(2) 消防系统有地下水池和水泵房时,其也作为消防专业施工图纸中的一部分,消防安装工程公司也必须对其报价。

(3) 若承担材料计划和对专业施工队施工成本进行核算的工作,该怎样开展工作?

【情境任务分析】

消火栓系统、自动喷淋灭火系统、自动报警系统的造价编制。

子项目 5.1 水灭火系统计量与计价

任务 1 情境描述

工程概况:某市医院 6 层门诊大楼消火栓及自动喷淋工程施工图见图 5.1.1~图 5.1.6。消火栓、喷淋系统用水均由消防泵站与市政管网共同供水,引入管埋深均为 -0.800 m。

(1) 室内消火栓采用 302 组合式消防箱,DN150 型湿式报警阀及 68 ℃ 闭式喷头。

(2) 消防水枪的充实水柱长度不应小于 10 m。

(3) 在建筑物首层设置 1 个消火栓系统消防水泵接合器和 2 个自动喷水灭火系统消防水泵

接合器,每个结合器流量为 15 L/s,以备消防车使用。

(4) 管材及连接方法:DN≤100 mm 时,采用镀锌钢管,螺纹连接;DN>100 mm 时,采用无缝钢管(二次镀锌),沟槽式连接。

(5) 管道防腐要求及做法:埋地管道——环氧煤沥青普通级防腐,涂层结构为一底一布三面;室内管道——刷红色调和漆二道。

(6) 支架采用防晃支架,∟40 mm×4 mm 角钢现场制作拼装,单位重量 2.42 kg/个,型钢支架防腐做法:除锈、刷二道红丹防锈漆,刷二道银粉漆。

(7) 闸阀采用型号 Z15W-1.6T(螺纹连接)及 Z45W-1.6T(法兰连接);止回阀采用型号 H14H-1.6C(螺纹连接)及 H44H-1.6C(法兰连接)。

任务 2   情境任务分析

由于情境描述中未给出灭火系统的分部分项清单工程量,因此对上述任务首先要设置清单项目和计算清单工程量;其次计算出计价工程量;最后确定每一工程量清单项目的综合单价。

任务 3   知识——清单项目设置与工程量计算

1. 消防工程系统与其他工程系统的划分界线

喷淋系统水灭火管道:室内外应以建筑物外墙皮向外 1.5 m 为界,入口处设阀门者应以阀门为界;设在高层建筑物内的消防泵间管道应以泵间外墙皮为界。

消火栓管道:给水管道室内外界限划分应以建筑物外墙皮向外 1.5 m 为界,入口处设阀门者应以阀门为界。

消防管道与市政给水管道的界限:以与市政给水管道碰头点(井)为界。

消防管道上的阀门、管道及设备支架、套管的制作、安装,应按给排水、采暖、燃气工程相关项目编码列项。

消防管道及设备除锈、刷油、保温除注明者外,均应按刷油、防腐蚀、绝热工程相关项目编码列项。

消防工程措施项目,应按措施项目相关项目编码列项。

2. 安装工程量清单设置

水灭火系统工程量清单设置见表 5.1.1,即《计价规范》中表 J.1(编码:030901)。

3. 工程量清单编制注意事项

水灭火管道工程量计算,不扣除阀门、管件及各种组件所占长度,以延长米计算。

水喷淋(雾)喷头安装部位应区分有吊顶、无吊顶。

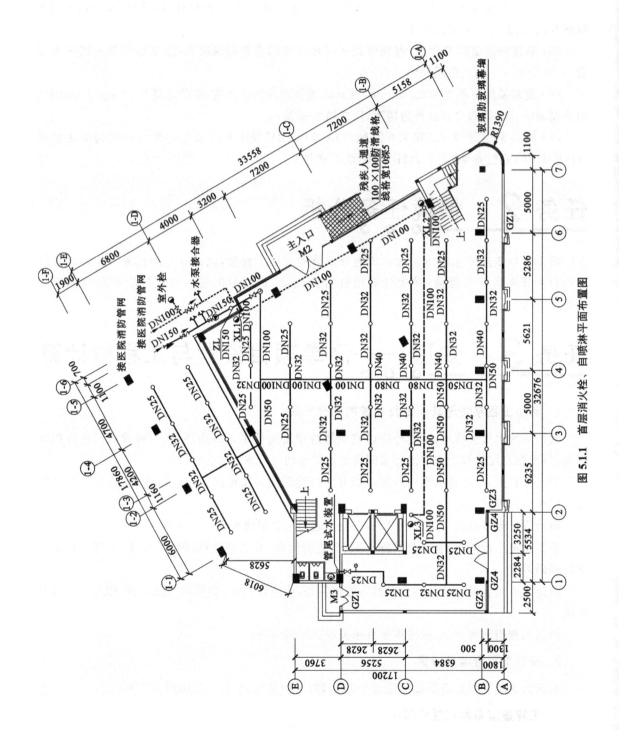

图 5.1.1　首层消火栓、自喷淋平面布置图

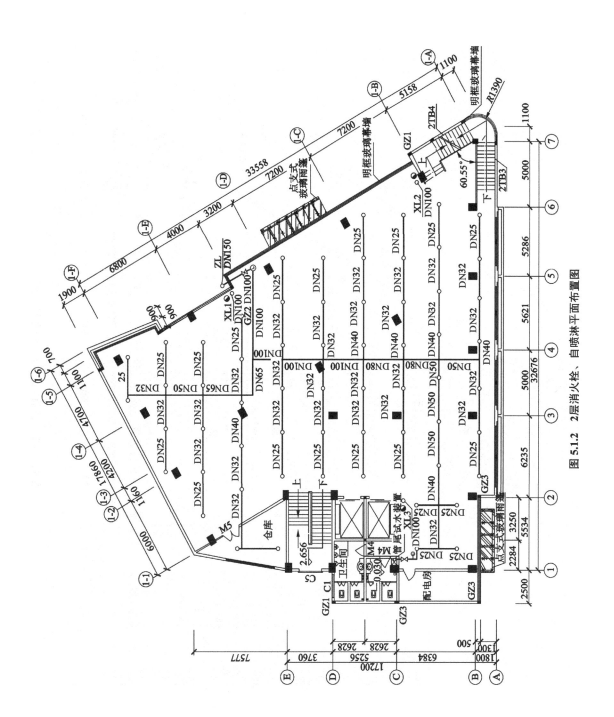

图 5.1.2 2层消火栓、自喷淋平面布置图

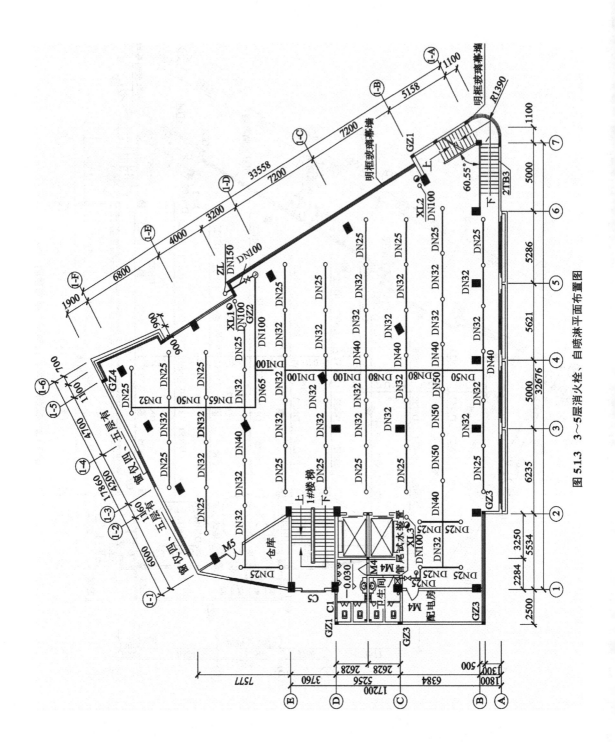

图 5.1.3 3～5层消火栓、自喷淋平面布置图

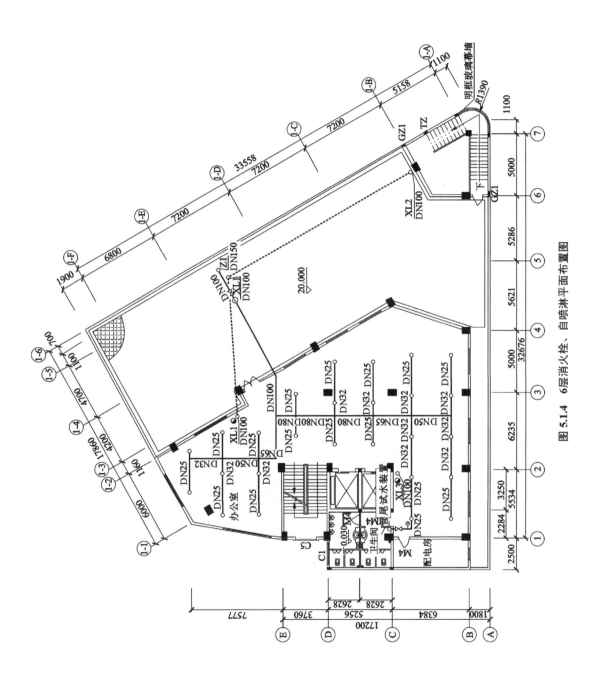

图 5.1.4　6层消火栓、自喷淋平面布置图

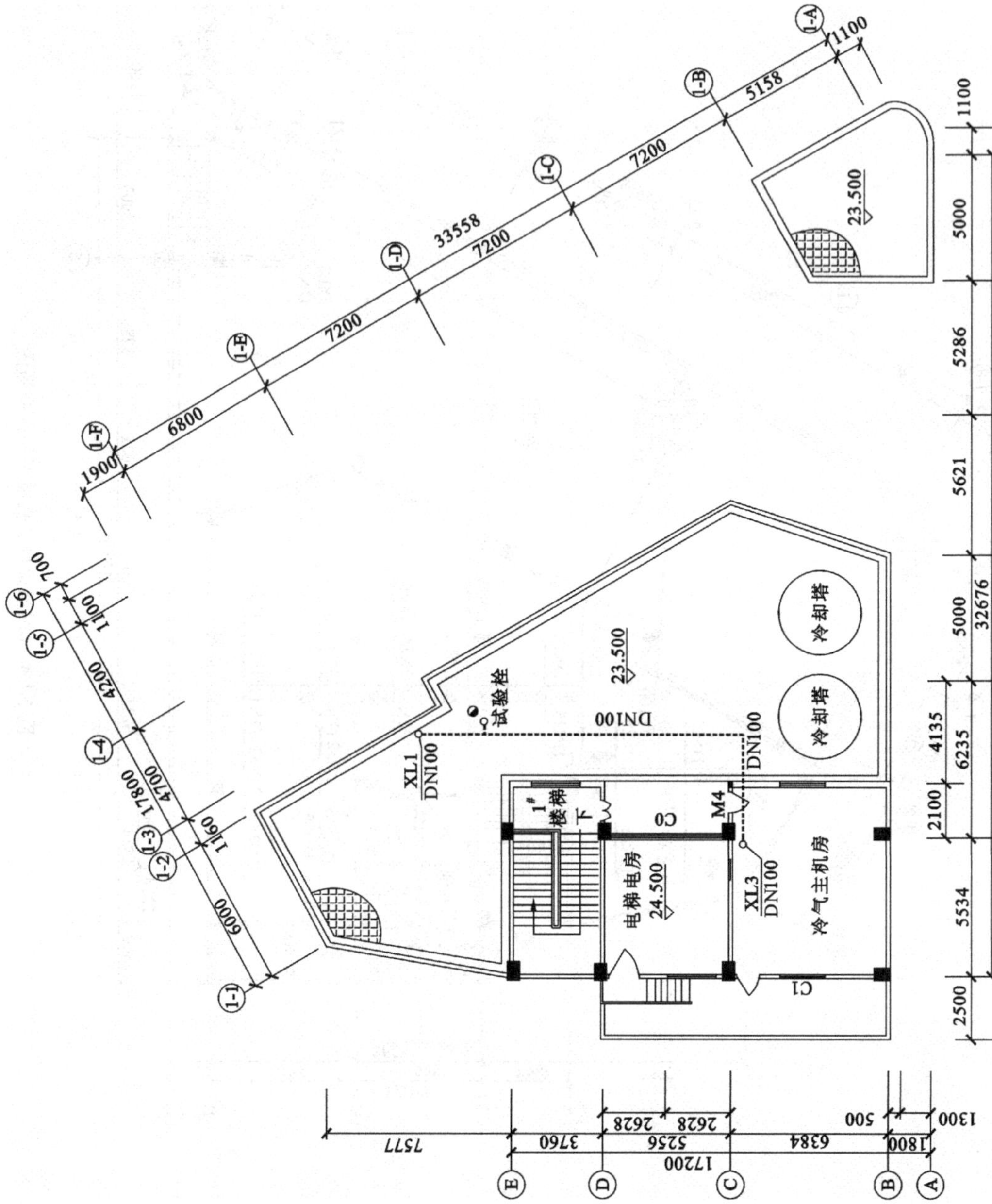

图 5.1.5　屋面消火栓、自喷淋平面布置图

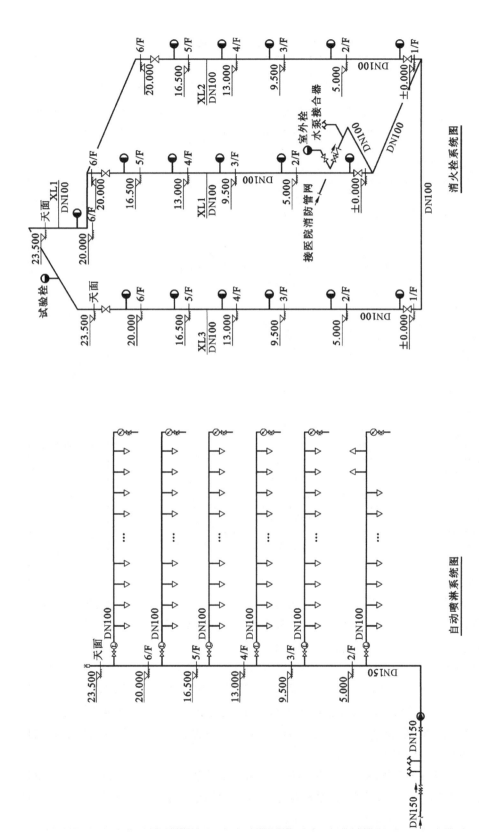

图 5.1.6 消火栓、自动喷淋系统图

表 5.1.1　水灭火系统(编码:030901)

项目编码	项目名称	项目特征	计量单位	工程量计算规则	工作内容
030901001	水喷淋钢管	①安装部位;②材质、规格;③连接形式;④钢管镀锌设计要求;⑤压力试验及冲洗设计要求;⑥钢管标识设计要求	m	按设计图示管道中心线以长度计算	①管道及管件安装;②钢管镀锌;③压力试验;④冲洗;⑤管道标识
030901002	消火栓钢管				
030901003	水喷淋喷(雾)头	①安装部位;②材质、型号、规格;③连接形式;④装饰盘设计要求	个	按设计图示数量计算	①安装;②装饰盘安装;③严密性试验
030901004	报警装置	①名称;②型号、规格	组		①安装;②电气接线;③调试
030901005	温感式水幕装置	①型号、规格;②连接形式	组		
030901006	水流指示器	①型号、规格;②连接形式	个		
030901007	减压孔板	①材质、规格;②连接形式			
030901008	末端试水装置	①规格;②组装形式	组		
030901009	集热板制作、安装	①材质;②支架形式	个		①制作、安装;②支架制作、安装
030901010	室内消火栓	①安装方式;②型号、规格;③附件材质、规格	套		①箱体及消火栓安装;②配件安装
030901011	室外消火栓	①安装部位;②型号、规格;③附件材质、规格	套		①安装;②配件安装
030901012	消防水泵接合器		具(组)		①安装;②配件安装
030901013	灭火器	①形式;②规格、型号			设置
030901014	消防水炮	①水炮类型;②压力等级;③保护半径	台		①本体安装;②调试

报警装置适用于湿式报警装置、干湿两用报警装置、电动雨淋报警装置、预作用报警装置等报警装置安装。报警装置安装包括装配管(除水力警铃进水管)的安装,水力警铃进水管并入消防管道工程量。各种报警装置所包含的内容如下。

(1)湿式报警装置的内容包括湿式阀、蝶阀、装配管、供水压力表、装置压力表、试验阀、泄放试验阀、泄放试验管、试验管流量计、过滤器、延时器、水力警铃、报警截止阀、漏斗、压力开关等。

(2)干湿两用报警装置的内容包括两用阀、蝶阀、装配管、加速器、加速器压力表、供水压力表、试验阀、泄放试验阀(湿式、干式)、挠性接头、泄放试验管、试验管流量计、排气阀、截止阀、漏斗、过滤器、延时器、水力警铃、压力开关等。

(3)电动雨淋报警装置的内容包括雨淋、蝶阀、装配管、压力表、泄放试验阀、流量表、截止阀、注水阀、止回阀、电磁阀、排水阀、手动应急球阀、报警试验阀、漏斗、压力开关、过滤器、水力警铃等。

(4)预作用报警装置的内容包括报警阀、控制蝶阀、压力表、流量表、截止阀、排放阀、注水阀、止回阀、泄放阀、报警试验阀、液动切断阀、装配管、供水检验管、气压开关、试压电磁阀、空压机、应急手动试压器、漏斗、过滤器、水力警铃等。

温感式水幕装置,包括给水三通至喷头、阀门间的管道、管件、阀门、喷头等全部内容的安装。

末端试水装置,包括压力表、控制阀等附件的安装。末端试水装置安装中不含连接管及排水管安装,其工程量并入消防管道。

室内消火栓,包括消火栓箱、消火栓、水枪、水龙头、水龙带接扣、自救卷盘、挂架、消防按钮;落地消火栓箱包括箱内手提灭火器。

室外消火栓,安装方式分地上式、地下式;地上式消火栓的安装内容包括地上式消火栓、法兰接管、弯管底座;地下式消火栓的安装内容包括地下式消火栓、法兰接管、弯管底座或消火栓三通。

消防水泵接合器,包括法兰接管及弯头安装,接合器井内阀门、弯管底座、标牌等附件安装。

减压孔板若在法兰盘内安装,其法兰盘计入组价中。

消防水炮,分为普通手动水炮、智能控制水炮。

任务 4 知识——安装计价定额

1. 计价定额适用范围说明

定额适用于工业和民用建(构)筑物设置的自动喷水灭火系统的管道、各种组件、消火栓、气压水罐的安装。

定额中不包括以下工作内容。

(1)阀门、法兰盘安装,各种套管的制作、安装,泵房间管道安装及管道系统强度试验、严密性试验。

(2)消火栓管道、室外给水管道安装及水箱制作、安装。

(3)各种消防泵、稳压泵安装及设备二次灌浆等。

(4)各种仪表的安装及带电讯号的阀门、水流指示器、压力开关、消防水炮的接线、校线。

(5)各种设备支架的制作、安装。

(6)管道、设备、支架、法兰焊口的除锈刷油。

(7)系统调试。

2. 界线划分与有关规定说明

室内外界线:以建筑物外墙皮向外1.5 m为界,入口处设阀门者以阀门为界。

设在高层建筑内的消防泵间管道以泵间外墙皮为界。

设置于管道间、管廊内的管道,其定额人工乘以系数1.3。

主体结构为现场浇筑混凝土并采用钢模施工的工程,内外浇筑的定额人工乘以系数1.05,内浇外砌的定额人工乘以系数1.03。

3. 管道安装定额说明

管道安装工程包括工序内一次性水压试验。

镀锌钢管法兰连接定额,管件是按成品、弯头两端是按接短管焊法兰考虑的,定额中包括了直管、管件、法兰等全部安装工序内容,但管件、法兰及螺栓的主材数量应按设计规定另行计算。

定额也适用于镀锌无缝钢管的安装。

4. 其他定额内容说明

喷头、报警装置及水流指示器安装定额均是按管网系统试压、冲洗合格后安装考虑的,定额中已包括丝堵、临时短管的安装、拆除及其摊销费。

其他报警装置适用于雨淋、干湿两用及预作用报警装置。

温感式水幕装置安装定额中已包括给水三通至喷头、阀门间的管道、管件、阀门、喷头等全部安装内容。但管道的主材数量按设计管道中心长度另加损耗计算;喷头数量按设计数量另加损耗计算。

集热板的安装位置:当高架仓库分层板上方有孔洞、缝隙时,应在喷头上方设置集热板。

隔膜式气压水罐安装定额中地脚螺栓是按设备自带考虑的,定额中包括二次灌浆用工,但二次灌浆费用另计。

管网冲洗定额是按水冲洗考虑的,若采用水压气动冲洗,可按施工方案另行计算。定额只适用于自动喷水灭火系统。

5. 管道安装计价工程量计算规则

管道安装按设计管道中心长度,不扣除阀门、管件及各种组件所占长度以"延长米"计算。

主材数量应按定额用量计算,管件含量见表 5.1.2。

表 5.1.2　管件含量表

公称直径/mm		25	32	40	50	70	80	100
管件含量/ (个/10 m)	四通	0.02	1.20	0.53	0.69	0.73	0.95	0.47
	三通	2.29	3.24	4.02	4.13	3.04	2.95	2.12
	弯头	4.92	0.98	1.69	1.78	1.87	1.47	1.16
	管箍	—	2.65	5.99	2.73	3.27	2.89	1.44
	小计	7.23	8.07	12.23	9.33	8.91	8.26	5.19

镀锌钢管安装定额也适用于镀锌无缝钢管,两者对应关系见表 5.1.3。

表 5.1.3　镀锌钢管与镀锌无缝钢管对应关系表

镀锌钢管公称直径/mm	15	20	25	32	40	50	70	80	100	150	200
镀锌无缝钢管外径/mm	20	25	32	38	45	57	76	89	108	150	219

镀锌钢管法兰连接定额,管件是按成品、弯头两端是按接短管焊法兰考虑的,定额中包括直管、管件、法兰等全部安装工作内容,但管件、法兰及螺栓的主材数量应按设计规定另行计算。

6. 报警装置安装计价工程量计算规则

报警装置安装按成套产品以"组"为计量单位。

干湿两用报警装置、电动雨淋报警装置、预作用报警装置等的安装执行湿式报警装置安装定额,其人工乘以系数1.2,其余不变。

7. 消火栓与水泵接合器安装计价工程量计算规则

室内消火栓以"套"为计量单位,包括消火栓箱、消火栓、水枪、水龙头、水龙带接扣、自救卷盘、挂架、消防按钮;落地消火栓箱包括箱内手提灭火器,带消防按钮的安装另行计算。

组合式带自救卷盘室内消火栓安装,执行室内消火栓安装定额并乘以系数1.2。

室外消火栓以"套"为计量单位,安装方式分地上式、地下式;地上式消火栓安装包括地上式消火栓、法兰接管、弯管底座;地下式消火栓安装包括地下式消火栓、法兰接管、弯管底座或消火栓三通。

消防水泵接合器的安装,区分不同安装方式和规格以"套"为计量单位,包括法兰接管及弯头安装;接合器井内阀门、弯管底座、标牌等附件安装,如设计要求用短管时,其本身价值可另行计算,其余不变。

8. 其他消防系统部件计价工程量计算规则

水喷淋(雾)喷头的安装按有吊顶、无吊顶分别以"个"为计量单位。

温感式水幕装置的安装,按不同型号和规格以"组"为计量单位,包括给水三通至喷头、阀门间的管道、管件、阀门、喷头等全部内容均安装,但给水三通至喷头、阀门间管道的主材数量按设计管道中心长度另加损耗计算,喷头数量按设计数量另加损耗计算。

水流指示器、减压孔板的安装,按不同规格均以"个"为计量单位。

末端试水装置按不同规格均以"组"为计量单位。

集热板的制作、安装均以"个"为计量单位。

减压孔板若在法兰盘内安装,其法兰盘计入组价中。

消防水炮分不同规格、普通手动水炮、智能控制水炮,以"台"为计量单位。

隔膜式气压水罐的安装,区分不同规格以"台"为计量单位。出入口法兰和螺栓按设计规定另行计算。地脚螺栓是按设备自带考虑的,定额中包括二次灌浆用工,但二次灌浆费用应按相应定额另行计算。

自动喷水灭火系统管网水冲洗,区分不同规格以"m"为计量单位。

9. 涉及其他安装工程内容的计价

阀门、法兰安装,各种套管的制作、安装,泵房间管道安装及管道系统强度试验,严密性试验执行第8册"工业管道工程"[《江苏省安装工程计价定额》(2014年),下同]相应定额。

消火栓管道、室外给水管道安装、管道支吊架制作、安装及水箱制作、安装,执行第10册"给排水、采暖、燃气工程"相应定额。

各种消防泵、稳压泵等的安装及二次灌浆,执行第1册"机械设备安装工程"相应定额。

各种仪表的安装、带电讯信号的阀门、水流指示器、压力开关、消防水炮的接线、校线,执行第 6 册"自动化控制装置及仪表安装工程"相应定额。

各种设备支架的制作、安装等,执行第 3 册"静置设备与工艺金属结构制作、安装工程"相应定额。

管道、设备、支架、法兰焊口除锈刷油,执行第 11 册"刷油、防腐蚀、绝热工程"相应定额。

任务 5 知识——项目名称释义

1. 自动喷水灭火系统

自动喷水灭火系统由洒水喷头、报警阀组、水流报警装置(水流指示器或压力开关)、管道系统、供水设施等组成。

自动喷水灭火系统,根据被保护建筑物的性质和火灾发生、发展特性的不同,可以有许多不同的系统形式。通常根据系统中所使用的喷头形式的不同,分为闭式自动喷水灭火系统和开式自动喷水灭火系统两大类。

闭式自动喷水灭火系统包括湿式自动喷水灭火系统、干式自动喷水灭火系统、干湿交替式自动喷水灭火系统、预作用自动喷水灭火系统、重复启闭预作用自动喷水灭火系统。

开式自动喷水灭火系统包括雨淋灭火系统、水幕灭火系统、水喷雾灭火系统。

闭式自动喷水灭火系统采用闭式喷头,它是一种常闭喷头,喷头的感温、闭锁装置只有在预定的温度环境下,才会脱落,开启喷头。因此,在发生火灾时,这种喷水灭火系统只有处于火焰之中或临近火源的喷头才会开启灭火。

开式自动喷水灭火系统采用的是开式喷头,开式喷头不带感温、闭锁装置,处于常开状态。发生火灾时,火灾所处的系统保护区域内的所有开式喷头一起出水灭火。

2. 水喷淋喷(雾)头

发生火灾时,消防水通过喷淋头均匀洒出,对一定区域的火势进行控制。消防喷淋头一共有四种,分别为下垂型洒水喷头、直立型洒水喷头、普通型洒水喷头、边墙型洒水喷头。闭式喷淋头的外形见图 5.1.7。

图 5.1.7 闭式喷淋头外形

下垂型喷头是使用最广泛的一种喷头,下垂安装于供水支管上,洒水的形状为抛物体形,将总水量的80%～100%喷向地面,主要用于不需要装饰的场所,如车间、仓库、停车库、厨房等地。

直立型喷头直立安装在供水支管上,洒水形状为抛物体形,将总水量的80%～100%向下喷洒,同时还有一部分喷向吊顶,适宜安装在移动物较多,易发生撞击的场所如仓库,还可以暗装在房间吊顶夹层中的屋顶处以保护易燃物较多的吊顶顶棚。

普通型洒水喷头既可直接安装,又可下垂安装于喷水管网上,将总水量的40%～60%向下喷洒,另一部分喷向吊顶,适用于餐厅、商店、仓库、地下车库等场所。

边墙型洒水喷头靠墙安装,适用于空间布管较难进行的场所安装,主要用于办公室、门厅、休息室、走廊、客房等建筑物的轻危险部位。

水雾喷淋头(见图5.1.8)的原理是在一定的水压力作用下,将直流水利用离心搅拌或撞击原理将水分解成细小水滴而喷射出来的一种设备。它喷射出来的水雾形成围绕喷头轴心线扩展的圆锥体,其锥顶角为水雾喷头的雾化角。水雾喷头的工作压力:若用于灭火,推荐压力为0.35～0.7 MPa;若用于防护冷却,推荐压力为0.25～0.5 MPa。通过试验得知,工作压力愈高,雾滴直径愈小,其雾滴数目越多,覆盖面积越大且比较均匀,射程及喷幅越大并能渗入到微细空隙之中。

图5.1.8 水雾喷淋头外形

3. 报警装置

湿式报警阀(见图5.1.9)安装在总供水干管上,连接供水设备和配水管网,一般采用止回阀的形式。当管网中有喷头喷水时,就破坏了阀门上下的平衡压力,使阀板开启,接通水源和管网;同时部分水流通过阀座上的环形槽,经信号管道送至水力警铃,水力警铃发出音响报警信号。

火灾报警控制器或消防控制中心,接到发生火灾报警信号后发出指令打开预作用阀上的电磁阀,使预作用阀开启,压力水流进系统侧管网,变成湿式喷水系统,同时水力警铃发出报警,将压力开关动作反馈给控制中心显示管路已充水,并启动消防泵。预作用阀见图5.1.10。

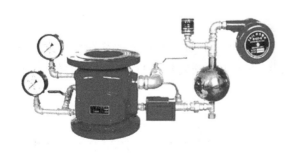

图5.1.9 湿式报警阀外形

图5.1.10 预作用阀外形

4. 减压孔板与集热板

减压孔板的工作原理是对液体的动压力进行减压。消火栓出水时,低层的水流动压力比高层的水流动压力大很多,低层消防水带往往爆裂。当流动的水经过减压孔板时,由于局部的阻力损失,在减压孔处产生压力降,从而满足消火栓的出水压力及流量的需要。

图 5.1.11 集热罩

减压措施一般有三种,一是在主干管处加减压阀,二是在消火栓口处安装减压孔板,三是采用在栓口加减压阀的减压消火栓。

设置集热板的目的是解决喷头距顶板过高的问题。发生火灾时向上的热气流在顶板下部聚集,喷头的开启就是靠聚集在顶板下部的高温烟气层使玻璃球爆裂而出水灭火。如果喷头安装距顶板距离过大,将大大延缓喷头开启的时间,这对灭火是非常不利的。集热板现多改用集热罩(见图 5.1.11)。

5. 灭火器与消防水炮

灭火器按充装的灭火剂可分为五类:干粉类灭火器、二氧化碳灭火器、泡沫型灭火器、水型灭火器和卤代烷型灭火器。常见的手提式灭火器只有三种:手提式干粉灭火器、手提式二氧化碳灭火器和手提式卤代型灭火器。其中卤代烷型灭火器由于对环境保护有影响,已不提倡使用。目前,在宾馆、饭店、影剧院、医院、学校等公众聚集场所使用的多数是磷酸铵盐干粉灭火器(俗称"ABC 干粉灭火器")和二氧化碳灭火器;在加油、加气站等场所使用的是碳酸氢钠干粉灭火器(俗称"BC 干粉灭火器")和二氧化碳灭火器。

消防水炮(见图 5.1.12)是以水作介质,远距离扑灭火灾的灭火设备。该炮适用于石油化工企业、储罐区、飞机库、仓库、港口码头、车库等场所,更是消防车理想的车载消防炮。

消防水炮由消防炮体、现场控制器组成,它结合微控技术、红外传感探测技术、机械转动控制技术、图像传输技术,能自动寻找着火点精确定位并有效快速扑灭火源;根据着火点远近自动进行直流柱状或喷雾散花式射水,有效的灭火同时还可保护人身及财物安

图 5.1.12 消防水炮

全;具有现场手动操作控制及图像显示功能;可根据其他消防报警系统的联动信号进行强制启动探测火源;采用红外双波段探测技术在有效探测火源的同时提高抗环境干扰的能力;并可进行地面灵敏度参数设置及调试。

6. 末端试水装置与水流指示器

末端试水装置(图 5.1.13)设在管网末端,用于自动喷水灭火系统等流体工作系统中。该试水装置末端就相当于一个标准喷头流量的接头,打开该试水装置,可进行系统模拟试验调试。

利用此装置可对消防系统进行定期检查,以确定系统是否能正常工作。

水流指示器(见图 5.1.14)主要用于消防自动喷水灭火系统中,它可以安装在主供水管或横杆水管上,给出某一分区域的小区域水流动的电信号,此电信号可送到电控箱,可用于启动消防水泵的控制开关,起着检测和指示报警区域的作用。

图 5.1.13　末端试水装置

图 5.1.14　水流指示器

任务 6　任务示范操作

1. 消火栓系统工程量手工计算

工程量计算过程见表 5.1.4。

表 5.1.4　消火栓系统工程量手工计算

序号	项 目 名 称	工程量计算式	计量单位	合计
1	消火栓镀锌钢管,DN100	引入管埋地部分 6.5＋2.5＋1.5＋0.8 首层埋地部分 17.5＋24.5＋1.25 六层 17.4＋11.4＋13.4＋4.4＋[24.0－(－0.8)]×3	m	175.55
2	消火栓镀锌钢管,DN65	首层 0.8×3＋0.8×3＋0.8×3×3＋0.8×2＋0.8×1	m	14.4
3	302 组合式消防箱	3＋3＋3×3＋2	套	17
4	消防水泵接合器,DN100	1套	套	1
5	室外消火栓,DN100	1套	套	1
6	试验用消火栓,DN65	天台1套	套	1
7	闸阀,Z15W-1.6T,DN100	室内6个	个	6
8	闸阀,Z15W-1.6T,DN100	室外2个	个	2

序号	项目名称	工程量计算式	计量单位	合计
9	止回阀,H14H-1.6C,DN100	室外 1 个	个	1
10	角钢支架	40×2.42	kg	96.8
11	穿屋面刚性防水套,DN100	立管 2 个	个	2
12	环氧煤沥青普通级防腐涂层,结构为一底一布三面	43.25×35.8%	m²	15.49
13	红色调和漆二道	121×35.8%+14.4×23.71%	m²	46.73

2. 水喷淋自动灭火系统工程量手工计算

工程量计算过程见表 5.1.5。

表 5.1.5 水喷淋自动灭火系统工程量手工计算

序号	项目名称	工程量计算式	单位	合计
1	自喷无缝钢管,DN150	引入管埋地部分 5.75+0.8 立管[24.0−(−0.8)]	m	31.35
2	自喷镀锌钢管,DN100	3.0+5.2+9.0+18.8+18.8×3+10.0+3.2	m	105.6
3	自喷镀锌钢管,DN80	6.2+6.2+6.2×3+8.1	m	39.1
4	自喷镀锌钢管,DN65	2.8+4+6.8×3+3.2+3.4+1.4	m	35.2
5	自喷镀锌钢管,DN50	3.2+1.4+13.0+5.1+5.6+14.6+14.6×3+3.0+3.4	m	93.1
6	自喷镀锌钢管,DN40	3.3+1.1+1.1+1.1+12.6+12.6×3	m	57
7	自喷镀锌钢管,DN32	5.6+6.4+6.6+3.2+2.0+5.6+6.6+5.6+6.6+10.0+3.4+0.8+1.0+6.6+6.6+90.4+90.4×3+2.7+1.2+1.2+1.0+1.0+6.6+6.6	m	458.5
8	自喷镀锌钢管,DN25	3.25+3.4+3.4+3.4+1.4+3.4+1.0+4.0+3.2+3.4+3.4+3.4+3.4+3.4+3.4+3.4+3.4+2.2+3.4+3.4+3.4+3.4+3.4+0.2×57+91.64+91.64×3+3.3+3.3+3.3+2.1+2.1+3.3+2.2+2.2+3.4+3.4+3.4+3.4+3.3+4.2+2.0+3.2+0.2×26	m	504.11
9	消防水泵接合器,DN150	室外 2 套	套	2
10	湿式报警阀	室外 1 组	组	1
11	68 ℃闭式喷头,DN15	57+62+62×3+26	个	331

续表

序号	项目名称	工程量计算式	单位	合计
12	水流指示器	1＋1＋1×3＋1	个	6
13	闸阀,Z15W-1.6T,DN100	1＋1＋1×3＋1	个	6
14	闸阀,Z45W-1.6T,DN150	室外2个	个	2
15	止回阀	室外1个	个	1
16	角钢支架	320×2.42	kg	774.4
17	沟槽式弯头,DN150	埋地1个	个	1
18	沟槽式机械三通	1＋1＋1×3＋1	个	6
19	沟槽式刚性夹箍	1×2＋6×2	个	14
20	末端试水装置,DN25	1＋1＋1×3＋1	个	6
21	自动排气阀,DN20	立管1个	个	1
22	穿屋面刚性防水套管	立管1个	个	1
23	环氧煤沥青普通级防腐	6.55×51.81%	m²	3.39
24	红色调和漆二道	24.8×51.81%＋105.6×35.8%＋39.1×27.79%＋35.2×23.71%＋93.1×18.85%＋57×15.07%＋458.5×13.28%＋504.11×10.52%	m²	209.93

3. 工程量清单设置

工程量清单设置见表5.1.6。

表5.1.6 配管配线分部分项工程量清单

工程名称:医院门诊大楼消火栓及自动喷淋工程　　　　标段:　　　　第　页共　页

序号	项目名称	工程量计算式	计量单位	合计
		消火栓系统		
1	030901002001	室内消火栓镀锌钢管安装(螺纹连接),DN100,含管道环氧煤沥青普通级防腐,涂层结构为一底一布三面	m	54.55
2	030901002002	室内消火栓镀锌钢管安装(螺纹连接),DN100,含穿屋面刚性防水套管制作、安装,管道刷二道红色调和漆	m	121
3	030901002003	室内消火栓镀锌钢管安装(螺纹连接),DN65,含管道刷二道红色调和漆	m	14.4
4	030901010001	消火栓,302组合式消防箱	套	17
5	030901012001	地上式消防水泵接合器安装	套	1

续表

序号	项目名称	工程量计算式	计量单位	合计
6	030901011001	室外地上式消火栓安装,浅100型,1.0 MPa	套	1
7	030901010002	室内试验消火栓安装,单栓,DN65以内	套	1
8	031003001001	闸阀,Z15W-1.6T,DN100	个	2
9	031003001002	止回阀,H14H-1.6C,DN100	个	1
10	031002001001	管道支架制作、安装,含型钢支架除锈、刷二道红丹防锈漆、刷二道银粉漆	kg	96.8
	030905004001	水灭火控制装置调试(消火栓启泵按钮数量不明)	点	不明
		自喷系统		
11	030901001001	室内镀锌钢管安装(沟槽式连接),DN150,含管件安装、管道环氧煤沥青普通级防腐,涂层结构为一底一布三面、管网水冲洗	m	6.55
12	030901001002	室内镀锌钢管安装(沟槽式连接),DN150,含管件安装、管道刷红色调和漆二道、穿屋面刚性防水套管制作、安装、管网水冲洗	m	24.8
13	030901001003	室内镀锌钢管安装(螺纹连接),DN100,含管件安装、管道刷红色调和漆二道、管网水冲洗	m	105.6
14	030901001004	室内镀锌钢管安装(螺纹连接),DN80,含管件安装、管道刷红色调和漆二道、管网水冲洗	m	39.1
15	030901001005	室内镀锌钢管安装(螺纹连接),DN65,含管件安装、管道刷红色调和漆二道、管网水冲洗	m	35.2
16	030901001006	室内镀锌钢管安装(螺纹连接),DN50,含管件安装、管道刷红色调和漆二道、管网水冲洗	m	93.1
17	030901001007	室内镀锌钢管安装(螺纹连接),DN40,含管件安装、管道刷红色调和漆二道、管网水冲洗	m	57
18	030901001008	室内镀锌钢管安装(螺纹连接),DN32,含管件安装、管道刷红色调和漆二道、管网水冲洗	m	458.5
19	030901001009	室内镀锌钢管安装(螺纹连接),DN25,含管件安装、管道刷红色调和漆二道、管网水冲洗	m	504.11
20	030901012002	地上式消防水泵接合器安装,DN150	套	2
21	030901004001	湿式报警阀安装,室外1组(法兰连接),DN150	组	1
22	030901003001	68℃闭式喷头,DN15	个	331
23	030901006001	水灭火系统,螺纹连接,水流指示器安装,DN100以内	个	6

续表

序号	项目名称	工程量计算式	计量单位	合计
24	031003001003	闸阀,Z15W-1.6T,DN100	个	6
25	031003001004	闸阀,Z45W-1.6T,DN150	个	2
26	031003001005	止回阀,H44H-1.6C,DN150	个	1
27	031002001002	管道支架制作、安装,含型钢支架除锈、刷二道红丹防锈漆、刷二道银粉漆	kg	774.4
28	030901008001	末端试水装置,DN25	组	6
29	031003001006	自动排气阀安装,DN20	个	1
30	030905004002	水灭火控制装置调试(水流指示器数量计算)	点	6

4. 清单项目综合单价确定

假定本工程为二类工程,二类工工资为 74 元/工日,水流指示器单价为 90 元/m,则 030901006001 的综合单价分析见表 5.1.7。

表 5.1.7 （030901006001）工程量清单综合单价分析表

工程名称：　　　　　　　　　标段：　　　　　　　　　第 页共 页

项目编码	030901006001		项目名称	水流指示器		计量单位		个

清单综合单价组成明细

定额编号	定额名称	定额单位	数量	单价/元				合价/元			
				人工费	材料费	机械费	管理费和利润	人工费	材料费	机械费	管理费和利润
9-39	水流指示器	个	1	143.56	118.13	1.94	81.83	143.56	118.13	1.94	81.83
人工单价		小　计						143.56	118.13	1.94	81.83
74 元/工日		未计价材料费						90.00			
清单项目综合单价								435.46			

材料费明细	主要材料名称、规格、型号	单位	数量	单价/元	合价/元	暂估单价/元	暂估合价/元
	水流指示器	个	1	90.00	90.00		
	其他材料费			—	1.94		
	材料费小计			—	91.94	—	

任务 7　学员工作任务作业单

1. 学员工作任务作业单（一）

假定本工程为二类工程，二类工工资为 74 元/工日，查询有关产品价格，则表 5.1.6 中其他项目的综合单价分析分别填入表 5.1.8。

注意：表 5.1.6 中项目编码为 030901002001～030901002003 和 031002001001～031002001002 的项目执行第 10 册"给排水、采暖、燃气工程"相应定额。项目编码为 031003001001～031003001005 的项目执行第 8 册"工业管道工程"相应定额。

表 5.1.8　（　　　）工程量清单综合单价分析表

工程名称：　　　　　　　　标段：　　　　　　　　第　页共　页

项目编码		项目名称		计量单位			

清单综合单价组成明细

定额编号	定额名称	定额单位	数量	单价/元				合价/元			
				人工费	材料费	机械费	管理费和利润	人工费	材料费	机械费	管理费和利润
人工单价			小　计								
74 元/工日			未计价材料费								
清单项目综合单价											

材料费明细	主要材料名称、规格、型号		单位	数量	单价/元	合价/元	暂估单价/元	暂估合价/元
	其他材料费				—		—	
	材料费小计				—		—	

2. 学员工作任务作业单（二）

如图 5.1.15 所示某水幕消防系统，DN20 喷淋头，计算其相应安装工程量并列出其工程量清单表（设备型号可以不列出）。

3. 学员工作任务作业单（三）

某文化娱乐中心地下 2 层，地上 5 层，共 7 层，高度 26 m，为二类工程，该工程设消火栓消防系统、自动喷水灭火系统，见图 5.1.16、图 5.1.17。自动喷水灭火系统为湿式喷水灭火系统，210 t 贮水池与室内消火栓系统合用。自动喷水灭火系统由设于地下第 2 层水泵房内带自动巡检功能的成套加压设备供水，共设 2 组湿式报警阀，每层均设水流指示器，信号传至消防控制中

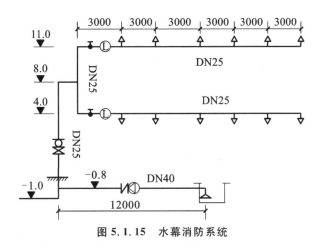

图 5.1.15　水幕消防系统

心。在建筑物东西两侧各设有一个墙壁式水泵接合器。喷头为闭式喷头,有吊顶。按设计要求,喷水系统采用镀锌钢管,螺纹连接。室内消火栓系统为镀锌钢管,螺纹连接,消火栓为双栓DN65。管道和水箱刷面漆(银粉漆)一道。表5.1.9和表5.1.10为工程量计算结果,请校核已计算的工程量是否正确并补充未计算的安装工程量,编制该工程工程量清单。

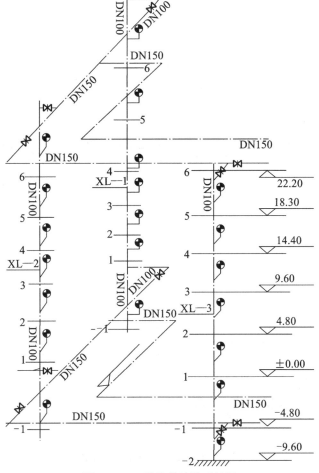

图 5.1.16　消防栓消防系统图

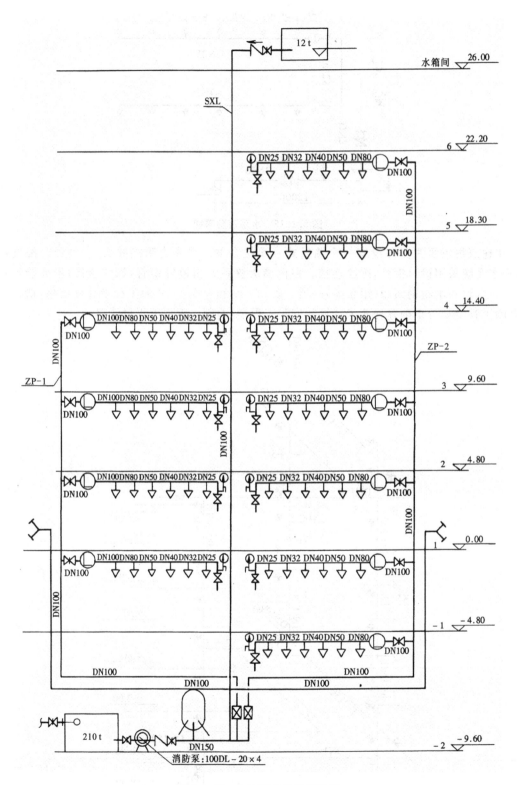

图 5.1.17　自动喷水消防系统图

表 5.1.9　自动灭火系统实物工程量统计表

序　号	项目名称规格	单　位	数　量	说　明
1	镀锌钢管,DN100	m	152	螺纹连接
2	镀锌钢管,DN80	m	33	螺纹连接
3	镀锌钢管,DN50	m	33	螺纹连接
4	镀锌钢管,DN40	m	33	螺纹连接
5	镀锌钢管,DN32	m	33	螺纹连接
6	镀锌钢管,DN25	m	88	螺纹连接
7	湿式报警阀 DN100	m	2	
8	水流指示器 DN100	m	11	螺纹连接
9	喷头 DN15	m	70	有吊顶
10	末端试水装置 DN25	m	11	
11	隔膜式气压水罐安装	m	1	
12	消防水泵 100DL-20×4	m	1	
13	水泵接合器 DN100	m	2	
14	水箱制作,12 t	m	1	
15	阀门安装 DN100	m	11	

表 5.1.10　消火栓系统实物工程量统计表

序　号	项目名称规格	单　位	数　量	说　明
1	镀锌钢管,DN150	m	60	螺纹连接
2	镀锌钢管,DN100	m	81	螺纹连接
3	消火栓 SN DN65 双栓	套	21	
4	阀门安装 DN150	个	8	

4. 学员工作任务作业单(四)

工程概况:(1)本工程为办公楼辅楼的消防设计,地上4层,1层为厨房;2层为餐厅;3层、4层为宿舍。(2)本工程1~4层采用消火栓系统和自动喷水灭火系统。施工图详见图5.1.18~图5.1.24。

施工说明如下。

(1) 图中所注管道标高均以管中心线为准。

(2) 消防水管全部采用热浸镀锌钢管,DN100及以下采用螺纹连接,DN100以上采用法兰连接。

(3) 管道支吊架的最大跨距按《建筑给水排水及采暖工程施工质量验收规范》(GB 50242—2002)的有关规定确定。

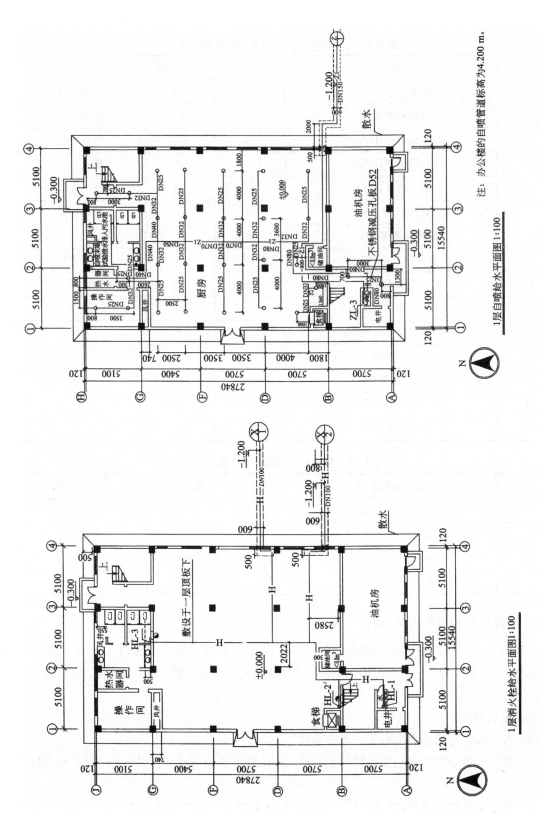

图 5.1.18 1层消火栓及自喷给水平面图

注：办公楼的自喷管道标高为4.200 m。

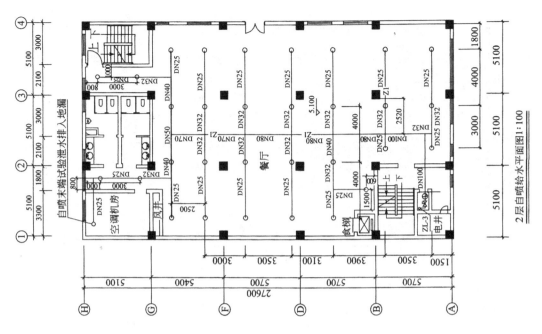

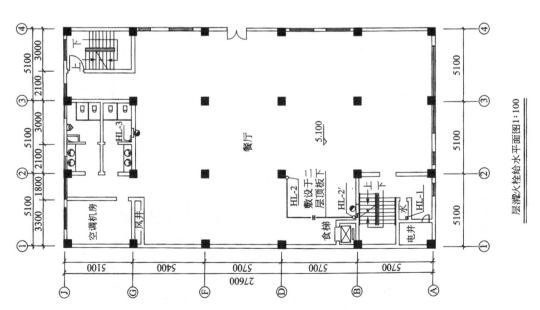

图 5.1.19　2层消火栓及自喷给水平面图

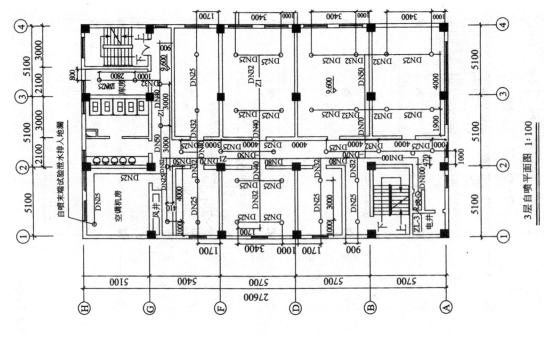

3层自喷平面图 1:100

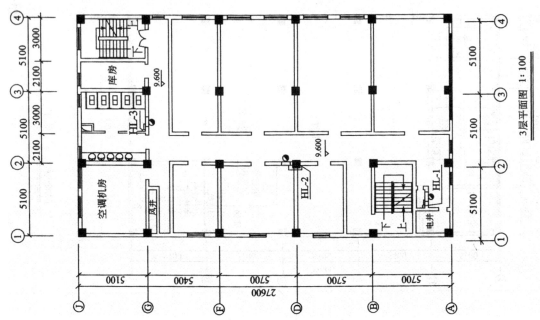

3层平面图 1:100

图 5.1.20　3层消火栓及自喷给水平面图

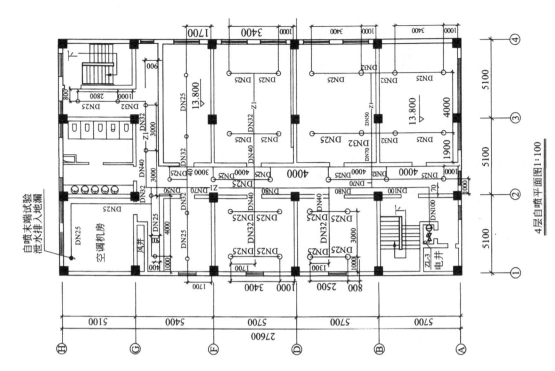

图 5.1.21　4层消火栓及自喷给水平面图

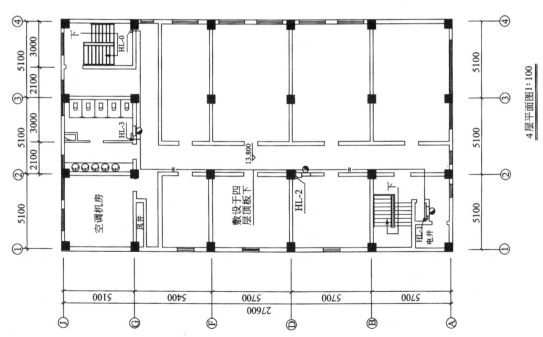

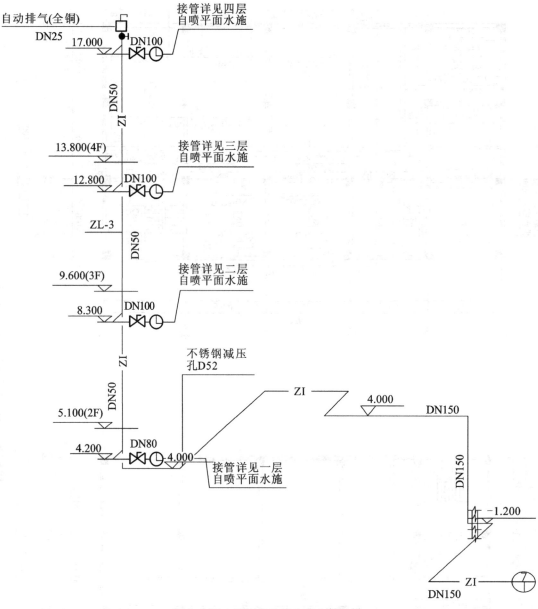

图 5.1.22　消防自动喷水灭火系统图

（4）管道支吊架及托架的具体形式和安装位置,由安装单位根据现场情况确定。

（5）管道安装完毕后应进行水压试验,试验压力 0.8 MPa,在 10 min 内压降不大于 0.05 MPa 且不渗、不漏方为合格。经试压合格后,应对系统反复冲洗,直至排出水中不合泥沙、铁屑等杂质且水色不浑浊方为合格。

（6）消防系统安装试压完毕后,应对所安装的消火栓系统和自动喷水灭火系统进行调试、标定,满足要求后方可进行使用。

（7）油漆:镀锌钢管,表面消除污垢、灰尘等杂质后刷色漆两道;吊架等,表面除锈后刷防锈底漆、色漆各两道。

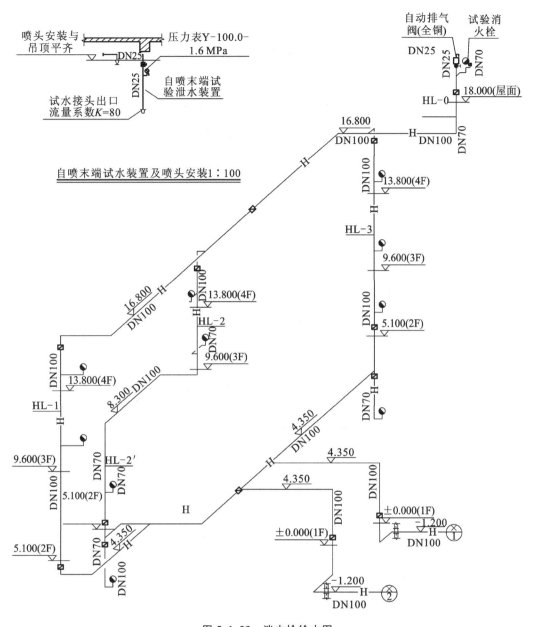

图 5.1.23　消火栓给水图

（8）所有穿剪力墙、砖墙和楼板的水管，均应事先预埋钢套管，套管直径应比穿管直径大2号，此部分套管及直径小于300 mm的洞在土建施工图上未予以表示，安装单位应根据设施图配合土建一起进行施工预留孔洞，以防漏留，套管安装完毕后，应用混凝土封堵洞口，表面抹光。

（9）安装单位应在设备和管道安装前与水、电专业施工人员等密切配合，安装中管道如有相遇，可根据现场情况做局部调整。

（10）本工程的安装施工应严格遵守《建筑给水排水及采暖工程施工质量验收规范》（GB 50242—2002）。

要求：编制本工程的工程量清单。

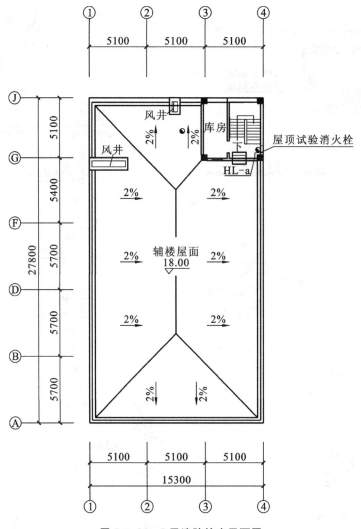

图 5.1.24　5 层消防给水平面图

任务 8　情境学习小结

本学习情境仅涉及消火栓和自动灭火水系统管件及其部件的清单工程量、综合单价的计算方法,仅以此报价肯定不准确,存在漏项问题。因为火灾自动报警系统、排烟系统等问题未涉及。

【知识目标】

了解室内消防水系统原理及安装技术要求;理解消防水系统工程施工图的主要内容及其识图方法;掌握消防工程施工图计量与计价编制的步骤、方法、内容、计算规则及其格式。

【能力目标】

掌握水灭火系统(消火栓和自动灭火水系统)制作与安装清单工程量计算、清单编制的方法,能进行分部分项工程综合单价计算,材料损耗量及其市场价格的确定,以及分部分项工程计价。

予项目 **5.2** 火灾自动报警系统计量与计价

任务 **1** 情境描述

工程概况：

（1）本工程为林业大楼，共 10 层，地下 1 层，建筑高度 42.6 m，为二类工程。本工程消防控制室设在架空层，具有直接对外出口。办公楼和地下车库按二级防护对象设置火灾自动报警系统，见图 5.2.1～图 5.2.6，消防自动报警图例见表 5.2.1。

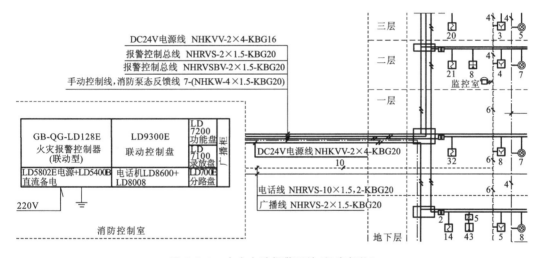

图 5.2.1 火灾自动报警系统（机房部位）

注：情景中未给出 1～3 层火灾自动报警平面图，因此对 1～3 层及地下室的内容不予考虑。10 层的工程内容视为与 9 层相同。另外从 4 层地面到消防控制室或水泵之间的水平与垂直距离之和为 60 m。

（2）火灾自动报警系统的形式为集中报警系统，采用智能型总线报警、总线控制方式。系统由自动报警、联动控制、消防广播（警报装置）及消防电话组成，对关键消防设备增设手动应急控制线路。将地下室变配电房，设置柜式气体灭火系统，由专业厂家设计安装，并预留相关线路。

自动报警系统概况如下。

（1）地下车库选用一级灵敏度感温探测器，其余场所选用感烟探测器。

（2）出入口附近等部位设手动报警按钮。一个防火分区内的任何位置至最近报警按钮的距离不大于 30 m。报警主机每回路的最大地址点数为 256 点。

（3）消火栓箱内设消火栓报警起泵按钮。消防电梯前室设火灾显示盘。

（4）消控室应能显示报警部位、故障部位、各类输入及动作反馈信号。

安装工程清单计量与计价

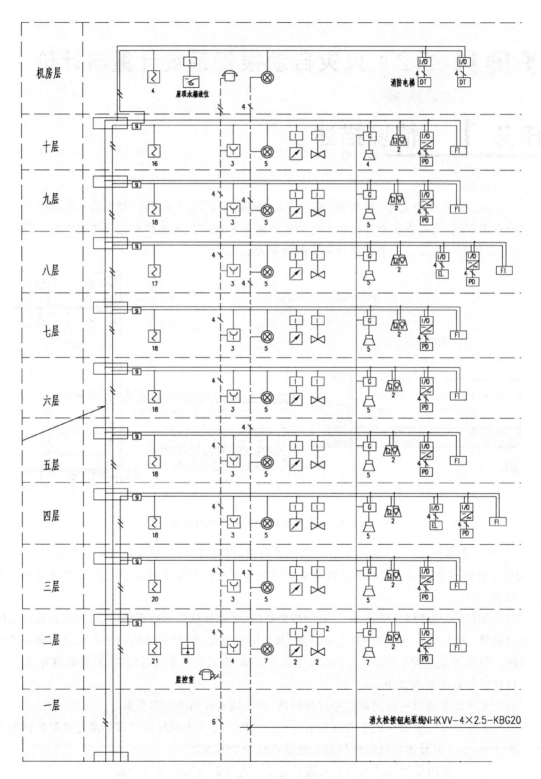

图 5.2.2　火灾自动报警系统(平面部位)

280

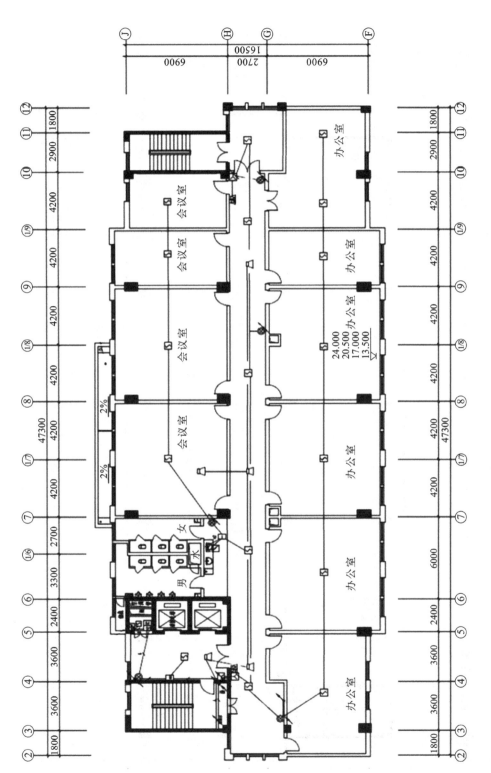

图5.2.3 4～7层火灾自动报警平面图

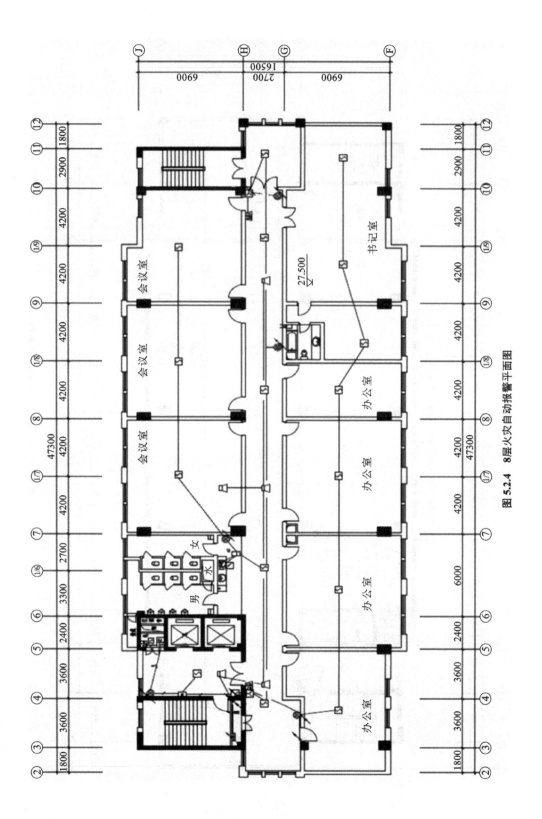

图 5.2.4 8层火灾自动报警平面图

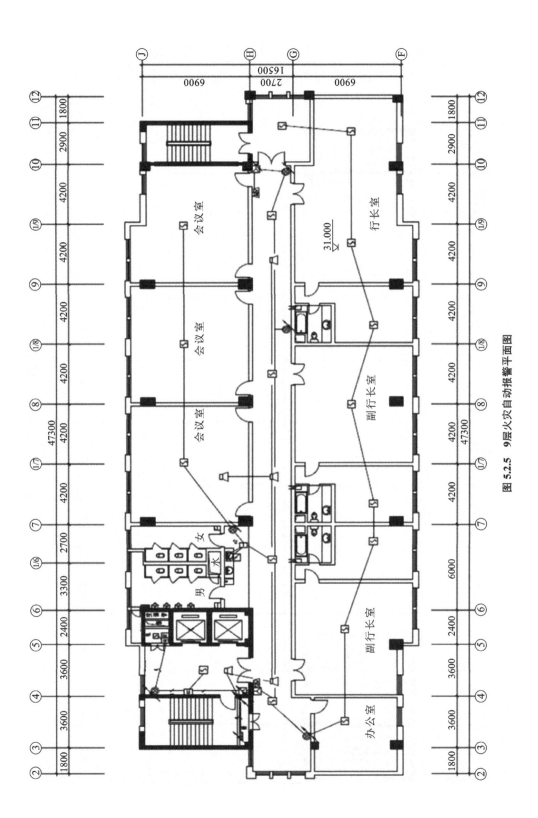

图 5.2.5　9层火灾自动报警平面图

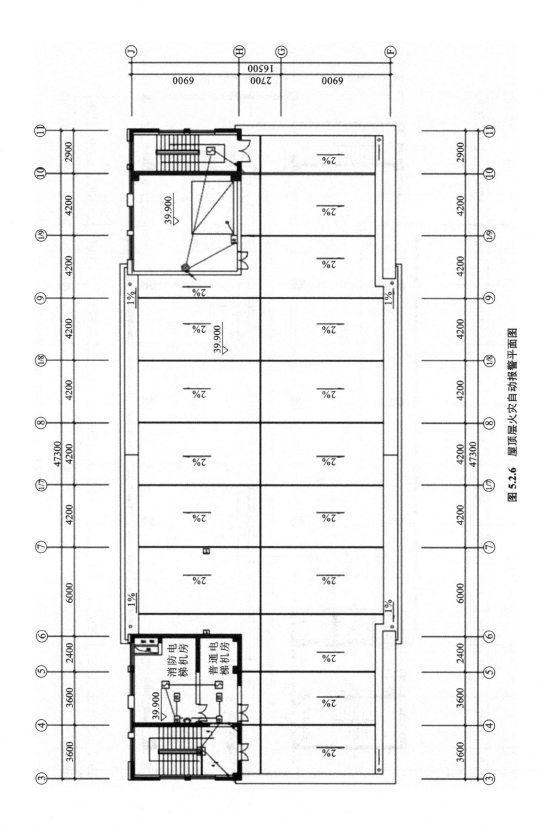

图 5.2.6　屋顶层火灾自动报警平面图

表 5.2.1 图例符号表

序号	图例	名称	型号	序号	图例	名称	型号
1	S	智能型光电感烟探测器	JTY-GD/LD3000E	16		消防扬声器·3 W	LD7300
2	T	智能型差定温感温探测器	JTW-ZD/LD3300E	17		水流指示器	水专业设备
3	S̲N	非编码光电感烟探测器	JTYB-GF/LD3000E(F)	18		信号蝶阀	
4	T̲N	非编码差定温感温探测器	JTWB-ZDF/LD3300E(F)	19	P	报警阀压力开关	
5	Y	手动报警按钮 带电话插孔	J-SAP-M-LD2000E	20	280℃	防火阀,280℃	暖通专业设备
6	⊗	消火栓按钮	J-SAP-M-LD2000E	21	70℃	防火阀,70℃	
7	FI	火灾显示盘	LD128E(T)	22		送风口	
8		编码型声光报警器	LD1000	23	SE	排烟口(排烟阀)	
9	O	单输出模块	LD6807E	24	PD	非消防电源	见配电系统设计
10	I	单输入模块	LD44000E	25	EL	应急照明配电箱	
11	I/O	单输入/单输出模块	LD6800E-1	26	DT	电梯控制柜	
12	I/O2	双输入/双输出模块	LD6800E-2	27	FJ	消防风机控制箱	
13	R	非编码探测器组联码模块	LD4900E	28	XFB|PLB	消火栓泵、喷淋泵控制柜	
14	SI	短路隔离模块	LD3600E	29		强电隔离高转换模块	LD6808
15		消防电话分机	LD8100	30	G	广播模块	LD6809B

联动控制系统概况如下。

(1) 消火栓泵可在泵房就地启动,消火栓按钮动作后,直接起泵;消控室可自动联动起泵,也可在联动台通过手动应急线控制。消控室接收并显示泵工作状态,过负荷反馈信号,控制柜手、自动状态,消火栓报警部位和水泵控制柜电源状态信号。

(2) 喷淋泵可在泵房就地启动,喷淋管路压力过低且持续一定时间后,直接起泵;消控室可自动联动起泵,也可在联动台通过手动应急线控制。消控室接收并显示泵工作状态,过负荷反馈信号,控制柜手、自动状态,水泵控制柜电源状态信号以及水流指示器、信号阀及水池液位信号。

(3) 防排烟风机可在控制箱处就地启动。消控室可自动联动启动,也可在联动台通过手动应急线控制。风机启动同时开启相关排烟阀、送风口;风机前防火阀熔断,联锁停风机。消控室接收并显示风机工作状态、过负荷反馈信号以及防火阀的动作反馈信号。

(4) 各防火卷帘只作防火分隔,一步落下。卷帘两侧由厂家配合设置手动升降控制按钮。

(5) 火灾时相关区域应急灯疏散照明均可由消控室自动联动点亮。

(6) 在各处非消防电源配电箱(柜)设分励脱扣器。火灾确认后,消控室可联动控制断开相关区域非消防电源。

(7) 火灾时,消控室可联动控制相关电梯返回一层。

消防广播和火灾警报概况如下。

(1) 火灾确认后,消控室自动按规定程序选择接通相关区域的广播和火灾警报装置,可进行应急广播,指挥人员有序疏散:

① 2 层及以上的楼房发生火灾、应先接通着火层及其相邻的上下层;

② 首层发生火灾,应先接通本层、2 层及地下各层;

③ 地下室发生火灾,应先接通地下各层及首层;

④ 含多个防火分区的单层建筑,应先接通着火的防火分区及其相邻的防火分区。

(2) 声光报警器采用分时播放控制。先鸣警报 8～16 s,间隔 2～3 s 后播放应急广播 20～40 s;再间隔 2～3 s 依次循环进行播报直至疏散结束。根据需要,可在疏散期间手动停止。

消防电话系统概况如下。

(1) 消控室设置消防专用电话总机,在各手动报警按钮处设有二总线制对讲插孔。在变配电房、消防排烟风机房、消防泵房和消防电梯机房等处设置多线专用电话分机。

(2) 消控室应设置可直接报警的外线电话(由弱电系统设计、施工单位实施)。

电源和接地概况如下。

(1) 消防控制室等消防用电设备均采用双路供电并末端切换。消防控制报警及联动机柜内另设置直流备用电源。

(2) 消防系统接地利用工程联合接地装置作为其接地极,在消防控制室设接地端子板并设独立引下线,引下线采用 BVR-1×35 PC40 型,接地电阻小于 1 Ω。

(3) 由消防控制室接地板引至各消防电子设备的专用接地线应选用铜芯绝缘导线,其线芯截面面积不应小于 4 mm,消防电子设备金属外壳和金属支架等应做保护接地。接地线应与电气保护接地干线(PE 线)相连接。

火灾报警和联动系统导线:DC24V 电源线:NHBV-2×2.5。报警及控制总线,消防电话线、消防广播线:NHRVS-2×1.5。手动控制线:NHBV-n×1.5,n 为根数,详见系统标注。消火栓按钮直接起泵线:NHBV-4×2.5。系统图中已作标注者,按系统图为准。

线路敷设概况如下。

(1)消防系统敷线线槽均采用封闭式防火线槽。线路保护管采用焊接钢管 SC 型,在非燃烧的结构层内暗敷,且保护层厚度不小于 30 mm;明敷时,保护管应做防火处理。人防区域内采用的钢管均应为壁厚不小于 2.5 mm 的热镀锌钢管。

(2)穿线管径选择:2~4 根穿 SC20,5~6 根穿 SC25,8 根穿 SC32,8 根以上分穿两根管子。消防电话线和消防广播线应单独穿管敷设。线路敷设路径详见平面图。

设备安装概况如下。

(1)消控室内火灾报警及联动控制各设备的机柜落地安装,后背离墙不小于 1 m;

(2)感烟(温)探测器吸顶安装,平顶处于吊顶上嵌入安装;

(3)火灾显示盘挂墙安装,其底边距地 1.5 m;

(4)手动报警按钮明装距地 1.3 m;

(5)消火栓按钮装在消火栓箱内,每处消火栓箱旁均就近做盒过线;

(6)扬声器吊顶上嵌入安装(不做吊顶处吸顶装),车库内采用壁挂式,距地 2.4 m 挂装;

(7)短路隔离器装于接线端子箱内或距顶 0.3 m 壁装;

(8)各类输入、输出及联动控制模块在被控设备旁吸顶或吸壁装;

(9)消防电话分机挂墙距地 1.3 m;

(10)声光报警器距地 2.8 m 壁装;

(11)接线端子箱除注明外均挂墙安装,其底边距地 1.5 m;

(12)探测器与灯具、风口、梁等的水平间距应符合火灾报警系统规范的要求;

(13)消防设备安装符合《火灾自动报警系统施工及验收规范》(GB 50166—2007)的有关要求。

设计未尽事宜,请按照国家现行规范和国标图集施工。

任务 2 情境任务分析

由于情境描述中未给出火灾自动报警系统的分部分项清单工程量,因此对上述任务首先要设置清单项目和计算清单工程量;其次计算出计价工程量;最后确定每一工程量清单项目综合单价。

任务 3 知识——清单项目设置与工程量计算

1. 安装工程量清单设置

火灾自动报警系统工程量清单设置见表 5.2.2,即《计价规范》中表 J.4(编码:030904)。

表 5.2.2 火灾自动报警系统(编码:030904)

项目编码	项目名称	项目特征	计量单位	工程量计算规则	工作内容
030904001	点型探测器	①名称;②规格;③线制;④类型	个	按设计图示数量计算	①底座安装;②探头安装;③校接线;④编码;⑤探测器调试
030904002	线型探测器	①名称;②规格;③安装方式	m	按设计图示长度计算	①探测器安装;②接口模块安装;③报警终端安装;④校接线
030904003	按钮	①名称;②规格	个	按设计图示数量计算	①安装;②校接线;③编码;④调试
030904004	消防警铃				
030904005	声光报警器				
030904006	消防报警电话插孔(电话)	①名称;②规格;③安装方式	个(部)		
030904007	消防广播(扬声器)	①名称;②功率;③安装方式	个		
030904008	模块(模块箱)	①名称;②规格;③类型;④输出形式	个(台)		
030904009	区域报警控制箱	①多线制;②总线制;③安装方式;④控制点数量;⑤显示器类型	台	按设计图示数量计算	①本体安装;②校接线、遥测绝缘电阻;③排线、绑扎、导线标识;④显示器安装;⑤调试
030904010	联动控制箱				
030904011	远程控制箱(柜)	①规格;②控制回路			
030904012	火灾报警系统控制主机	①规格、线制;②控制回路;③安装方式			①安装;②校接线;③调试
030904013	联动控制主机				
030904014	消防广播及对讲电话主机(柜)				
030904015	火灾报警控制微机(CRT)	①规格;②安装方式	套		①安装;②调试
030904016	备用电源及电池主机(柜)	①规格;②容量;③安装方式	台		
030904017	报警联动一体机	①规格、线制;②控制回路;③安装方式			①安装;②校接线;③调试

288

2. 火灾自动报警系统工程量清单编制

消防报警系统配管、配线、接线盒均应按国家有关规范中电气设备安装工程的相关项目编码列项。

消防广播及对讲电话主机包括功放、录音机、分配器、控制柜等设备。

点型探测器包括火焰、烟感、温感、红外光束、可燃气体探测器等。

任务 4 知识——安装计价定额

1. 定额适用范围及工作内容

《江苏省安装工程计价定额》(2014年)中第9册"消防工程"第4章包括探测器、按钮、模块(接口)、报警控制器、联动控制器、报警联动一体机、重复显示器、警报装置、远程控制器、火灾事故广播、消防通信、报警备用电源、火灾报警控制微机(CRT)安装等项目。

定额中包括以下工作内容。

(1) 施工技术准备、施工机械准备、标准仪器准备、施工安全防护措施、安装位置的清理。

(2) 设备和箱、机及元件的搬运,开箱检查,清点,杂物回收,安装就位,接地,密封,箱、机内的校线、接线,挂锡、编码、测试、清洗、记录整理等。

定额中均包括了校线、接线和本体调试。

定额中箱、机是以成套装置编制的;柜式及琴台式安装均执行落地式安装相应项目。

定额中不包括以下工作内容。

(1) 设备支架、底座、基础的制作与安装。

(2) 构件加工制作。

(3) 电机检查、接线及调试。

(4) 事故照明及疏散指示控制装置安装。

2. 探测器、按钮与模块定额工程量计算规则

点型探测器包括火焰、烟感、温感、红外光束、可燃气体探测器等,按线制的不同分为多线制与总线制,计算时不分规格、型号、安装方式与位置,计算时均以"个"为计量单位。探测器安装包括了探头和底座的安装及本体调试。

红外线探测器以"对"为计量单位。红外线探测器是成对使用的,在计算时一对为两只。定额中包括了探头支架安装和探测器的调试、对中。

火焰探测器、可燃气体探测器按线制的不同分为多线制与总线制两种,计算时不分规格、型号,安装方式与位置,以"个"为计量单位。探测器安装包括了探头和底座的安装及本体调试。

线形探测器的安装方式按环绕、正弦及直线综合考虑,不分线制及保护形式,以"m"为计量单位。定额中未包括探测器连接的模块和终端,其工程量应按相应定额另行计算。

按钮包括消火栓按钮、手动报警按钮、气体灭火起/停按钮,计算时均以"个"为计量单位,按照在轻质墙体和硬质墙体上安装两种方式综合考虑,执行时不得因安装方式不同而调整。

控制模块(接口)是指能起控制作用的模块(接口),亦称为中继器,依据其给出控制信号的数量,分为单输出和多输出两种形式。执行时不分安装方式,按照输出数量以"个"为计量单位。

报警模块(接口)不起控制作用,只能起监视、报警作用,执行时不分安装方式,以"个"为计量单位。

3. 控制器定额工程量计算规则

报警控制器按线制的不同分为多线制与总线制两种,其中又按其安装方式不同分为壁挂式和落地式。在不同线制、不同安装方式中按照"点"数的不同划分定额项目,以"台"为计量单位。多线制的"点"是指报警控制器所带报警器件(探测器、报警按钮等)的数量。总线制的"点"是指报警控制器所带的有地址编码的报警器件(探测器、报警按钮、模块等)的数量。如果一个模块带数个探测器,则只能计为一点。

联动控制器按线制的不同分为多线制与总线制两种,其中又按其安装方式不同分为壁挂式和落地式。在不同线制、不同安装方式中按照"点"数的不同划分定额项目,以"台"为计量单位。多线制的"点"是指联动控制器所带联动设备的状态控制和状态显示的数量。总线制的"点"是指联动控制器所带的控制模块(接口)的数量。

报警联动一体机按线制的不同分为多线制与总线制两种,其中又按其安装方式不同分为壁挂式和落地式。在不同线制、不同安装方式中按照"点"数的不同划分定额项目,以"台"为计量单位。多线制的"点"是指报警联动一体机所带的有地址编码的报警器件与控制模块(接口)联动设备的状态控制和状态显示的数量。总线制的"点"是指报警联动一体机所带的有地址编码的报警器件与控制模块(接口)的数量。

远程控制器按其控制回路数以"台"为计量单位。

4. 消防告示与通讯器件定额工程量计算规则

重复显示器(楼层显示器)不分规格、型号、安装方式,按总线制与多线制划分,以"台"为计量单位。

警报装置分为声光报警和警铃报警两种形式,均以"台"为计量单位。

火灾事故广播中的功放机、录音机的安装按柜内及台上两种方式综合考虑,均以"台"为计量单位。

消防广播控制柜是指安装成套消防广播设备的成品机柜,不分规格、型号,以"台"为计量单位。

火灾事故广播中的扬声器不分规格、型号,按照吸顶式与壁挂式以"个"为计量单位。

广播用分配器是指单独安装的消防广播用分配器(操作盘),以"台"为计量单位。

消防通信系统中的电话交换机按"门"数不同以"台"为计量单位;通信分机、插孔是指消防专用电话分机与电话插孔,不分安装方式,分别以"部"、"个"为计量单位。

5. 消防备用电源及其他定额工程量计算规则

报警备用电源综合考虑了规格、型号,以"套"为计量单位。

火灾报警控制微机(CRT)安装(CRT彩色显示装置安装),以"台"为计量单位。

设备支架、底座、基础的制作与安装和构件的加工制作均执行定额中第4册"电气设备安装工程"的相应定额。

电机检查、接线及调试和事故照明及疏散指示控制装置安装均执行定额中第4册"电气设备安装工程"相应定额。

任务 5 知识——项目名称释义

1. 模块

消防自动报警系统中共有三种模块:输入模块、输出模块和隔离模块。

报警模块(输入模块)的作用是接收所监控设备的状态;控制模块(输入/输出)的作用是控制外部设备并接收其状态;隔离模块的作用是线路保护;中继器的作用是信号放大。模块外形见图5.2.7。

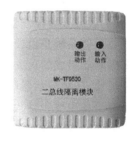

图5.2.7 有关模块外形图

在总线制火灾自动报警系统中,线路会出现故障(例如短路),造成整个火灾自动报警系统无法正常运行。当总线发生故障时,隔离模块将发生故障的总线与自动报警系统隔离,以保证自动报警系统的其他部分能够正常工作,同时便于确定出发生故障的总线部位。当故障部分的总线修复后,隔离模块可自行解除隔离,将被隔离出去的部分重新纳入系统中。

2. 探测器

火灾探测器是消防火灾自动报警系统中,对现场进行探查,发现火灾的设备。火灾探测器是系统的"感觉器官",它的作用是监视环境中有没有火灾的发生。一旦有了火情,就将火灾的特征物理量,如温度、烟雾、气体和辐射光强等转换成电信号,并立即动作向火灾报警控制器发送报警信号。

火灾探测器按对现场信息的采集类型分为感烟探测器、感温探测器、火焰探测器和特殊气体探测器;按设备对现场信息的采集原理分为离子型探测器、光电型探测器和线性探测器;按设备在现场的安装方式分为点式探测器、缆式探测器和红外光束探测器;按探测器与控制器的接线方式分为总线制和多线制,其中总线制又分为编码的和非编码的,而编码的又分为电子编码和拨码开关编码,拨码开关又分为二进制编码和三进制编码。点式测器见图5.2.8。

图5.2.8 点式探测器

3. 报警控制箱

火灾报警控制器是火灾自动报警系统的心脏,可向探测器供电,具有下述功能。

（1）用来接收火灾信号并启动火灾报警装置。该设备也可用来指示着火部位和记录有关信息。

（2）能通过火警发送装置启动火灾报警信号或通过自动消防灭火控制装置启动自动灭火设备和消防联动控制设备。

（3）自动进行监视系统的正确运行和对特定故障给出声、光报警。

火灾报警控制器按监控区域可分为区域报警系统、集中报警系统和控制中心报警系统。

区域报警系统是由通用报警控制器或区域报警控制器、火灾探测器、手动报警按钮、警报装置等组成的火灾报警系统。区域报警系统比较简单，但使用面很广，它既可以单独用在工矿企业的计算机房等重要部位和民用建筑的塔楼公寓、写字楼等处，也可作为集中报警系统和控制中心系统中最基本的组成设备。该系统较小，只能设置一些功能简单的联动控制设备。

集中报警系统是由火灾报警控制器、区域报警控制器、声光报警装置及火灾探测器、控制模块（控制消防联动设备）等组成。集中报警控制系统应有一台集中报警控制器（或通用报警控制器）和两台以上区域报警控制器（或楼层显示器），其系统框图见图 5.2.9。

控制中心报警系统是由设置在消防控制室的消防控制设备、集中报警控制器、区域报警控制器和火灾探测器组成的火灾报警系统。该系统也可能是由设在消防控制室的消防控制设备、火灾报警控制器、区域显示器（或灯光显示装置）和火灾探测器等组成的功能复杂的火灾报警系统。消防控制设备主要包括火灾报警器的控制装置、火警电话、联动控制装置、火灾事故广播及固定灭火系统控制装置等。简言之，集中报警系统加联动消防控制设备就构成控制中心报警系统。控制中心报警控制系统系统框图见图 5.2.10。

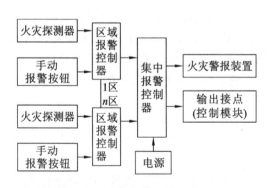

图 5.2.9　集中报警系统系统框图

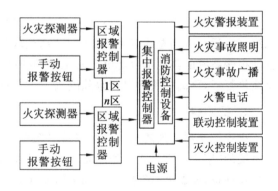

图 5.2.10　控制中心报警控制系统系统框图

4. 报警联动一体机

报警联动一体机可从火灾报警控制器读取火警数据，经预先编程设置好的控制逻辑（"或、与、片、总报"等控制逻辑）处理后，向相应的控制点发出联动控制信号，并发出提示声光信号，通过执行器去控制相应的外控消防设备（如排烟阀、排烟风机等防烟排烟设备；防火阀、防火卷帘门等防火设备；警铃、警笛和声光报警器等警报设备；关闭空调、电梯迫降和打开人员疏散指示灯等；启动消防泵、喷淋泵等消防灭火设备等）。外控消防设备的启停状态应反馈给联动控制器主机并以光信号形式显示出来，使消防控制室（中心）值班人员了解外控设备的实际运行情况，消防内部电话，消防内部广播起到通信联络和对人员疏散、防火灭火的调度指挥作用。

5. 手动火灾报警按钮

手动报警按钮(见图 5.2.11)可起到确认火情或人工发出火警信号的特殊作用。报警区域内每个防火分区,应至少设置一只手动报警按钮,安装在墙上距地(楼)面高度 1.4 m 处,且应有明显的标志。它主要安装在建筑物的安全出口、安全楼梯口等便于接近和操作的部位。有消火栓的应尽量靠近消火栓。手动报警按钮分为打破玻璃式按钮和直接按压式按钮,有的电话插孔也设置在手动报警按钮上。

图 5.2.11 手动报警按钮

6. 消防广播

消防广播是火灾发生后,为了便于组织人员的安全疏散和通知有关救助事项,而在建筑物中设置的火灾事故广播(火灾紧急广播)系统,它由事故广播控制器、功率放大器、音箱等组成。

7. 消防电话

消防控制室设置对内联系、对外报警的电话是我国目前阶段的主要的消防通信手段。消防专用电话线路的可靠性关系到火灾时消防通信指挥系统是否灵活畅通,故消防专用网络一般设为独立的消防通信系统,也就是说不能利用一般电话线路代替消防专用电话线路,应独立布线。消防专用电话总机与电话分机或塞孔之间的呼叫方式是直通的,中间没有交换或转接程序。

装设消防专用电话的要求如下。

(1)装设消防专用电话分机,应位于与消防联动控制有关且经常有人值班的机房(包括消防水泵房、备用发电机房、配变电室、主要通风和空调机房、排烟机房、消防电梯机房及其他)、灭火控制系统操作装置处或控制室、消防值班室、保卫办公用房等部位。

(2)消防电梯和普通电梯之轿厢内都应设专用电话,要求电梯机房与电梯轿厢、电梯机房与消防控制室、电梯轿厢与消防控制室这三者组成可靠的对讲通信电话系统。

(3)设有手动火灾报警按钮、消火栓按钮等的位置也应装设消防专用电话插孔。

8. 消防电源

消防电源专为消防控制系统及部分被控设备提供电源,分为主电电源与备电电源,当系统为主电工作方式时,主电自动对备用电源(蓄电池)充电,而一旦主电被切断,将自动切换为备用电工作方式。

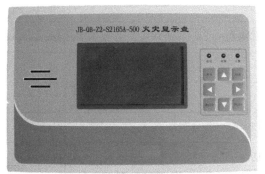

图 5.2.12 火灾报警显示盘

9. 火灾报警显示盘

火灾报警显示盘(见图 5.2.12)是一种用单片机设计开发的可以安装在楼层或独立防火区内的数字式火灾报警显示装置。它通过总线与火灾报警控制器相连,处理并显示控制器传送过来的数据。当建筑物内发生火灾后,消防控制中心的火灾报警控制器产生报警符号,同时把报警信号传输到失火区域的火灾报警显示盘上,火灾报警显示盘将报警的探测器编号及相关信息显示出来同时发出声光报警信号,以通知失火区域的人员,火灾报警显示盘设有 8 位报警信息显示窗,可将报警探测器的编码号显示出来,以满足大范围的报警显示要求。当用一台报警控制器同时监控数个楼层或防火分区时,可在每个楼层或防火分区设置火灾报警显示盘以取代区域报警控制器。

任务 6 任务示范操作

1. 工程量手工计算

4～7 层工程量计算明细见表 5.2.3,其结果合计见表 5.2.4;8 层及其以上层工程量计算明细省略,其结果合计见表 5.2.5;所用工程量总计见表 5.2.5。

表 5.2.3 4～7 层工程量计算明细表

序号	位置	项目名称	项目说明	计算过程	单位	工程量
1	轴 3 与轴 H 交点处	消防端子箱	暂定尺寸	220 mm×150 mm×80 mm(长×高×厚)(因未给出,暂定)	个	4
		总线隔离模块		1×4	个	4
		配管 KBG20	电源线、总线竖向配管线	60+3.5×4(系统图中机房部分水平有两种管道,平面图仅表示一个竖直管道,因未知机房部分水平长度,故合并按一种管道计算)	m	74
		NHKVV-2×4		74+(0.22+0.15)×3×4	m	78.44
		NHRVS-2×1.5		74+(0.22+0.15)×3×4	m	78.44
2	轴 3～4 间与轴 H 交点处	配管 KBG20	端子箱至广播立管水平间	[(3.5-1.5-0.1-0.15)+2.6+0.05]×4	m	17.6
		NHKVV-2×4		17.6,电源线	m	17.6
		NHRVS-2×1.5		17.6,报警总线	m	17.6
3	轴 4 与轴 H 交点处	配管 KBG20	广播竖向配管线	60+3.5×4	m	74
		NHRVS-2×1.5		74 m,广播线	m	74
		镀锌底盒	广播模块	1×4	只	4
		广播模块		1×4	个	4
		配管 KBG20	电话竖向配管线	60+3.5×4	m	74
		NHRVS-4×1.5		74,电话线	m	74
		手动报警按钮		1×2×4	个	8

续表

序号	位置	项目名称	项目说明	计算过程	单位	工程量
4	轴4与轴H交点处	镀锌底盒	报警按钮	1×2×4	个	8
		配管KBG20	广播立管至其右的电话立管	(0.24+3.5-0.1-1.3)×4	m	9.36
		NHKVV-2×4		9.36,电源线	m	9.36
		NHRVS-2×1.5		9.36,报警总线	m	9.36
		配管KBG20	两报警按钮间	0.8×4	m	3.2
		NHKVV-2×4		3.2,电源线	m	3.2
		NHRVS-2×1.5		3.2,报警总线	m	3.2
		NHRVS-4×1.5		3.2,电话线	m	3.2
		声光报警器		1×4	个	4
		镀锌底盒	声光报警	1×4	个	4
		配管KBG20	报警按钮至声光报警	(2.8-1.3)×4	m	6.0
		NHKVV-2×4		6.0 电源线	m	6.0
		NHRVS-2×1.5		6.0 报警总线	m	6.0
5	轴3～轴5间,轴F～轴H间	配管KBG20	声光报警至烟感	[(3.5-0.1-2.8)+1.33]×4	m	7.72
		NHRVS-2×1.5		7.72,报警总线	m	7.72
		配管KBG20	走道烟感至消防栓按钮	[3.2+(3.5-0.1-1.3)]×4+1.05	m	22.25
		NHRVS-2×1.5		22.25,报警总线	m	22.25
		配管KBG20	消防栓按钮竖向配管线	60+3.5×4	m	74
		NHBV-4×2.5		(74+1.05)×4	m	300.2
		镀锌底盒	消防栓按钮	1×4	只	4
		配管KBG20	消防栓按钮至办公室烟感	[(3.5-0.1-1.3)+3.28]×4	m	21.52
		NHRVS-2×1.5		21.52,报警总线	m	21.52
6	轴4～轴5间,轴H～轴J间	配管KBG20	广播	(2.07+3.01)×4	m	20.32
		NHRVS-2×1.5		20.32,广播线	m	20.32
		消防扬声器		1×4	个	4
		配管KBG20	报警按钮至显示盘	(1.3+0.1+3.2+0.1+1.5)×4	m	24.8
			盘至烟感	[(3.5-1.5-0.1)+2.0]×4	m	15.6
			盘至栓钮	2.4×4	m	9.6
			钮至电源	(1.3+0.1+4.0+0.1+1.5)×4	m	28.0
			源至应急	(1.5+0.1)×2+1.6	m	4.8

续表

序号	位置	项目名称	项目说明	计算过程	单位	工程量
6	轴4～轴5间，轴H～轴J间	NHKVV-2×4	电源线	24.8＋9.6＋28＋4.8	m	67.2
		NHRVS-2×1.5	报警总线	67.2＋7	m	74.2
		感烟探测器		1×4	只	4
		显示屏		1×4	只	4
		消防栓按钮		1×4	只	4
		强弱电转换		1×4	只	4
		应急照明配电		1	只	1
		镀锌底盒		5×4	只	20
		配管 KBG20	栓按钮竖向配管线	60＋3.5×4	m	74
		NHBV-4×2.5		74×4	m	296.0
7	轴3～轴11间，轴F～轴G间	配管 KBG20	探测器	40.96×4	m	163.84
		镀锌底盒	探测器	7×4	个	28
		感烟探测器		7×4	个	28
		NHRVS-2×1.5	探测器	163.84	m	163.84
8	轴1/7～轴10间，轴H～轴J间	配管 KBG20	探测器	18.9×4	m	75.6
		镀锌底盒	探测器	(4＋1)×4	个	20
		感烟探测器		4×4	个	16
		NHRVS-2×1.5	总线	75.6	m	75.6
		消防扬声器	会议室	1×4	个	4
9	轴4～轴11间，轴G～轴H间	配管 KBG20	走道总线	40×4	m	160.0
			走道广播	29.5×4	m	118.0
			烟感至	2.08×4	m	8.32
			烟感至	[3.42＋(3.5-0.1-1.3)]×4	m	22.08
			烟感至	[2.8＋(3.5-0.1-1.3)]×4	m	19.6
			报警钮至	[1.9＋(3.5-0.1-1.3)＋(3.5-0.1-2.8)]×4	m	18.4
			中扬声器	3.35×4	m	13.4
		NHRVS-2×1.5	总线＋广播	(160＋118＋8.32＋22.08＋19.6＋18.4＋13.4)	m	359.8
		镀锌底盒		(8＋2＋1＋1)×4	个	48
		感烟探测器		5×4	个	20
		消防扬声器		3×4	个	12
		消防栓按钮		2×4	个	8
		配管 KBG20	栓按钮竖向配管线	(60＋3.5×4)×2	m	148
		NHBV-4×2.5		148×4	m	592
		配管 KBG20	报警钮竖向配管线	60＋3.5×4	m	74
		NHRVS-4×1.5		74，电话线	m	74

续表

序号	位置	项目名称	项目说明	计算过程	单位	工程量
9	轴4～11间,轴G～轴H间	报警按钮		1×4	个	4
		声光报警		1×4(注:平面图中缺电源线)	个	4
10	轴6～轴7间,轴H～轴J间	输入模块		2×4	只	8
		镀锌底盒		2×4	只	8
		金属软管	DN20	(0.97+1.27)×4	m	8.96
		NHRVS-2×1.5		8.96	m	8.96

表 5.2.4   四～七层工程量计算合计表

序号	项目名称	项目说明	计算过程	单位	工程量
1	消防端子箱	尺寸 220×150×80	4	个	4
2	总线隔离模块		4	个	4
3	配管 KBG20		74+17.6+74+74+9.36+3.2+6.0+7.72+22.25+74+21.52+20.32+24.8+15.6+9.6+28.0+4.8+74+163.84+75.6+160.0+118.0+8.32+22.08+19.6+18.4+13.4+148+74	m	1 382.01
4	NHKVV-2×4	多芯电源线	78.44+17.6+9.36+3.2+6.0+67.2	m	181.8
5	NHRVS-2×1.5	多芯总线+广播	78.44+17.6+74+9.36+3.2+6.0+7.72+22.25+21.52+20.32+74.2+163.84+75.6+359.8	m	933.85
6	NHRVS-4×1.5	多芯电话线	74+3.2+74	m	151.2
7	NHBV2.5	NHBV4×2.5 启泵线	300.2+296.0+592	m	1188.2
8	镀锌底盒		4+8+4+4+20+28+20+48+8	只	144
9	广播模块		4	个	4
10	手动报警按钮		8+4	个	12
11	声光报警器		4+4	个	8
12	消防扬声器		4+4+12	个	20
13	感烟探测器	烟感	4+28+16+20	个	68
14	火灾显示屏		4	只	4
15	消防栓按钮		4+8	只	12
16	强弱电转换		4	只	4
17	应急照明配电		1	只	1
18	输入模块		8	只	8
19	金属软管	DN20	8.96	m	8.96

表 5.2.5　工程量计算合计表

序　号	项目名称	单位	工 程 量					
			四—七层	八层	九层	十层	机房层	合计
1	消防端子箱	个	4	1	1	1	0	7
2	总线隔离模块	个	4	1	1	1	0	7
3	配管 KBG20	m	1 382.01	237.14	232.85	231.8	93.0	2 176.8
4	NHKVV-2×4	m	181.8	37.97	33.17	33.17	43.0	329.11
5	NHRVS-2×1.5	m	933.85	219.49	215.2	214.15	85.3	1 667.99
6	NHRVS-4×1.5	m	151.2	35.8	35.8	35.8	6.4	265
7	NHBV2.5	m	1188.2	56	56	56	12.3	1368.5
8	镀锌底盒	只	144	39	39	39	9	270
9	广播模块	个	4	1	1	1	0	7
10	手动报警按钮	个	12	3	3	3	0	21
11	声光报警器	个	8	2	2	2	0	14
12	消防扬声器	个	20	5	5	5	0	35
13	感烟探测器	个	68	17	18	16	4	123
14	火灾显示屏	只	4	1	1	1	0	7
15	消防栓按钮	只	20	5	5	5	1	36
16	强弱电转换	只	4	1	1	1	0	7
17	应急照明配电	只	1	1	0	0	0	2
18	输入模块	只	8	2	2	2	1	15
19	金属软管	m	8.96	2.24	2.24	2.24	8.0	23.68
20	输入/输出模块	只	4	1	1	1	2	9

2. 工程量清单设置

火灾自动报警系统工程量清单设置见表 5.2.6。

表 5.2.6　火灾自动报警系统分部分项工程量清单

工程名称：　　　　　　　　　　　标段：　　　　　　　　　　　第　页共　页

序号	项目编码	项目名称	项目特征描述	计量单位	工程量
	配管配线				
1	030411001001	配管	电线管；KBG20；墙内、板内暗敷	m	2 176.8
2	030411004001	配线	电线管穿线；NHKVV-2×4	m	329.11
3	030411004002	配线	电线管穿线；NHRVS-2×1.5	m	1 667.99

续表

序号	项目编码	项目名称	项目特征描述	计量单位	工程量
4	030411004003	配线	电线管穿线;NHRVS-4×1.5	m	265.00
5	030411004004	配线	电线管穿线;NHBV2.5	m	1 368.50
6	030411005001	接线箱	铁制消防端子箱;尺寸 220 mm×150 mm×80 mm;暗装	个	7
7	030411006001	接线盒	镀锌铁制 86 型底盒;暗装	个	270
8	030411001002	配管	电线管;不锈钢金属软管;DN20	m	23.68
		火灾自动报警			
9	030904001001	点型探测器	感烟探测器;JTY-GD/LD3000E;二总线制	个	123
10	030904003001	按钮	消火栓按钮;J-SAP-M-LD2000E	个	36
11	030904005001	声光报警器	声光报警器;LD1000	个	14
12	030904006001	消防报警电话插孔	手动报警按钮,带电话插孔;J-SAP-M-LD2000E;明装	个	20
13	030904006002	电话	消防电话分机;LD8100	个	1
14	030904007001	消防广播	消防扬声器 3W;LD7300;吸顶装	个	35
15	030904008001	模块	总线短路隔离模块;LD3600E	个	7
16	030904008002	模块	广播模块;LD6809B	个	7
17	030904008003	模块	非消防电源模块;LD6808(强弱电转换)	个	7
18	030904008004	模块	输入/输出模块;LD6800E-1(急照明配电模块)	个	9+2
19	030904008005	模块	输入模块;LD44000E	个	15
20	030904009001	区域控制箱	火灾显示盘;总线制;挂壁安装;LD128E(T)	台	7
21	030904010001	联动控制箱	联动控制盘;总线制;LD9300E	台	1
22	030904012001	火灾报警系统控制主机	火灾报警控制器(联动型);总线制;GB-QG-LD128E;512 点	台	1
23	030904014001	消防广播	功放盘 LD7200;录放盘 LD7100;分路盘 LD700E;安装于广播柜;总线制	台	1
24	030904014002	电话主机	电话主机 LD8600+LD8008;多线制	台	1
25	030904016001	备用电源	LD5802E 电源 20 A;LD5400B 直流备电 24 A	台	1
26	030905001001	自动报警系统调试	二总线制探测器 123 点;声光报警器 14 点;火灾显示盘 7 台;电梯一部;共 143 点。消防广播 35 只扬声器;电话 21 只分机和插孔	系统	1

序号	项目编码	项目名称	项目特征描述	计量单位	工程量
26	030905002001	水灭火控制装置调试	水流指示器 7 个;消火栓按钮 36 点	点	43
27	030905003001	防火控制装置调试	消防电梯	部	1

3. 清单项目综合单价确定

假定本工程为二类工程,二类工工资为 74 元/工日,感烟探测器 JTY-GD/ LD3000E 单价为 196.80 元/个,则 030904001001 的综合单价分析见表 5.2.7。

表 5.2.7 (030904001001)工程量清单综合单价分析表

工程名称: 　　　　　　　　　标段: 　　　　　　　第 页共 页

项目编码	030904001001		项目名称	感烟探测器	计量单位		个

清单综合单价组成明细

定额编号	定额名称	定额单位	数量	单价/元				合价/元			
				人工费	材料费	机械费	管理费和利润	人工费	材料费	机械费	管理费和利润
9-158	钢管暗配	个	1	14.80	5.33	0.15	8.44	14.80	5.33	0.15	8.44
人工单价			小　计					14.80	5.33	0.15	8.44
74 元/工日			未计价材料费					196.80			
清单项目综合单价								225.52			

材料费明细	主要材料名称、规格、型号		单位	数量	单价/元	合价/元	暂估单价/元	暂估合价/元
	感烟探测器 JTY-GD/LD3000E		个	1	196.80	196.80		
	其他材料费				—	5.33	—	
	材料费小计				—	202.13	—	

任务 7　学员工作任务作业单

1. 学员工作任务作业单(一)

假定本工程为二类工程,二类工工资为 74 元/工日,查询有关产品价格,将表 5.2.6 中其他项目的综合单价分析分别填入表 5.2.8。

表 5.2.8 （　　　）工程量清单综合单价分析表

工程名称：　　　　　　　　　　标段：　　　　　　　　　第 页共 页

| 项目编码 | | 项目名称 | | | 计量单位 | |

清单综合单价组成明细

定额编号	定额名称	定额单位	数量	单价/元				合价/元			
				人工费	材料费	机械费	管理费和利润	人工费	材料费	机械费	管理费和利润
人工单价			小　计								
74元/工日			未计价材料费								
清单项目综合单价											

材料费明细	主要材料名称、规格、型号		单位	数量	单价/元	合价/元	暂估单价/元	暂估合价/元
	其他材料费				—		—	
	材料费小计				—		—	

2. 学员工作任务作业单(二)

某火灾自动报警系统材料表见表 5.2.9,试编制其工程量清单,填入表 5.2.10 中。

表 5.2.9　某火灾自动报警系统设备材料表

序号	名　称	型　号　规　格	单位	数量	备　注
1	消防控制系统琴台式箱体	由厂家配套带来	套	1	
2	CRT 图形显示系统	由厂家配套带来	套	1	
3	火灾报警控制器(联动型)	JB-QZC-2002/200(～4800)	套	1	11 路总线
4	总线消防广播主机	HJ-1757T	套	1	
5	二线直通电话	HJ-1757E	套	1	
6	联动外控电源	LDY-8A/NZ	套	1	
7	消防电话分机	EF-1	套	3	
8	输入模块	HJ-1750	套	23	
9	输入模块	HJ-1750B	套	20	配水流指示器
10	控制模拟	HJ-1825	套	195	

序号	名　称	型号规格	单位	数量	备　注
11	多线模块	HJ-1807	套	11	
12	点型智能光电感烟探测器	JTY-GD-2019　配底座 HJ-2707	套	897	
13	点型智能差定温感温探测器	JTY-BCD-2103A　配底座 HJ-2707	套	105	
14	短路保护器	J-1751H	套	21	
15	编码型消火栓报警按钮	J-SAP-M-01	套	76	
16	编码型消火栓报警按钮	J-XAP-1	套	129	
17	消防广播音箱	由厂家配置	套	156	
18	端子接线箱	HJ-1701	个	20	
19					
20					
21					
22					
23	水流指标器				详见水工种图纸
24	安全信号阀				
25	湿式报警阀				详见水工种图纸
26	多页排烟口				详见空调工种图纸
27	阻燃型铜芯双绞线	ZR-RVS-250V　1.5 mm²	m	8 500	
28	阻燃型铜芯塑料线	ZR-BV-500V　1.5 mm²	m	12 500	
29	阻燃型铜芯塑料线	ZR-BV-500V　2.5 mm²	m	6 100	
30	阻燃型铜芯塑料线	ZR-BV-500V　4 mm²	m	400	
31	普利卡金属套管	LZ-5-17♯	m	14 000	
32	普利卡金属套管	LZ-5-30♯	m	230	

表 5.2.10　火灾自动报警系统分部分项工程量清单

序号	项目编码	项目名称	项目特征描述	计量单位	工程量
1					
2					
3					
4					
5					
6					

续表

序号	项目编码	项目名称	项目特征描述	计量单位	工程量
7					
8					
9					
10					
11					
12					
13					
14					
15					
16					
17					
18					
19					
20					
21					
22					
23					
24					
25					
26					
27					
28					
29					
30					
31					
32					
33					
34					

3. 学员工作任务作业单（三）

图 5.2.13、图 5.2.14 所示为某商场火灾自动报警工程。楼层高均为 3.6 m,现浇钢筋混凝

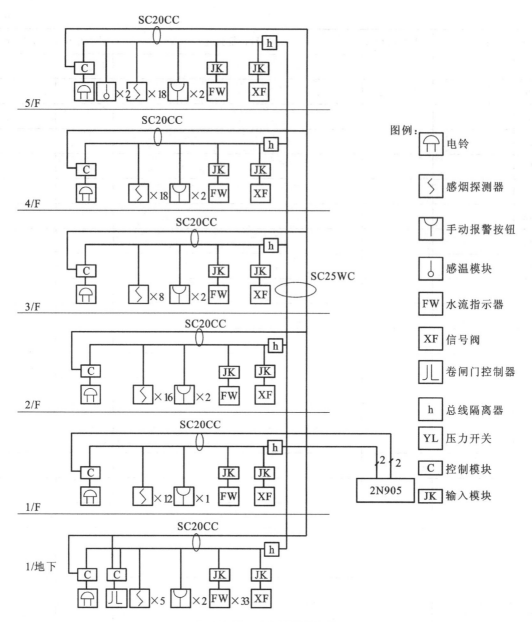

图 5.2.13　火灾报警系统图

土结构,板厚 100 mm。

　　火灾报警系统采用二总线制,系统信号总线选用 RV-2×1.5 导线;电源线为 BV-2×2.5 穿 SC20 管保护,沿墙及顶棚安装敷设。各楼层布局相同,火灾报警系统中各部件的布置位置也相同;在首层设报警控制器,联动控制。

　　火灾报警控制器采用 2N905 型(400 mm×300 mm×200 mm),距地面 1.5 m 壁挂式安装;每层总线隔离器安装距楼地面 1.5 m;感烟探测器、输入模块吸顶安装;控制模块距顶 0.2 m 安装;电铃距楼地面 2.5 m 安装;手动报警按钮距楼地面 1.3 m 安装。

　　计算其安装工程量编制其工程量清单表,分析每一项目综合单价。

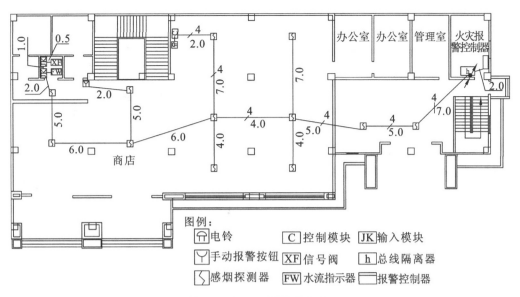

图例：

🔔 电铃　　　C 控制模块　　JK 输入模块

Y 手动报警按钮　　XF 信号阀　　h 总线隔离器

感烟探测器　　FW 水流指示器　　报警控制器

图 5.2.14　火灾报警平面图

4. 学员工作任务作业单(四)

有一综合楼,其火灾自动报警系统施工图见图 5.2.15～图 5.2.20。计算其安装工程量,编制其工程量清单表,分析每一项目综合单价。

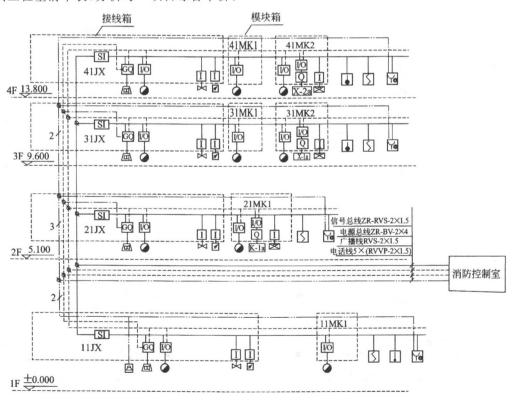

图 5.2.15　火灾自动报警及联动系统图

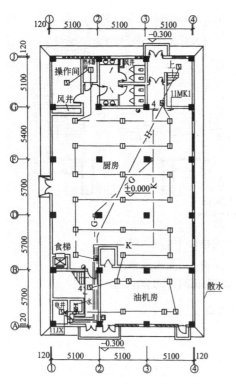

图 5.2.16　1层自动报警及联动平面图

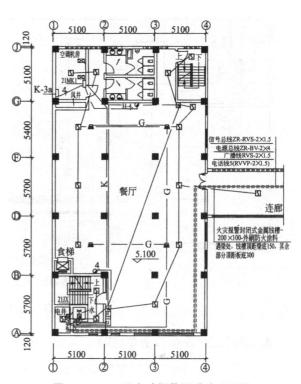

图 5.2.17　2层自动报警及联动平面图

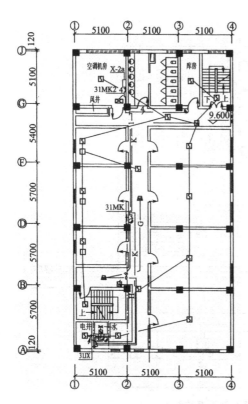

图 5.2.18　3层自动报警联动平面图

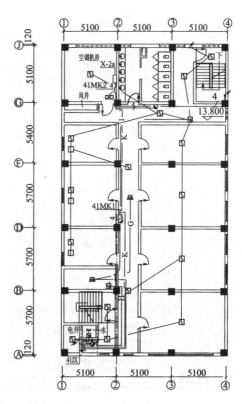

图 5.2.19　4层自动报警联动平面图

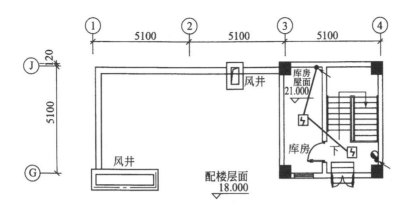

图 5.2.20　5 层自动报警及联动平面图

任务 8　情境学习小结

本学习情境涉及火灾自动报警系统工程量计算方法及其综合单价确定方法。因消防系统工程比较复杂,涉及专业种类较多,因此必须理清各分部分项工程的界线,千万不得漏项。

【知识目标】

了解火灾自动报警系统组成及安装技术要求;理解火灾自动报警系统工程施工图的主要内容及其识图方法;掌握消防工程施工图计量与计价编制的步骤、方法、内容、计算规则及其格式。

【能力目标】

能熟练识读火灾自动报警系统工程施工图;能比较熟练地依据合同、设计资料及目标进行火灾自动报警系统工程的计量与计价。

参 考 文 献

［1］ 饶华丽.试论工程材料价格信息的编制[J]. 建材与装饰,2013,(8)：345-346.

［2］ 全国造价工程师执业资格考试培训教材编审组. 工程造价计价与控制[M]. 北京：中国计划出版社,2013.

［3］ 建设部标准定额研究所. 全国统一安装工程预算定额解释汇编[M]. 北京：中国计划出版社, 2008.

［4］ 冯钢,景巧玲. 安装工程计量与计价[M]. 北京：北京大学出版社,2009.

［5］ 中华人民共和国住房和城乡建设部. GB 50500—2013 建筑工程工程量清单计价规范[S]. 北京：中国计划出版社,2013.

［6］ 江苏省住房和城乡建设厅. 江苏省安装工程计价定额[S]. 南京：江苏凤凰科学技术出版社,2014.

［7］ 温艳芳. 安装工程计量与计价实务[M].2 版. 北京：化学工业出版社,2013.

［8］ 丁云飞. 安装工程预算与工程量清单计价[M].2 版 北京：化学工业出版社,2013.

［9］ 郎禄平. 电气安装工程造价[M].3 版 北京：机械工业出版社,2012.

［10］ 李思源.建筑电气工程清单计价培训教材 [M]. 北京：中国建材工业出版社,2014.